Willi Dolder
Ursula E. Dolder
Hans D. Dossenbach
Eric A. Soder

Im Reich der Tiere

NEUER HONOS VERLAG

EINLEITUNG

Die Erde ist – im weitesten Sinn – ein einziger riesiger Zoo, in dem es von Lebewesen wimmelt. Zum einen ist es das Reich der Pflanzen mit schätzungsweise 300.000 bis 400.000 verschiedenen Arten. Zum anderen das Reich der Tiere, mit einer Fülle, die noch immer nur geschätzt werden kann: Rund eine Million Tierarten sind bekannt und beschrieben. Weitere Millionen harren noch ihrer Entdeckung. Ein Beispiel: Auf unserer Erde leben etwa an die 500.000 verschiedene Milbenarten, kleine und kleinste Spinnentiere. Systematisch erfaßt sind bisher aber erst 40.000 Spezies! Gleiches gilt für die Käfer und andere Insektengruppen.

Selbst die nach menschlichem Ermessen unwirtlichsten Biotope, etwa die Sand- und Eiswüsten, heiße Quellen und hochalpine Regionen, beherbergen eine ungeheure Fülle verschiedenster Lebewesen, die sich ihrer Umwelt hervorragend angepaßt haben.

Die Artenvielfalt zeigt sich bei einem Spaziergang über Wiesen und Felder, bei einer Exkursion durch den Wald oder einer Tour in unseren Alpen ebenso wie bei einer Safari durch tropische und subtropische Gebiete.

Aufgrund unterschiedlichster klimatischer Bedingungen, vielfältigster Vegetationen und des vorhandenen Nahrungsangebotes haben sich die Tierpopulationen nicht überall gleich reichhaltig entwickelt. Während die heimische Vogelwelt an die 500 Vogelarten aufweist, zählt sie in Kenia doppelt so viele Spezies und in Brasilien gar dreimal mehr! Ähnlich verhält es sich bei den Säugetieren, den Reptilien, Amphibien, Fischen und den Wirbellosen. Die Anpassungsfähigkeit der Tiere ist unglaublich groß. Die Natur hat sie mit Fähigkeiten ausgerüstet, die ihnen helfen, Hitze und Kälte, Trockenheit und Überschwemmungen, Futterknappheit und -überfluß, Feinde und Krankheiten zu überleben.

Füchse und Dachse graben Baue, um darin gefahrlos ihre Jungen aufziehen zu können. Insektenfressende Vögel ziehen im Herbst in wärmere und nahrungsreichere Gefilde. Wale, Robben und Eisbären haben eine so dicke Fettschicht, daß ihnen eisiges Wasser nichts anhaben kann. Tiere haben chemische, optische und mechanische Waffen entwickelt, um gegen Freßfeinde bestehen zu können. Flügel befähigen die Vögel, weite Räume und große Strecken zu überwinden. Leistungsfähige Organe wie Herz und Lunge sowie eine riesige Brustmuskulatur helfen z. B. gewissen Kolibriarten, 1.000 Kilometer weit über offenes Meer zu fliegen, während Bengalgeier und indische Streifengänse 10.000 Meter in die Luft aufsteigen und über die Himalayaketten ziehen und Seeschwalben auf ihren zirkumpolaren Wanderungen damit jedes Jahr 20.000 und mehr Kilometer zurücklegen.

Im Reich der Tiere bietet faszinierende Einblicke in die Natur und ihre verschiedenen Strategien, dank denen sich die Tiere über die ganze Erde ausbreiten, behaupten und vermehren konnten. Es zeigt, daß sowohl die heimische Fauna wie die Tiere fremder Länder, die Könige der Lüfte wie die Herrscher der Meere Anpassungs- und Überlebensmechanismen entwickelt haben, die staunenswert sind, ja oft unglaublich anmuten und beweisen, daß der Einfallsreichtum der Schöpfung grenzenlos ist. *Im Reich der Tiere* weist aber auch darauf hin, daß die Natur durch menschliche Einwirkungen aus dem Gleichgewicht geraten ist und zahlreiche Arten und Lebensgemeinschaften in Gefahr sind, vom Erdboden und aus den Meeren zu verschwinden. Es ist höchste Zeit, dieser verhängnisvollen Entwicklung entgegenzuwirken.

Inhalt

Inhalt

Inhalt

Inhalt

TIERE UNSERER HEIMAT

DAS GEHEIMNIS DER VERBREITUNG

Schon mancher Naturfreund hat sich in einer nachdenklichen Stunde gefragt, wieso es z. B. in Europa keine freilebenden Giraffen gibt und in Afrika keine Tiger. Warum in der gesamten Neuen Welt Elefanten und Nashörner fehlen, während die Ordnung der Beuteltiere nahezu vollständig auf den australischen Raum beschränkt ist. Wieso sich andererseits von Menschen eingeführte Tierarten über ferne Kontinente verbreiten können, obwohl sie dort nie zuhause waren. Als Beispiele gelten Wildkaninchen (Australien), Haussperling (Nordamerika, südliches Afrika, Teile Asiens) und die südamerikanische Agakröte (u. a. Australien), aber auch Rothirsch und Rotfuchs (z. B. Neuseeland), die sich ihren neuen Lebensräumen hervorragend angepaßt haben und für die ursprüngliche Fauna oft eine Gefahr darstellen.

Wissenschaftler verschiedener Fachrichtungen befassen sich seit annähernd hundert Jahren mit der tiergeographischen Aus- und Verbreitung aller Lebewesen. Im Laufe ihrer Forschungsarbeiten haben sie eine ganze Anzahl Einzelfaktoren gefunden, die für das Vorhandensein oder Fehlen bestimmter Arten (das gilt auch für die Pflanzenwelt) verantwortlich sind.

ANPASSUNGSFÄHIGKEIT UND UMWELTBEDINGUNGEN

Die Anpassung der Tiere an ihre Umwelt ist ein Prozeß, der seit vielen Millionen Jahren läuft und erst dann endet, wenn eine Art genetisch nicht mehr zu Änderungen fähig ist bzw. durch Menschen direkt oder indirekt ausgerottet wird.

Zu den wichtigsten Faktoren, die für die gesamte Fauna von entscheidender Bedeutung sind, gehören die Zusammensetzung der Böden, Wind, Temperatur, Feuchtigkeit und

Lichtintensität, die Nahrungssituation, das Konkurrenzgefüge und die Feinde. Die Gesamtheit dieser Faktoren ist für die Lebensbedingungen verantwortlich, die Tiere und Pflanzen vorfinden. Von erheblicher Bedeutung ist allerdings auch die genetische Veranlagung der einzelnen Tierarten. Jene mit einem vielfältigen, vitalen Genpool haben sehr viel bessere Chancen, sich im Überlebenskampf zu behaupten, als z. B. solche, deren genetische Uhr – die sozusagen bei jedem Lebewesen „eingebaut" ist – ihren Höhepunkt überschritten hat und die auf veränderte Umweltfaktoren nicht mehr reagieren können.

Auch unsere einheimische Tierwelt ist das Ergebnis ihrer Anpassungsfähigkeit, wobei aus dem Gesagten hervorgeht, daß nicht alle Arten die gleichen biologischen Voraussetzungen haben. Die Wildkatze braucht große, menschenleere Waldgebiete (die heute im zentralen Europa weitgehend fehlen), während das Wildschwein zum Kulturfolger geworden ist, das in den landwirtschaftlichen Anbauflächen hervorragende Futterbedingungen findet und sich in den letzten Jahrzehnten außerordentlich stark vermehrt hat. Weniger gut geht es den meisten einheimischen Vogel-, Reptilien-, Amphibien- und Fischarten, aber auch nahezu allen Wirbellosen. Die Vergiftung der Luft (saurer Regen), der Böden (Schwermetalle) und Gewässer, die Zerstörung von Feuchtbiotopen, Mischwäldern und die Begradigung von Flüssen, das Abholzen von Büschen und das übermäßige Düngen von Wiesen sowie die Monokulturen und die Veränderung des Klimas führen dazu, daß auch immer mehr einheimische Tierarten ihre Lebensgrundlagen verlieren. Sie verschwinden – oft leise und nahezu unbemerkt, wie das etwa bei den Insekten der Fall ist – vom Erdboden. Die Rote Liste der bedrohten Tiere wird immer länger und es ist keine Ende abzusehen.

DAS WILDSCHWEIN IST MEISTENS GAR NICHT SO WILD

Vom Wildschwein – allerdings einer asiatischen Unterart – stammen alle unsere Hausschweine ab – seien sie nun rosig-glatt, schwarzweiß gescheckt oder gar langhaarig. Der Mensch schätzt es seit vielen tausend Jahren wegen seiner wohlschmeckenden Schinken, Würste und Koteletts.

Der wilde Vorfahr hat sich, trotz jahrhundertelanger Verfolgung, bis heute in unseren Wäldern halten können – und nicht nur das: Die großen Maisfelder und die ausgedehnten Getreideäcker sind zu einem Schlaraffenland für Wildschweine geworden, und die Weibchen, die Bachen, wie der Jäger sie nennt, sind bei dieser Kost so fruchtbar geworden, daß Würfe mit acht bis zehn Frischlingen keine Ausnahme mehr sind. In früheren Zeiten, wenn sie mühsam Wurzeln, Pilze, Knollen und Knospen suchen mußten und in Winterzeiten oft auch Hunger litten, blieben die Würfe klein, und viele Junge starben in den ersten Lebenswochen.

Seit einigen Jahren nimmt der Bestand des Wildschweins fast sprunghaft zu. Dort, wo sie einst verschwunden waren, wandern sie wieder ein und ziehen in Rotten durch die Forste. Eine Begegnung mit einem Rudel oder einem Einzeltier ist heute keine Ausnahme mehr, vor

Wildschwein

allem dann, wenn man frühmorgens und abends im Wald wandert, oder aber dort, wo wenig Menschen hinkommen. Dann kann es passieren, daß plötzlich und unter großem Getöse und Gegrunze ein paar Sauen durchs Gebüsch brechen und das Weite suchen. Sie sind nämlich nur halb so wild, wie sie aussehen, und haben alles andere im Sinn, als Spaziergänger und Wanderer anzugreifen und über den Haufen zu schmeißen. Anders sieht es natürlich aus, wenn sie gejagt werden. Vor allem die Keiler, die bis 200 Kilogramm schweren Männchen, können zu überaus entschlossenen und gefährlichen Gegnern werden, wenn man sie z. B. mit Hunden in die Enge treibt oder anschießt. Dann greifen sie ohne Zögern an und können ihren Feinden mit den messerscharfen Hauern (Eckzähne) schwere Verletzungen zufügen.

Im Frühling sucht sich die trächtige Bache einige Tage vor der Geburt im dichten Gebüsch, unter einem umgestürzten Baum oder in einer geschützten Bodenmulde einen Platz, an dem sie eine Art Nest baut. Sie polstert es manchmal mit Pflanzen und Wurzeln aus. Nach einer Tragzeit von etwa viereinhalb Monaten bringt sie bis zu zehn Frischlinge zur Welt, die acht bis zehn Tage lang im Nest bleiben, obwohl sie voll entwickelt sind und schon wenige Stunden nach der Geburt schnell laufen können. Wenn sie das Nest verlassen haben, gehen sie mit der Mutter auf Nahrungssuche.

Wildschweine sind Allesfresser, und so gut wie nichts ist vor ihnen sicher: ihnen schmecken fast alle Pflanzen, und mit Vorliebe fressen sie auch Fleisch, z. B. Insekten, Engerlinge, Würmer, aber auch Aas, junge Vögel, Frösche und einfach alles, was sie erwischen können. Gut zwei Monate nach ihrer Geburt versiegt die mütterliche Milchquelle, und dann müssen sie sich selbst versorgen, dürfen aber noch bis zum nächsten Frühjahr bei der Mutter, die dann wieder Nachwuchs bekommt, und dem Rudel bleiben.

RÄUBER SIND FÜR DIE NATUR NOTWENDIG

Raubtier ist ein Begriff, den die Menschen geprägt haben. Tiere, die Fleisch fressen, ob es nun Säuger, Vögel, Schlangen oder Insekten sind, werden von uns so bezeichnet. Dabei „rauben" sie ja nicht, sondern sie sind für ihren Lebensunterhalt auf Fleisch, also auf andere Tiere, angewiesen.

Der Mensch hat vor allem die großen Raubtiere seit jeher heftig verfolgt, gejagt und zum Teil ausgerottet. Sie waren für ihn entweder Nahrungskonkurrenten (weil sie Wildtiere rissen), oder sie fraßen Haustiere wie Rinder, Schafe, Ziegen und Hühner. Die meisten großen Raubtierarten in unserer Heimat wurden schon vor 100 und 200 Jahren ausgerottet: Bär, Wolf, Luchs verschwanden aus unserer Landschaft, und die Wildkatze entging diesem Schicksal nur um Haaresbreite.

Luchs

Ein Rudel Wölfe

Die Natur ist aber auf Beutegreifer, wie Fachleute die Raubtiere manchmal nennen, angewiesen. Sie spielen bei der Bestandsregulierung von anderen Arten eine große Rolle. Wölfe würden die Rothirsche dezimieren und Luchse die Rehe – wenn es sie bei uns noch gäbe. So aber muß der Mensch eingreifen und eine Anzahl Huftiere abschießen, damit die Schäden an der Pflanzendecke, an Bäumen, Sträuchern und Kulturen nicht überhandnehmen.

Wildkatze

Der Rotfuchs ist ein vorzüglicher Mäusefänger, und das gleiche gilt für die Wildkatze. Auch die verschiedenen Marderarten rücken den Nagern, die – wenn sie sich mangels Feinden zu stark vermehren – große Schäden am Wurzelwerk von Bäumen und Büschen, an Getreide, Obst und Gemüse anrichten, zu Leibe.

Alle Raubtiere führen ein recht zurückgezogenes Leben, das sich überwiegend auf die Dämmerungs- und Nachtstunden beschränkt, weil sie dann von uns Menschen weniger gestört werden. Man bekommt sie etwa zu sehen, wenn man spätabends nach Hause kommt oder nachts, im Scheinwerferlicht des Autos.

Auf dem Dachboden hört man vielleicht Marder herumtollen, und möglicherweise verschwinden Eier aus dem Hühnerstall: Hier könnte ein Iltis am Werk sein, der sie über alles mag und sie öffnet, indem er sie mehrmals gegen einen Stein oder eine Wurzel stößt.

Bekannt sind auch die „Automarder“, die im Motorraum der Autos an den Kabeln Schäden anrichten können. Beim „Automarder“ handelt es sich in Wirklichkeit um den Haus- oder Steinmarder, ein Tier, das dem Menschen folgt und mit Vorliebe in Gebäuden aller Art haust. Wieso er sich über die ungenießbaren Kabel hermacht, ist bis heute nicht bekannt.

Baummarder

Sein Vetter, der Baummarder, ist hingegen ein sogenannter Kulturflüchter. Das heißt, er meidet den Menschen und hält sich überwiegend in Lebensräumen auf, in denen er ungestört bleibt. Das sind vor allem die Mischwälder unserer Heimat, aber auch ausgedehnte Stadtparks, wo er tagsüber in hohlen Bäumen schläft und abends auf die Jagd nach Eichhörnchen, Siebenschläfern, Mäusen und Vögeln geht, die er außerordentlich geschickt zu erbeuten weiß. Er ist, wie der Steinmarder, kein ausschließlicher Fleischesser, sondern nimmt z. B. im Sommer und Herbst häufig Beeren, Kirschen und anderes Steinobst, reife Äpfel, Birnen und Pflaumen zu sich. Wenn der Speiseplan mager wird, ernährt er sich auch von Insekten aller Art.

Steinmarder

Haus- und Baummarder sind sich äußerlich sehr ähnlich: 45 bis 50 Zentimeter lang, mit einem etwa 25 Zentimeter langen Schwanz und einem Gewicht bis zwei Kilogramm. Der Baummarder unterscheidet sich von seinem Verwandten auf den ersten Blick durch den großen gelben Kehlfleck, der beim Steinmarder schneeweiß oder höchstens cremefarben ist und sich bis auf die Vorderbeine erstreckt. Ein Blick auf die Nasenspitze zeigt ebenfalls charakterische Unterschiede: Ersterer hat eine schwarze, letzterer eine fleischfarbene Nase.

GRIMBART, DER DACHS, IST EIN MARDER

In den alten Tierfabeln wird der Dachs Grimbart genannt und oft als griesgrämiger Einsiedler und Eigenbrötler beschrieben. Seit man den Dachs genauer erforscht hat, weiß man, daß er recht gesellig sein kann und sich mit seinesgleichen gut versteht.

Dachse gehören zur Familie der Marder; im Gegensatz zu den bereits erwähnten Haus- und Baummarder, zu Iltis und Wiesel, können sie aber weder auf Bäume klettern noch über Gräben und Bäche springen und schon gar nicht einen flinken Nager oder einen Vogel erbeuten. Sie fallen etwas aus dem Bild, das wir uns von Mardern machen. Ihr Körper ist schwer und untersetzt, die Füße kurz, mit außerordentlich kräftigen Grabkrallen, und die Schnauze lang. Sie leben in selbstgegrabenen Bauen, die fünf, sechs Meter in die Tiefe reichen und in einem Kessel enden, den sie mit Laub, Heu und Moos auspolstern. Männchen können eine Körperlänge von 70 bis 75 Zentimeter und eine Schwanzlänge von 12 bis 15 Zentimeter erreichen; die Weibchen sind meist etwas kleiner und leichter. Im Herbst, wenn sie sich eine dicke Speckschicht zugelegt haben, wiegen sie oft 15 bis 17 Kilogramm. Im Frühling haben sie fast die Hälfte ihres Körpergewichts verloren, obwohl sie – im Gegensatz etwa zum Murmeltier und zu den Bilchen (u. a. Sieben- und Gartenschläfer) – keine Winterruhe kennen. Aber in der kalten, unwirtlichen Jahreszeit finden sie viel weniger Futter als vom Frühling bis in den Herbst.

Dachs

Weit mehr als die anderen Marderarten ernähren sich Dachse von pflanzlicher Kost, die von der zarten Wurzel über Mais und Getreide bis zu Beeren, Obst, Eicheln, Kastanien, Bucheckern und Gemüse reicht. Eine auffallende Vorliebe hat der Dachs für Regenwürmer. Sie scheinen zu seiner Leibspeise zu gehören. Bei Untersuchungen an geschossenen Dachsen hat es sich gezeigt, daß ein beträchtlicher Teil des Mageninhalts aus Regenwürmern besteht. Dort, wo er Gelegenheit findet, verschmäht er auch andere Fleischnahrung nicht, gräbt Engerlinge aus, macht sich über die Nester bodenbrütender Vögel her, „vergreift" sich – wenn auch selten – an einem Junghasen, an Fröschen und Insekten und fängt Mäuse.

Die Dächsin setzt im Frühling zwei bis vier Junge in den gut ausgepolsterten Wurfkessel und betreut sie in den ersten zwei Monaten sehr intensiv. Wenn sie nach dieser Zeit beginnen, den Bau zu verlassen, läßt die Mutter sie schon mal für längere Zeit allein und kehrt am Ende der Nacht, zur Zeit der Morgendämmerung, wieder zu ihnen zurück. Gut drei Monate lang erhalten sie Milch und ausgewürgtes Futter; dann müssen sie sich langsam daran gewöhnen, selbst auf Nahrungssuche zu gehen, den Boden umzugraben und nach wohlschmeckenden Knollen zu graben.

ROTRÖCKE SIND SCHLAUER ALS JÄGER

Als die gefährliche Tollwut aus Osteuropa nach Westen vordrang und vor allem Hunde und Katzen, selten auch Rinder, Rehe oder gar Tauben befiel, wurde der Rotfuchs als Überträger der Krankheit verurteilt. Dann begann der Kampf gegen unser größtes hundeartiges Raubtier: Es wurde in seinem Bau vergast, mit Ködern vergiftet und totgeschossen. Genützt hat die ganze Aktion nichts, rein gar nichts - im Gegenteil. Denn sobald ein Fuchsrevier frei wurde, weil der Mensch seine Besitzer umgebracht hatte, rückten von Osten her neue Füchse ein und brachten die Tollwut vermehrt zu uns.

Seit einigen Jahren ist man nun dazu übergegangen, mit Tollwut-Impfstoffen präparierte Köder, z. B. Hühnerköpfe, in den Fuchsgebieten auszulegen. Die Rotröcke schluckten die Köder und brachten sie auch in ihre Baue, wo die Welpen sie verschlangen. Diese Impfungen hatten schon bald zur Folge, daß die Tollwut nahezu ausgerottet wurde und Neuinfektionen sehr selten sind, weil die meisten der ansässigen Füchse nun einen Impfschutz haben.

Der Rotfuchs ist deshalb in unseren Gebieten häufiger als jemals zuvor anzutreffen – nicht zuletzt, weil er ein Kulturfolger ist und selbst mitten in unseren Großstädten lebt, wo er sich von Haustauben, Ratten und Abfällen ernährt. In „der Natur“ draußen besteht seine Hauptnahrung aus Mäusen; eine Fähe (Füchsin) mit Jungen fängt pro Tag nicht selten 40, 50 und

Rotfuchs

mehr Wühlmäuse und leistet damit dem Bauern einen großen Dienst. Wo der Fuchs Gelegenheit hat, ist er einem Huhn allerdings nicht abgeneigt und verschmäht auch Enten, deren Gelege und Küken nicht. Aas frißt er regelmäßig, und auch Fische mag er sehr. Wenn Beeren, Früchte und Obst reifen, wird er für eine Weile zum Fast-Vegetarier (Pflanzenfresser). Da er bezüglich seiner Nahrung ein sehr vielseitiger und anpassungsfähiger Geselle ist, hat er das ganze Jahr über einen mehr oder weniger reich gedeckten Tisch.

Früh im Jahr, meist im Januar und Februar, feiern die Füchse Hochzeit. Sie verläuft recht geräuschvoll, und wer nachts durch den Winterwald geht oder nah bei einem Wald wohnt, kann das Brautpaar bellen, heulen und keckern hören. Nach einer gut siebenwöchigen Tragzeit bringt die Füchsin in ihrem Bau bis zu einem halben Dutzend Welpen zur Welt, die nur etwa 100 Gramm wiegen, nackt, blind und hilflos sind. Die mütterliche Wärme ist für sie lebenswichtig. Die Fähe bleibt in den ersten Tagen im Bau bei den Jungen, wärmt und säugt sie und läßt sie nicht aus den Augen.

Die Kleinen wachsen schnell und nehmen jeden Tag an Größe und Gewicht zu. Nach zwei Wochen öffnen sie die Augen, und etwa sechs Wochen später trauen sie sich erstmals an die Erdoberfläche – um beim geringsten Geräusch blitzschnell im Bau zu verschwinden. Die Mutter geht nun allein auf Beutefang und würgt nach der Rückkehr vorverdaute Fleischbrocken aus, die von den Welpen mit Heißhunger verzehrt werden. Im Alter von etwa vier Monaten begleitet die Jungmannschaft die Fähe auf die Nahrungssuche und lernt so „aus erster Hand“, wie man Insekten, Mäuse und halbflügge Vögel fängt, Pilze findet und Trauben von den Stöcken holt. Bevor die Füchsin im nächsten Frühling einen neuen Wurf zur Welt bringt, müssen ihre Jungen das Revier verlassen und ihr Glück in der Fremde versuchen.

Rothirsch

ROBUSTER HIRSCH UND ZARTES REH

Die Familie der Hirsche gilt als äußerst lebenstüchtig und anpassungsfähig. Sie besiedelt weite Teile der nördlichen Erdhalbkugel, Südamerika und Asiens. In unserer Heimat gibt es zwei Arten, die zur ursprünglichen Säugetierwelt zählen: der robuste Rothirsch und das feingliedrigere Reh. Bei uns werden die Hirschbullen um die 100 bis 120 Kilogramm schwer, bei einer Körperlänge von 200 Zentimeter und einer Schulterhöhe von 110 bis 130 Zentimeter.

Die Weibchen bleiben bedeutend unter diesen Maßen. Je weiter man nach Osten geht, um so größere Hirsche trifft man dort an. Die mächtigsten Exemplare können bis zu 300 Kilogramm wiegen und an der Schulter 150 Zentimeter messen – etwa gleich viel wie ein Pferd! Das Reh ist beträchtlich kleiner: Die Kopf-

Reh

Rumpflänge liegt bei 100 bis 120 Zentimeter und die Schulterhöhe um 70 Zentimeter. Die zierliche Geiß wiegt 15 bis 20 Kilogramm, der Bock bis 30 Kilogramm. Auch beim Reh sind die östlichen Rassen, wie z. B. das Sibirische Reh, beträchtlich größer. Stattliche Exemplare können bis zu 50 Kilogramm wiegen. Beim Rot- oder Edelhirsch und beim Reh tragen die Männchen (das beim Reh „Bock" und beim Hirsch „Bulle" oder „Stier" genannt wird) ein Geweih. Jäger bezeichnen das Rehgeweih meist als „Gehörn", was zoologisch nicht stimmt, denn Hörner werden, im Gegensatz zum Geweih, nicht abgeworfen und neu aufgesetzt. Damit ist bereits angedeutet, was sowohl mit dem Hirsch- wie mit dem Rehgeweih passiert: Im Winter (Hirsch) bzw. im Herbst (Reh) fällt es seinem Träger vom Kopf. In den darauffolgenden Wochen wächst ein neues Geweih heran, von Bast, der stark durchbluteten, samtartigen Haut, umgeben und genährt.

Im April oder Mai fegt der Rehbock sein Geweih an Büschen und Bäumen und entfernt damit den abgestorbenen Bast. Genau auf die Fortpflanzungszeit hin erstrahlt es in neuer Schönheit. Gleiches geschieht beim Hirsch. Ab Februar/März wachsen aus den Rosenstöcken, den leicht erhöhten Stirnzapfen, zwei neue Stangen. Auch sie werden, wenn das Geweihwachstum abgeschlossen ist, von ihrem Besitzer gefegt, und zwar im August, spätestens im September.

Die Geweihe werden sowohl vom Rehbock wie vom Hirschbullen hauptsächlich im Kampf mit Nebenbuhlern eingesetzt. Da es sich bei den Auseinandersetzungen um ritualisierte Kämpfe handelt, also um Kämpfe mit genauen Verhaltensmustern, sind schwere Verletzungen recht selten. Eher kann es einmal geschehen, daß sich zwei kämpfende Hirsche mit ihren Geweihstangen so sehr ineinander verhaken, daß sie sich nicht mehr lösen können und verhungern! Haben die Männchen den Höhepunkt ihrer Kraft überschritten, dann bildet sich ihr Geweih zurück. Und weil das Geweih eine Art Statussymbol ist, hat sein Träger bei den Rivalenkämpfen nicht mehr soviel Ansehen wie früher und muß das Feld jüngeren Nebenbuhlern überlassen.

Rehe sind zwar sehr anpassungsfähige Tiere, die in fast jedem Kulturlandtyp leben können und selbst auf fast buschlosen Nordsee-Inseln vorkommen, aber sie mögen keinen hohen Schnee und gehen deshalb im Gebirge kaum höher als 2.000 Meter. Darunter aber besiedeln sie mit Vorliebe den Waldrandgürtel und Jungforst-Schonungen mit Wiesenflächen und Maisäckern, in denen sie oft Deckung suchen und gleichzeitig Äsung finden. Tagsüber ruhen sie in ihren Einständen – Fichtenwäldchen, dichtes Strauchwerk, Brombeergebüsche usw. – und kommen bei Anbruch der Dämmerung zum Äsen an die Waldränder auf die Wiesen. Sie gelten als Feinschmecker und sind mit ihrem Futter viel wählerischer als andere Hirsche. Sie mögen Kräuter und Grasspitzen, Knospen, Triebe, Himbeer- und Brombeerblätter, die Beeren dieser Sträucher, Obst, Wildfrüchte und Pilze.

Der Hirsch hingegen ist weitaus anspruchsloser: In Notzeiten reichen ihm Flechten, Baumrinde, Eicheln, Bucheckern, trockenes Laub und dergleichen. Kann er jedoch aus einem großen Nahrungsangebot wählen, dann zieht er saftiges Gras, Knospen und Triebe, Kräuter, Ackerfrüchte und Getreide vor. Dort wo der Hirschbestand groß ist, richten die Tiere an den Feldkulturen beträchtliche Schäden an und verbeißen im Winter zahlreiche Jungbäume, die dann absterben. Hege- und Reduktionsabschüsse sind deshalb unumgänglich. Der Hirsch ist jedoch ein sehr gewitztes Tier mit hervorragenden Sinnen. Es fällt den Jägern nicht leicht, ihn zu erlegen, denn sehr schnell merkt er, wenn man ihm nach dem Leben trachtet.

Das Zusammenleben ist bei Rehen und Hirschen verschieden. Rehe sind vom Frühling bis weit in den Herbst hinein Einzelgänger bzw. Geißen (Weibchen) mit Kitzen. Im Herbst sammeln sie sich zu kleineren Rudeln, die fünf bis zehn, oft auch mehr Tiere zählen können. Am Ende des Winters lösen sich die Rudel wieder auf. Die Hirschkühe hingegen leben das ganze Jahr über in kleineren oder größeren Rudeln. Diese bestehen zum einen aus Kühen mit ihren Kälbern und zum anderen aus Junggesellenverbänden. Zu Beginn der Brunft im September/Oktober sichern sich die stärksten Bullen ein Revier, das sie gegen Rivalen stimmlich - mit dem berühmten Röhren - markieren. Sie versammeln einen Harem um sich, den sie beinahe wie ein Wachhund behüten; jede Kuh, die sich etwas vom Rudel entfernt, wird sofort zurückgeholt. Überwiegend im Mai kommen sowohl beim Reh wie beim Hirsch die Jungen zur Welt. In den ersten zwei bis drei Wochen werden sie von den Müttern „abgelegt“ (an einem sicheren Ort gelassen) und nur zum Säugen aufgesucht. Ist dieser „sichere“ Ort eine Wiese, kann er sich für das Rehkitz zur Todesfalle entwickeln – dann nämlich, wenn die Wiese gemäht und das Junge von der Maschine verstümmelt oder getötet wird. Bis zum Winteranfang müssen sich Rehkitz wie Hirschkalb Fettreserven zugelegt haben, damit sie die futterarme Zeit überleben können. Im ersten Lebensjahr sind die Verluste deshalb bei beiden Arten am höchsten.

Ricke mit Kitz

DER GROSSVATER ALLER SCHAFE LEBT IN UNSEREN WÄLDERN

Wilde Schafe leben in weiten Teilen Eurasiens und Nordamerikas. Die mächtigen Altai-Wildschafe sind die Riesen der Gruppe. Sie können eine Körperlänge von bis zu 220 Zentimeter und ein Gewicht von mehr als 200 Kilogramm erreichen. Dagegen nehmen sich die Maße unseres einheimischen Mufflons geradezu bescheiden aus. Ausgewachsene Böcke werden 100, höchstens 120 Zentimeter lang und nur bis 50 Kilogramm schwer. Die Weibchen sind bis zu einem Drittel leichter und kleiner.

Die verschiedenen Wildschaf-Rassen hatten einst ein sehr ausgedehntes Verbreitungsgebiet: Sie lebten mit Vorliebe in den Gebirgsregionen der Türkei, des Iran, Afghanistans und Pakistans bis hin ins südliche Rußland, nach Tibet, Nepal und in die Mongolei.

Unablässige Verfolgung haben viele Unterarten an den Rand der Ausrottung gebracht. Aus dem zentralen Europa verschwand das Muffelwild wahrscheinlich schon in der Steinzeit, vor über 5.000 Jahren. Reinblütige Restbestände, die seit langem äußerst bedroht sind, haben sich auf den unwegsamen Mittelmeerinseln Korsika, Sardinien und Zypern gehalten.

Vor über 200 Jahren haben Könige, Fürsten und adlige Gutsbesitzer Mufflons aus Korsika und Sardinien eingeführt und in große Wildgatter ausgesetzt. Vor gut 100 Jahren begann man dann, Mufflons in die Wälder zu entlassen, wo im Laufe der Zeit größere Bestände heranwuchsen. Leider blieben sie nicht überall reinblütig erhalten, denn immer wieder wurden, mehr oder weniger freiwillig, Hausschafe eingekreuzt. In unserer Heimat lebt das Muffelwild in den Mischwäldern der Mittelgebirge, z. B. in der Eifel, aber auch in den Forsten der Niederungen. Es ist äußerst genügsam und ernährt sich von Gräsern, Kräutern, Knospen, Blättern, Zweigen, Baumfrüchten, Beeren und vielem mehr.

Mufflon

Dort, wo es bejagt wird, ist es sehr scheu. Seine Sinne wie Augen, Ohren, Nase sind vorzüglich ausgebildet, und es läßt sich nicht leicht überlisten. Begehrt sind bei den Jägern hauptsächlich die starken Widder (Männchen), genauer gesagt deren gewaltige Hornschnecken.

Bei neun bis zehn Jahre alten Tieren schließen sie sich fast zu einem Kreis. Sie dienen hauptsächlich zum Rivalenkampf. Die Männchen stoßen dabei mit so großer Wucht die Hörner zusammen, daß es laut kracht. Nach kürzerer oder längerer Zeit gibt der Schwächere die Auseinandersetzung auf und trollt sich.

VERWEGENE KLETTERER IN FELS UND EIS: STEINBÖCKE UND GEMSEN

Wer schon Gelegenheit hatte, einen Steinbock oder eine Gemse im steilen Fels klettern zu sehen, ist von der beinahe unglaublichen Leichtigkeit und Trittsicherheit der beiden Alpentiere fasziniert. Vor allem der Steinbock ist ein unübertroffener Kletterer, der scheinbar ohne die geringste Anstrengung selbst durch senkrechte Wände spaziert – wobei es für ihn anscheinend keine Rolle spielt, ob er auf- oder abwärts geht.

Von sämtlichen in den Alpen lebenden Säugetieren ist der Alpensteinbock die am meisten spezialisierte Art. Er hält sich – je nach Jahreszeit - in den höchsten Gebirgsregionen bis über 3.500 Meter auf und geht kaum je unter 2.000 Meter. Tiefe Täler meidet er; sie haben seiner weiteren Ausbreitung seit jeher im Wege gestanden. Er hat einst den gesamten Alpenbogen von Frankreich bis nach Slowenien bewohnt. Doch intensivste Verfolgung brachten ihn an den Rand der Ausrottung: Sein Fleisch war eine gesuchte Delikatesse, und nahezu jedem Körperteil wurden heilerische Eigenschaften zugeschrieben. Die gewaltige Hornzierde der Böcke wird bis 100 Zentimeter lang und 15 Kilogramm schwer. Sie hat immer die Begierden von Jägern und Wilderern geweckt. Der Steinbock verschwand deshalb früh aus den Alpen. In der Schweiz gab es bereits um 1810 kein einziges Tier mehr. Lediglich im italienischen Aostatal überlebten einige wenige Dutzend Steinböcke. Dank wirksamer Schutzmaßnahmen und gezielter Zuchtanstrengungen in der Schweiz (mit aus Italien eingeschmuggelten Tieren!), erholten sich die Bestände des majestätischen Wildes langsam wieder. Um die Jahrhundertwende waren sie auf etwa 1.000 Tiere angestiegen. Heute gibt es allein in der Schweiz wieder rund 60 Kolonien mit insgesamt 10.000 Steinböcken. Im gesamten Alpenraum – sie wurden u. a. auch in Deutschland wieder ausgesetzt – leben schätzungsweise 15.000 bis 17.000 Tiere.

Steinbock

Die Steinbockbrunft findet mitten im härtesten Winter, von Dezember bis etwa Ende Januar, statt, und nur die stärksten Böcke haben bei den Geißen Erfolg. Ende Mai und im Juni kommen die Kitze, fast immer nur eines, zur Welt und werden von der Mutter bald nach der Geburt in unwegsames und damit sicheres Gebiet geführt.

Erst wenn die Jungen vier bis fünf Wochen alt sind, steigen die Weibchenrudel mit ihnen wieder auf offenere Alpweiden und Grashänge ab. Gemeinsam äsen sie dann würzige Kräuter und Gräser ab. Die Böcke halten sich derweil

Gemse

Der berühmte „Gamsbart", den gestandene Mannsbilder gern am Tirolerhut tragen, stammt nicht vom Kinn der Gemse, sondern von der Rückenmähne, die man nur dann wahrnimmt, wenn das Tier sie hochstellt - etwa wenn es aufgeregt ist.

Gemsen klettern ebenfalls vorzüglich, aber doch bei weitem nicht so hervorragend wie Steinböcke. Manche Forscher vertreten die Meinung, daß Gemsen ursprünglich Tiere der Mittelgebirgslagen und somit der Laubwälder waren und, ähnlich wie vielerorts der Rothirsch, erst durch die starke Verbauung der Landschaft und die intensive Jagd ins Gebirge abgedrängt wurden. Man findet sie auch heute noch in bewaldeten, hügeligen Landschaften in Höhen von 700 bis 1.000 m.

Gemsen leben in kleineren bis mittelgroßen Familienrudeln, die sich aus Geißen, jungen Böcken und Kitzen zusammensetzen. Die alten Männchen sind ausgesprochene Einzelgänger, die ein Revier besetzen und während der Brunftzeit jeden anderen Bock, der die Grenzen überschreitet, heftig verfolgen. Die wilden Jagden führen dann in irrwitzigem Tempo über Geröllhalden, Schneefelder, steile Matten und Felsbänder.

in kleineren „Herrenrudeln" in den höchsten Felsregionen ihres Lebensraumes auf. Sie weichen damit der Sommerhitze und der Plage stechender Insekten aus.

Die Gemse unterscheidet sich vom Steinbock sowohl hinsichtlich ihrer Größe wie auch der Fellzeichnung und -farbe. Mit einem Körpergewicht von 30 bis 40 Kilogramm (Weibchen) bzw. 50 bis 65 Kilogramm (Böcke) ist sie nur halb so schwer wie der Steinbock. Sie hat eine schwarzweiße Gesichtsmaske und dunkle Strümpfe sowie einen schwarzen Strich auf dem Rücken. Im Winter ist ihr Fell dunkelbraun, fast schwarz, im Sommer hellbraun-cremefarben.

Männchen und Weibchen tragen Hörner, deren Enden stark nach hinten gebogen sind und sich bei den Geschlechtern nur wenig unterscheiden (im Gegensatz zu den Steinböcken, wo die Geißen nur kurze, dünne Hörner haben). Man nennt sie Krickeln oder Kruckeln.

Kommt es zum Kampf, kann er unter Umständen blutig enden. Die Rivalen versuchen, einander von unten nach oben die Hörner in den Leib zu rammen. Dabei kann es schon passieren, daß die gebogenen, nadelspitzen Krickel dem Gegner in den Bauch eindringen und ihn verletzen. Dort, wo der Schwächere genügend Platz zum Ausweichen und Flüchten hat, sind Beschädigungen allerdings die Ausnahme.

Die Gemse war im Alpenraum nie so gefährdet wie der Steinbock. Um die Jahrhundertwende war ihr tiefster Bestand erreicht. Seither hat er sich etwa verfünffacht, und die Tiere werden recht intensiv bejagt.

NAGER MIT SCHARFEN ZÄHNEN

Ihren Namen haben die Nagetiere von ihrem Gebiß mit je zwei auffälligen Schneidezähnen im Ober- und Unterkiefer. Diese bogenförmigen Zähne besitzen keine Wurzel und wachsen ständig weiter, weil sie beim Nagen stark abgenutzt werden. Die Eckzähne fehlen, und die Backenzähne bilden bei den Nagetieren breite Flächen, die beim Kauen wie eine Mühle gegeneinander reiben. Die eindrucksvollsten Nagespuren hinterläßt der Biber, der mit bloßen Zähnen einen ganzen Baum fällen kann. So gelangt der Biber an die zartere Rinde der Baumkrone, die ihm im Winter als Nahrung dient. Die Äste zerlegt der Biber in handliche Stücke und verwendet sie als Wintervorrat, manchmal auch als Baumaterial für seine Burg oder für einen Staudamm.

Viele Nagetiere haben ein unscheinbares Aussehen und führen ein recht zurückgezogenes Leben. Deshalb sieht man sie nicht sehr häufig, obwohl es mehr von ihnen gibt als von allen anderen Säugetieren zusammen. Auch bei der Artenzahl machen die Nager mehr als die Hälfte aller Säugetiere aus: Weltweit gibt es rund 1.500 Arten von Nagetieren, bei uns kommen etwas mehr als 50 vor.

Das Murmeltier ist mit 50 bis 73 Zentimetern Kopf-Rumpf-Länge unser zweitgrößtes Nagetier (nach dem Biber, der bis zu einem Meter

Biber

lang und 30 Kilogramm schwer wird). Wie viele andere Nager leben die Murmeltiere in Großfamilien zusammen. Die Tiere einer Familie begrüßen einander häufig durch Beschnuppern und gegenseitige Fellpflege.

Murmeltiere bewohnen vorzugsweise Matten und Geröllfelder an Südhängen, von der Waldgrenze an bis in 3.000 Meter Höhe. Ursprünglich nur in den West- und Zentralalpen sowie in der Tatra heimisch, wurde das Murmeltier erfolgreich in den Ostalpen, dem Schwarzwald und den Karpaten eingebürgert.

Ein langgezogener Schrei gellt über die Bergwiese. Alarm – Angriff aus der Luft! Wie eine Eins steht ein Murmeltier auf den Hinterbeinen und äugt scharf nach dem kreisenden Adler. Die ganze Sippe flüchtet blitzartig in den schützenden Bau, bis die Gefahr vorüber ist. Die Sprache der Murmeltiere kennt noch eine andere Warnung: Eine Serie kurzer „Pfiffe" – eigentlich sind es Laute aus dem Kehlkopf – bedeutet „Bodenfeind im Anmarsch!" Sobald der Adler abstreicht, machen sich die Murmeltiere wieder auf die Futtersuche. Sie ernähren sich von Gräsern, Kräutern und Wurzeln. Im Herbst wiegt ein Murmeltier stolze acht Kilogramm; während des Winterschlafs magert es fast um die Hälfte ab, bis ihm der Pelz am Leib schlottert wie ein zu großer Mantel.

Im April oder Mai paaren sich die Murmeltiere, meist im Kessel des Winterbaues. Nach einer Tragzeit von 34 bis 35 Tagen bringt das Weibchen zwei oder drei, gelegentlich bis sieben nackte und blinde Junge zur Welt. Diese wiegen nur 30 Gramm und öffnen die Augen erst nach drei Wochen. Zwei Monate lang werden sie von „Mama" gesäugt. Im Alter von etwa 40 Tagen verläßt die Jungmannschaft erstmals den Bau, um sich auszutoben. Murmeltiere werden im dritten Lebensjahr geschlechtsreif und bleiben bis zu diesem Zeitpunkt meist im Familienverband.

Murmeltier

Das zwei bis drei Hektar große Revier wird vom „Vater" mit der Wangendrüse markiert und heftig gegen Eindringlinge verteidigt. Diesen droht er mit Zähneklappern und aufgestelltem Schwanz. Bleibt die Wirkung aus, geht „Papa" zum Angriff über; voll aufgerichtet wetzen die Gegner ihre Zähne aneinander und ringen, bis sie aus dem Gleichgewicht geraten und den Abhang hinunterpurzeln. Ernste Bisse mit den scharfen Zähnen sind jedoch selten. Jungtiere und Halbwüchsige dürfen meist ungeschoren zum Spiel mit den „Nachbarskindern" herüberkommen.

Murmeltiere haben nur wenige Feinde: Steinadler, Uhu und Kolkrabe, die Jungen müssen zudem vor Mardern auf der Hut sein. Früher fiel wohl auch Bären und Luchsen hier und da ein Murmeltier zum Opfer. Dem Menschen

Eichhörnchen

begegnen Murmeltiere mit Argwohn, außer an Orten, die regelmäßig von Touristen besucht werden. Ab August beginnen die Murmeltiere zu „heuen“: Sie lassen abgebissene Halme an der Sonne trocknen und polstern damit den Kessel im bis zu drei Meter tiefen Bau. Im Oktober wird der Eingang mit Erde, Steinen und Heu zugestopft. Zusammengerollt, den Kopf zwischen den Hinterbeinen, betten sich die Tiere eng aneinandergeschmiegt zum Winterschlaf.

Ihre Herzfrequenz sinkt auf drei bis fünf Schläge pro Minute, die Körpertemperatur auf vier bis sieben Grad Celsius. Alle paar Wochen erhöht das Murmeltier die Temperatur wieder, um sich im Tiefschlaf zu erholen – beim Kälteschlaf geht das nämlich nicht! Jungtiere haben in einer großen Schlafgemeinschaft bessere Aussichten zu überleben. Ein Murmeltier kann 15 bis 18 Jahre alt werden.

Das Eichhörnchen ist ein Verwandter des Murmeltiers, das die meisten Leute gut kennen. Eichhörnchen sind Waldbewohner, kommen aber auch in Gärten und Parkanlagen vor. Dort werden sie manchmal so zutraulich, daß sie den Menschen an den Hosenbeinen emporklettern, um nach Futter zu betteln! Der 15 bis 20 Zentimeter lange, buschige Schwanz ist fast ebenso lang wie Kopf und Rumpf des Eichhörnchens (20 bis 25 Zentimeter) und verleiht dem Tier ein possierliches Aussehen. Bei abenteuerlichen Sprüngen von Ast zu Ast hält sich das Eichhörnchen mit dem Schwanz im Gleichgewicht.

Zum Fressen sitzt es auf den Hinterbeinen und hält den Schwanz S-förmig aufgerichtet. Mit den Vorderbeinen hält es die Tannenzapfen, Bucheckern oder Eicheln fest, während es daran nagt. Die Farbe des Fells ist nicht bei allen Eichhörnchen gleich. Jene, die in Laubwäldern

Gartenschläfer

Haselmaus

des Tieflandes leben, sind meist fuchsrot oder rötlich-graubraun. In Nadelwäldern höherer Lagen findet man dagegen dunklere, schwarzbraune Eichhörnchen. Gelegentlich sind auch Junge aus ein und demselben Wurf unterschiedlich gefärbt. Junge Eichhörnchen sind sehr verspielt. Bei ihren Verfolgungsjagden im Geäst der Bäume stoßen sie „elektrisch" klingende, schnalzende Laute aus. Genau wie ein erwachsenes Tier, das erschreckt wird. Flink huscht es einen Baumstamm hinauf und schaut mit zuckendem Schwanz hinunter, um zu sehen, ob die Luft wieder rein ist. Das Nest des Eichhörnchens, „Kobel" genannt, befindet sich hoch oben in einer Astgabel oder in einer Baumhöhle. Der runde Kobel aus Zweigen und Blättern sieht einem Vogelnest ähnlich. Hier bringt das Weibchen in der Regel zweimal im Jahr drei bis fünf Junge zur Welt. Im Winter schlafen Eichhörnchen die meiste Zeit im Kobel. Sie halten aber keinen richtigen Winterschlaf wie Murmeltiere oder Bilche.

Zu den Bilchen gehören zum Beispiel der Gartenschläfer und die Haselmaus. Diese beiden geschickten Kletterer sehen aus wie eine Mischung aus Maus und Eichhörnchen. Die Haselmaus hat ein gelbbraunes Fell, der Gartenschläfer ein graues mit einer schwarzen „Räubermaske" um die Augen. Die Bilche sind nachtaktiv; sie haben große Augen, um in der Dämmerung besser sehen zu können, und lange Tasthaare an der Schnauze.

Der Gartenschläfer hat eine Körperlänge von 11 bis 17 Zentimeter und einen 9 bis 12 Zentimeter langen Schwanz. Er ernährt sich gerne von tierischer Kost wie größeren Insekten, Schnecken, Vogeleiern und -küken oder jungen Mäusen, verschmäht aber auch Beeren und Früchte nicht.

Die kleinere Haselmaus hält es genau umgekehrt; sie frißt vor allem Nüsse, Samen und andere Früchte, nur im Frühsommer auch Insekten und deren Larven. Wenn es sehr heiß

Waldmaus

Zwergmaus

wird, verfallen Haselmäuse manchmal in einen „Sommerschlaf“. Für den Winterschlaf baut die Haselmaus am Boden ein Nest aus Grashalmen, in dem sie sich dann zu einer Kugel zusammenrollt.

Hausmäuse und Ratten sind ziemlich unbeliebt, weil sie sich in die Nähe der Menschen wagen und an Eßwaren vergreifen. Es gibt aber noch viele andere Arten von Mäusen, wie etwa die Waldmaus. Entgegen ihrem Namen lebt sie vorwiegend in offenem, mit Sträuchern durchsetztem Gelände sowie in Feldern, nur selten im tiefen Wald. Am Boden sucht sie nach Samen von Gräsern und Kräutern und gräbt tiefe Erdgänge mit Nest- und Vorratskammern. Die Waldmaus mißt 7,5 bis 11 Zentimeter und hat einen ebenso langen Schwanz. Sie kann gut klettern und bis 80 Zentimeter weit springen. Ihre großen Augen und Ohren verraten, daß sie in der Dämmerung und nachts aktiv ist. Im Herbst und Winter sucht die Waldmaus manchmal auch Häuser auf. Dort nascht sie von Getreide- und Obstvorräten.

Hohes (Ried-)Gras, Seggenbestände oder Getreidefelder sind der Lebensraum der Zwergmaus. Diese erreicht eine Länge von sechs bis acht Zentimeter, nur wenig kürzer ist ihr Schwanz, den die Zwergmaus hier und da beim Klettern als Sicherungsleine um einen Halm schlingt. Im Sommer baut die Zwergmaus ein mit aufgeschlitzten Halmen verwobenes Kugelnest, etwa einen halben Meter über dem Boden. Den Winter verbringt sie in einem Bodennest oder auch in einer Scheune.

SPURTSTARKE HASENFÜSSE

Meister Lampe mit den langen Hinterbeinen kommt in vielen Geschichten und Fabeln vor. Auch den Begriff „Angsthase“ kennen alle. Aber stimmt es auch, daß Hasen ängstlicher sind als andere Tiere? Nicht unbedingt; wenn ein Hase zum Beispiel vor einem Fuchs davonrennt, will er ja sein Leben retten. Das kann ihm wohl niemand übelnehmen! Der Feldhase vertraut jedoch zuerst seiner Tarnung: Mit angelegten Ohren drückt er sich in eine Ackerfurche oder in seine „Sasse“, eine flache Mulde im Boden, die der Hase als Ruheplatz benutzt. Wenn ein Feind naht, verhält sich der Hase mucksmäuschenstill und wartet gespannt wie eine Sprungfeder, ob die Gefahr vorübergeht. Erst im letzten Moment ergreift der Hase mit einem gewaltigen Satz die Flucht. Er kann aus dem Stand über 1,5 Meter hoch und einige Meter weit springen! Im Galopp erreicht er eine Spitzengeschwindigkeit von 60 bis 70 Stundenkilometer.

Weil er sich mit beiden Hinterbeinen gleichzeitig vom Boden abstößt, kann der Hase auch im vollen Lauf noch enge Haken schlagen, um seine Verfolger auszutricksen. Bei diesem Tempo und der Ausdauer des Mümmelmanns kann mancher Fuchs nicht mithalten – zum Glück für den Hasen!

Die langen Ohren geben dem Hasen ein ausgesprochen gutes Hörvermögen. Auch die großen Augen helfen ihm, Feinde rechtzeitig wahrzunehmen, wenn er während der Dämmerung und in der Nacht auf Wiesen und Feldern Nahrung aufnimmt. Die Augen sitzen so weit seitlich am Schädel, daß der Hase ein Blickfeld von vollen 360 Grad erfaßt: Rundumsicht, ohne den Kopf zu drehen! Trotz ihrer Wachsamkeit fallen jedoch viele Hasen, vor allem die jungen, Raubtieren zum Opfer. Zum Ausgleich der hohen Sterblichkeit können sich Feldhasen schnell vermehren. Ein trächtiges Weibchen kann sogar schon vor der Geburt der Jungen wieder neu befruchtet werden. Pro Jahr bringt es zwei bis fünf Würfe mit je ein bis fünf Jungen zur Welt.

Schneehase

Feldhase

In kälteren Gebieten wie den Alpen ist der Schneehase zu Hause. Er hält sich gern ein wenig unterhalb der Schneegrenze auf, wo er nahrhafte Pflanzentriebe findet. Im Winter frißt er auch Flechten und Rinde.

Mit seinen 50 bis 65 Zentimetern Länge (Schwanz vier bis acht Zentimeter) ist der Schneehase eine Spur kleiner als der Feldhase. Dafür hat der Schneehase dichter behaarte

Kaninchen

Pfoten, mit denen er im Schnee weniger einsinkt.

Als Anpassung an den Lebensraum wechseln Schneehasen die Fellfarbe: Das Sommerfell ist braun bis graubraun wie beim Feldhasen; im Winter hat der Schneehase jedoch ein rein weißes Fell, nur die Ohrspitzen haben einen schwarzen Rand. Beim Fellwechsel wird die Farbe des Schneehasens durch die Umgebungstemperatur beeinflußt.

An Orten, wo es im Winter weniger kalt wird, werden die Hasen nur teilweise weiß oder bleiben sogar braun. Umgekehrt behalten die Schneehasen im hohen Norden das ganze Jahr über ein weißes Fell.

Das Wildkaninchen mag lieber warme Gebiete mit niedrigem Bewuchs und sandigem Boden. Kaninchen leben sehr gesellig in Erdbauen, die sie selber graben. Zum Schutz der Jungen dient eine besondere, warm gepolsterte Wurfröhre. Im Gegensatz zu Hasenkindern sind Kaninchen bei der Geburt noch nackt und blind. Sie öffnen erst nach zehn Tagen ihre Augen und werden im Alter von vier Wochen selbständig. So lange werden sie auch von der Mutter gesäugt, allerdings nur ein einziges Mal pro Nacht und nur fünf Minuten lang.

Wie die Murmeltiere haben auch die Kaninchen eine Rangordnung, und sie kennzeichnen ihr Revier mit Duftmarken. Bei Gefahr schlagen Kaninchen aber nicht mit ihrer Stimme Alarm, sondern klopfen mit den Hinterbeinen auf den Boden.

DIE KOBOLDE MIT DER FEINEN NASE

Zur Ordnung der Insektenfresser gehören einige urtümliche Säugetiere, deren Vorfahren aus der Kreidezeit (vor über 60 Millionen Jahren) sich weniger weiterentwickelt haben als die übrigen „höheren Säugetiere". Die Insektenfresser nehmen als Beutetiere nur Insekten und andere Wirbellose und besitzen einen empfindlichen Geruchssinn zum Aufspüren der Nahrung.

Die Insektenfresser, die bei uns vorkommen, sind der Maulwurf, verschiedene Spitzmäuse und der Igel. An seinem Kleid aus zwei bis drei Zentimeter langen und einem Millimeter dicken Stacheln, der spitzen Schnauze und den kurzen Beinen ist der Igel leicht zu erkennen. Ein erwachsener Igel hat übrigens etwa 16.000 Stacheln.

Seine bevorzugten Orte sind Waldränder, Parks und Gärten mit vielen Gebüschen. Tagsüber versteckt sich der Igel in dichtem Gestrüpp, unter Steinhaufen oder in einem anderen Schlupfwinkel am Boden. Bei Einbruch der

Igel

Dämmerung macht er sich dann schnüffelnd auf die Futtersuche. Manchmal kann man ihn laut schmatzen hören, wenn er Insekten, Regenwürmer, Schnecken oder sogar junge Mäuse, Frösche oder Schlangen verspeist. Nur selten nimmt er auch pflanzliche Kost zu sich.

Das Igelweibchen bekommt ein- oder zweimal im Jahr vier bis sieben Junge. Die Neugeborenen besitzen zwar schon Stacheln, doch sind diese noch weich und in die aufgequollene Haut eingebettet, so daß sie die Mutter bei der Geburt nicht verletzen können. Mit zwei Wochen öffnen die jungen Igel ihre Augen und Ohren. Sie werden bis zum Alter von drei bis vier Wochen gesäugt, mit sechs Wochen sind sie schließlich selbständig.

Bis zum Herbst müssen die Jungen genügend Gewicht zulegen, um den Winter zu überstehen. Der Winterschlaf der Igel dauert etwa von Oktober bis April.

Igel können sich wirksam gegen die meisten Freßfeinde wehren, indem sie sich blitzschnell einkugeln und die nadelspitzen Stacheln aufstellen.

Trotz dieses Schutzes erreichen nur wenige Igel das Höchstalter von acht bis zehn Jahren. Von 100 jungen Igeln sterben 80 bereits im ersten Winterschlaf.

Ausgewachsenen Igeln wird es oft zum Verhängnis, daß sie sich gern in der Nähe der Menschen aufhalten. Auf den Straßen werden jedes Jahr unzählige Igel überfahren.

Haubentaucher mit Jungen

DER HAUBENTAUCHER, EIN ELEGANTER FISCHJÄGER

An Seen und größeren Teichen ist er häufig anzutreffen: der Haubentaucher. Dieser Vogel ist mit dem stromlinienförmigen Körper hervorragend ans Leben auf und unter Wasser angepaßt. Seine Beine mit Schwimmlappen an den Zehen sind ganz nach hinten gerichtet, wie der Propeller eines Torpedos.

Damit kann sich der Haubentaucher unter Wasser schnell fortbewegen, um kleine Fische und andere Wassertiere zu fangen. Mit dem langen Hals kann er wie eine Schlange zustoßen, um die Beute mit dem spitzen Schnabel zu packen.

Im Frühjahr wachsen den Haubentauchern rotbraune Ohrbüschel und eine schwarze Halskrause. Bei der Balz werden diese Federn abgespreizt; sie bilden dann eine schmucke Haube um den Hinterkopf. Die werbenden Partner schwimmen Brust an Brust, mit hochgerecktem Hals, und schütteln dabei immer wieder den Kopf. Zwischendurch tauchen sie auch bis zum Grund hinunter. Mit heraufgeholten Pflanzenteilen im Schnabel setzen sie dann ihren Hochzeitstanz fort und richten sich strampelnd auf der Wasseroberfläche auf.

Im Schilf versteckt bauen die Haubentaucher ein schwimmendes Nest, in dem sie abwechselnd ihre drei bis vier Eier ausbrüten. Nach vier Wochen schlüpfen die schwarzweißgestreiften Jungen, die schon schwimmen können. Solange sie klein sind, lassen sie sich oft auf dem Rücken der Eltern tragen. Die Küken kuscheln sich dabei unter die Flügel, so daß manchmal nur ihre kleinen Köpfe mit dem roten Punkt auf der Stirn hervorgucken.

REIHER MIT LANGEN STELZBEINEN

Die Reiher gehen nicht im tiefen Wasser auf die Jagd, sondern setzen sich am Ufer auf die Lauer oder schreiten erhaben zwischen den Pflanzen umher. Bei der Futtersuche kann man den Graureiher gut beobachten. An einigen Orten trauen sich diese Reiher mitten in die Stadt hinein, auf dem Lande sind sie dagegen meist scheuer und meiden die unmittelbare Nähe von Menschen. Sie halten sich aber gern auf frisch gepflügten Äckern oder gemähten Wiesen auf, wo sie bequem Nahrung finden. Graureiher ernähren sich zur Hauptsache von Fischen, daneben erbeuten sie auch Mäuse, Frösche und Reptilien. Von der Schnabel- bis zur Schwanzspitze mißt ein Graureiher 90 Zentimeter. Sein krächzender Ruf ist in der Nähe von Gewässern ein vertrautes Geräusch.

Graureiher

Rohrdommel

Beim Fliegen legt der Reiher seinen Kopf auf den Rücken zurück, so daß der lange Hals fast nicht mehr zu sehen ist. Auch beim Ausruhen ist der Hals S-förmig gebogen. Wenn der Reiher aber eine Beute ins Visier nimmt, streckt er seinen Kopf häufig weit nach vorn und zielt mit dem Schnabel auf den Futterhappen.

Den Winter über bleiben einige Graureiher hier, während andere in wärmere Gebiete ziehen – einzelne sogar bis nach Südafrika!

Ein viel zurückgezogeneres Leben als der Graureiher führt die Rohrdommel. Dieser in hellen und dunklen Brauntönen marmorierte Reiher hält sich meistens im Röhricht versteckt und ist vorwiegend in der Dämmerung und nachts aktiv. Mit seiner in Längsrichtung verlaufenden Zeichnung ist er im Schilf gut getarnt. Wenn sich die Rohrdommel bedroht fühlt, während sie im hohen Schilf herumklettert, streckt sie ihren dolchförmigen Schnabel senkrecht nach oben und erstarrt in dieser „Pfahlstellung".

Wenn es windet, wiegt sich die Rohrdommel sogar mit den Halmen hin und her. Wird sie erschreckt, sträubt die Rohrdommel ihr Gefieder und droht mit glockenförmig aufgeblähten Flügeln und weit aufgerissenem Schnabel.

In der Balzzeit läßt die Rohrdommel einen tiefen, schauerlichen Ruf ertönen, der über weite Entfernungen zu hören ist. Das hat ihr volkstümliche Namen wie z. B. „Moorochse" eingetragen.

Weißstorch mit Küken

STÖRCHE UND IHRE LUFTIGE KINDERSTUBE

Alle kennen ihn, den Weißstorch mit dem langen roten Schnabel. In Märchen heißt er Adebar und bringt den Leuten fliegend die Babys ins Haus. Der Storch hält sich tatsächlich gern in der Nähe der Menschen auf.

Für ihren eigenen Nachwuchs bauen die Störche auf Bäumen, Hausdächern oder Kirchtürmen große Nester aus aufgeschichteten Ästen und Zweigen. Vielfach wird ein solcher Horst mehrere Jahre lang benutzt und vergrößert. Wenn ein anderer Storch dem Eigentümer das Nest streitig machen will, kann ein heftiger Kampf entbrennen. Sonst sind Störche friedfertig und versammeln sich oft zu größeren Gruppen. Die Störche erkennen einander schon von weitem und klappern zur Begrüßung laut mit dem Schnabel.

Dabei werfen sie den Kopf nach hinten, bis er den Rücken berührt. Besonders ausgiebig klappern die Störche während der Balzzeit. Die Paarung findet meist im Nest statt: Danach legt das Weibchen in Abständen von zwei Tagen drei bis fünf Eier. Im Körper eines Vogelweibchens kann sich jeweils nur ein Ei entwickeln, und bis die Eierschale so dick ist, daß das Ei gelegt werden kann, vergehen – je nach Vogelart – Stunden bis Tage. Kleine Singvögel legen jeden Tag ein Ei, bei großen Raubvögeln dauert es manchmal fast eine Woche, bis das nächste Ei „reif" ist. Die Bildung der Eier zehrt an den Kräften des Weibchens, und es muß daher viel Nahrung aufnehmen. Wenn die Vogelmutter schon vom ersten Ei an mit dem Ausbrüten beginnt, schlüpfen die Küken zeitlich gestaffelt.

Die Störche und viele andere Vögel fangen deshalb erst an zu brüten, wenn das Gelege vollzählig ist, damit alle Küken am gleichen Tag schlüpfen. Bis es soweit ist, wechseln sich die Storcheneltern etwa 33 Tage lang in Abständen von mehreren Stunden beim Brüten ab.

Störche haben einen abwechslungsreichen Speiseplan, sie vertilgen unter anderem Würmer, Heuschrecken, Frösche, Mäuse und manche andere Kleintiere, denen sie in Wiesen, Sümpfen und im seichten Wasser nachstellen.

Zur Fütterung der Jungen im Nest würgen die Eltern die Nahrung, die sie beim Sammeln verschluckt haben, wieder hervor. Mit gesenktem Kopf und halboffenem Schnabel läßt der Altvogel das Futter auf den Nestboden oder direkt in die offenen Schnäbel der Jungen fallen. Die Kleinen können sich dabei ziemlich bekleckern. Oft sieht man an ihrem Schnabelrand klebrige Reste hängen.

Nach und nach wachsen die jungen Störche heran und wechseln vom weichen Daunenkleid zum fertigen Gefieder. Nach etwa sieben Wochen fangen die Jungen an, ihre Flugmuskeln zu trainieren. Mit etwa zwei Monaten werden die Jungstörche flügge und verlassen das Nest. Mit einer Flügelspannweite von gut 220 Zentimetern ist der Storch ein guter Segelflieger. Bei schönem Wetter schraubt er sich in aufsteigender Warmluft bis in große Höhen, um dann langsam absinkend weite Strecken zurückzulegen, ohne dauernd mit den Flügeln zu schlagen. Auf dem Zug ins Winterquartier ist dies besonders wichtig, wenn die Störche übers Meer oder über die Wüste fliegen. Weil sie dort keine Nahrung finden, müssen sie mit ihren Kräften sehr sparsam umgehen.

Schwarzstorch

Ein seltener Vetter des Weißstorchs ist der Schwarzstorch. Er hat ein glänzend schwarzes Gefieder und eine weiße Unterseite, Schnabel und Beine sind dunkelrot. Der scheue Schwarzstorch lebt zurückgezogen in Sumpf- und Bruchwäldern. Da er sich in der Nähe von Menschen überhaupt nicht gern aufhält, wird sein Lebensraum immer kleiner. Aus weiten Teilen Europas ist der Schwarzstorch inzwischen ganz verschwunden.

ENTEN HABEN GERN GESELLSCHAFT

Unter den Wasservögeln sind die Enten ein beliebtes Jagdwild. Einige Arten werden auch als Haustiere gehalten. In Freiheit schließen sich die Enten häufig zu größeren Gruppen zusammen, um gemeinsam der Futtersuche nachzugehen oder sich auszuruhen. Nur zum Brüten ziehen sich die Paare von ihren Artgenossen zurück.

Bei vielen Entenarten sind die Erpel, wie die Männchen genannt werden, bunter gefärbt als die Weibchen. Zum Beispiel hat der Erpel der Kolbenente einen auffälligen orangefarbenen Kopf, einen roten Schnabel und eine weiße Seite, während das Weibchen bis auf die hellen Wangen unscheinbar braun ist. Das unauffällige Kleid der weiblichen Enten ist beim Brüten eine gute Tarnung; die Erpel überlassen diese Aufgabe ganz dem Weibchen.

Das Gefieder der Entenmutter liefert sogar einen Teil des Nistmaterials: An der Bauchseite wachsen zwischen den Federn besonders lange Flaumfedern, die „Nestdunen“. Die Ente zupft sich diese aus und polstert damit das Nest. Diese sehr leichten Daunen isolieren sehr gut, das heißt, sie behalten die Wärme zurück. Deshalb werden auch in unserem Zeitalter der künstlich hergestellten Produkte weiterhin viele hochwertige Bettdecken und Winterjacken mit natürlichen Gänse- oder Entendaunen gefüttert.

Kolbenente, Erpel im Brutkleid

Reiherente

Wie die Kolbenente zählt auch die Reiherente zur Gruppe der Tauchenten. Diese Enten tauchen im Wasser nach ihrer Nahrung, die aus Muscheln, Kleintieren, aber auch Pflanzenteilen besteht. Die Reiherente ist bei uns vor allem als Wintergast sehr zahlreich vertreten. Auf größeren Flüssen und Seen versammeln sich die Vögel manchmal zu Tausenden.

Tauchenten müssen zum Auffliegen etwas Anlauf nehmen. Bevor sie abheben, „rennen“ sie mit schnellen Flügelschlägen ein Stück weit über die Wasseroberfläche. Enten können wegen ihrer kleinen Flügelfläche zwar nicht segeln, sind aber trotzdem recht ausdauernde Flieger.

Spießente

Die Spießente ist ein Vertreter der Schwimmenten. Sie kann weniger gut tauchen und sucht daher schwimmend oder gründelnd nach Futter. Gründeln nennt man es, wenn die Ente vornüber kippt und lediglich mit dem Kopf und Vorderkörper untertaucht. Dabei stochert sie mit dem Schnabel am Grund des seichten Wassers nach Eßbarem herum. Der Schnabelrand ist mit feinen Lamellen besetzt, die wie ein Rechen wirken. Durch Auf- und Zuklappen des Schnabels und mit Bewegungen der Zunge drückt die Ente das schlammige Wasser durch die Lamellen, wobei Pflanzenteile und Wassertierchen im Innern hängenbleiben. Diese muß die Ente jetzt nur noch schlucken. Ein Entenschnabel ist übrigens sehr tastempfindlich. Der Gaumenrand einer Stockente hat pro Quadratmillimeter mehr Nervenenden als ein menschlicher Zeigefinger! Dieser Tastsinn ist für die Enten wichtig, zumal sie häufig nachts auf Nahrungssuche gehen und im trüben Wasser auch bei Tage ohnehin nicht gut sehen können, was sie im Schlamm alles aufwühlen.

HÄHNE, DIE FRÜHMORGENS TURNIERE AUSFECHTEN

Auch bei den Hühnervögeln tragen die Männchen meistens ein auffälligeres Federkleid als die Hennen. Die Hähne einiger Arten besitzen am Schwanz lange Schmuckfedern, so etwa der prächtige Jagdfasan, ein Verwandter des Haushuhns. Während die Henne 60 Zentimeter lang wird, bringt es der Hahn vom Schnabel bis zum Schwanzende auf stolze 85 Zentimeter. Außerdem sind seine Läufe (so nennt der Jäger die Füße) an der Rückseite mit einem spitzen Sporn bewehrt, den er beim Kampf als Waffe einsetzt. Die Henne hat dagegen keine Sporne.

Der Jagdfasan stammt ursprünglich aus Asien, doch ist er in vielen Gebieten Europas und Nordamerikas eingebürgert worden. Früher war Fasanenbraten ein beliebtes Festessen bei den Edelleuten, und auch heute schmücken die Jäger ihre Hüte zuweilen mit Fasanenfedern wie Robin Hood.

Fasan

Birkhahn

Auerhahn

Sehr eindrucksvoll ist die Gruppenbalz der Birkhühner. Um solch ein Hochzeitsturnier zu beobachten, muß man jedoch zeitig aufstehen. Die Birkhähne versammeln sich nämlich schon in der Morgendämmerung, um mit ausgebreiteten Schwanzfedern, waagerecht ausgestrecktem Körper und ruckartigen Luftsprüngen um die Hennen zu werben. Dabei stoßen sie merkwürdig klingende Laute aus: ein anschwellendes Zischen und ein gurgelndes „Kollern“ mit dem aufgeblähten Hals. Über den Augen haben die Birkhähne tiefrote Schwellkörper „die „Rosen“, die wie dicke Augenbrauen aussehen. Während die Hähne miteinander wetteifern, schauen die Hennen am Rand des Balzplatzes zu. Sie paaren sich nur mit den stärksten Hähnen, welche am Ende des Turniers in der Mitte des Balzplatzes zu finden sind.

Die Birkhühner bewohnen Moore, Wiesen, Heiden und das Hochgebirge. Weil viele Moore trockengelegt und aus mageren Wiesen intensiv bewirtschaftete Weide- und Ackerflächen gemacht werden, finden die Birkhühner immer weniger geeignete Lebensräume. Im Winter werden sie auch oft von Skifahrern gestört, die sich nicht an die markierten Pisten halten.

Noch stärker bedroht ist das Auerhuhn. Es lebt in urwüchsigen Mischwäldern und ernährt sich von Kiefern- und Fichtennadeln, Knospen, Beeren und Blättern. Ein stattlicher Hahn mißt über einen Meter und wiegt mehr als sechs Kilogramm, die Henne bringt es auf 63 Zentimeter und drei Kilogramm.

Säbelschnäbler

Der Auerhahn balzt in seinem Revier schon vor dem Morgengrauen. Er schlägt mit dem Schwanz ein Rad und sträubt seine Halsfedern. Sein leises Balzlied setzt sich aus schnalzenden, wetzenden und knackenden Geräuschen (dem „Knappen“) zusammen. Die Henne legt in das Nest am Boden sechs bis zehn Eier und brütet diese alleine aus. Die Küken brauchen als Futter Ameisen, Käfer, Würmer und Schnecken.

WATVÖGEL MIT LANGEN SCHNÄBELN

Schlickflächen an Flußufern, in Sümpfen und an der Meeresküste sind die bevorzugten Nahrungsgründe der Watvögel. An Orten wie dem Wattenmeer kommen sie zuweilen in riesigen Schwärmen vor, die dem Wasserstand der Gezeiten folgen und im nassen Schlamm oder im seichten Wasser herumstochern.

Der Säbelschnäbler ist 43 Zentimeter lang, 250 bis 400 Gramm schwer und hat einen langen, aufwärts gebogenen Schnabel. Er hält sich stets an Gewässern mit Salz- oder Brackwasser auf.

Während er auf seinen dünnen Stelzbeinen umherstolziert, zieht der Säbelschnäbler seinen etwas zerbrechlich wirkenden Schnabel durchs Wasser hin und her. Wie mit einer Pinzette kann er damit Insekten, Kleinkrebse und allerlei andere Wassertiere schnappen, die er mit dem Schnabel ertastet.

Weniger zart benimmt sich der gleich lange, aber 400 bis 700 Gramm wiegende Austernfischer. Neben dem gedrungenen schwarzweißen Körper kennzeichnet ihn vor allem sein roter Schnabel. Dieser ist gerade, doppelt so lang wie der Kopf und sehr kräftig gebaut.

Austernfischer

Der Austernfischer benützt den Schnabel wie einen Meißel und ein Brecheisen, um Muscheln zu öffnen, die von der Flut angespült werden. Mit einem gezielten Hieb hackt der Vogel in die Atemöffnung der Muschel und trennt dabei mit seiner scharfen Schnabelspitze den Schließmuskel entzwei. Jetzt kann er die Muschel mit einem Ruck aufklappen, um ans weiche Innere zu gelangen.

Der Kiebitz ist weniger an Gewässer und Feuchtgebiete gebunden, wenngleich er in den Marschen nahe der Nordseeküste am zahlreichsten vorkommt. Oft ist sein melodischer Ruf auch über Äckern und Feldern des Binnenlandes zu vernehmen. Auffällig blitzen im Flug die weißen Unterseiten der breiten, abgerundeten Flügel, wenn der Kiebitz sein Revier markiert oder Störenfriede vom Nest abzulenken versucht. Das einfache Nest in einer Bodenmulde ist vielen Gefahren ausgesetzt. Beim Verlust des Geleges legt das Kiebitzweibchen ein zweites nach. Aus den drei bis vier birnenförmigen Eiern schlüpfen die Jungen nach 24 Tagen. Schon einen Tag später verlassen die braun gesprenkelten Federknäuel das Nest und folgen den Eltern, welche die Küken gemeinsam betreuen.

Wenn ein Feind auftaucht, haben die Kiebitzeltern einen guten Trick auf Lager, mit dem sie ihren Nachwuchs schützen: Zuerst warnen sie ihre Jungen, die sich sofort auf den Boden drücken und regungslos verharren. Dann rennt ein Altvogel auffällig umher, wobei er einen Flügel hängen läßt, als ob er gebrochen wäre. So lenkt der Kiebitz die Aufmerksamkeit auf sich und lockt den Feind, der eine leichte Beute wittert, von den Jungen weg. Sobald er genügend weit weg ist, bringt sich der Kiebitz fliegend in Sicherheit.

Die Kiebitze unserer Heimat sind „Teilzieher"; sie wandern im Winter nach Großbritannien und in die Mittelmeerländer, nur wenige ziehen weiter nach Süden. Schon im Februar oder März kehren die Kiebitze wieder zu uns zurück und beginnen bald darauf mit ihrer

Rotschenkel

Brut. In vielen Gebieten haben es die Kiebitze jedoch schwer, Nistplätze zu finden und ihre Brut erfolgreich großzuziehen, weil die Landschaft durch den Menschen verändert und stark genutzt wird.

Kiebitz

Ebenfalls feuchte Wiesen sowie flache Ufer stehender und fließender Gewässer besiedelt der Rotschenkel, der zu den Schnepfenvögeln gehört. Bis auf seine hellroten Beine und den am Ansatz roten Schnabel ist er recht unscheinbar gefärbt, das Gefieder ist braun gesprenkelt. Dafür verrät er oft mit heller und lauter Stimme seine Anwesenheit.

Die Rotschenkel tarnen ihre Nester teilweise, indem sie das umgebende Gras oder die Uferpflanzen laubenartig über das Nest ziehen. Sie brüten das Gelege abwechselnd aus und führen die Jungen eine Zeitlang gemeinsam. Das Weibchen verabschiedet sich manchmal, noch bevor die Jungen flügge sind. Das Männchen kümmert sich meist länger um die Küken.

Steinadler

GREIFVÖGEL SEHEN BESSER ALS WIR MENSCHEN!

Während der Steinadler hoch oben in der Luft kreist, entgeht ihm kaum eine Bewegung am Boden. Er hat sozusagen ein eingebautes Fernglas, denn seine sprichwörtlichen Adleraugen sind ganz besonders gebaut. In der Mitte des Blickfeldes sieht der Adler alles größer als außen. Daß er nicht gleich alles vergrößert sieht, hat seinen Grund: Beim schnellen Fliegen braucht der Adler nämlich ein großes Gesichtsfeld, um sich orientieren und Hindernisse rechtzeitig wahrnehmen zu können. Davon gibt es in seiner felsigen Heimat in den Alpen mehr als genug.

Bei vielen Greifvögeln, so auch beim Steinadler, sind die Weibchen größer als die Männchen. Ein weiblicher Steinadler bringt 3.850 bis 6.700 Gramm auf die Waage, ein männlicher dagegen 2.850 bis 4.500 Gramm. Ihre Größen liegen zwischen 76 und 89 Zentimeter. Erwachsene Steinadler beider Geschlechter sind dunkelbraun gefärbt und haben an Kopf und Nacken goldgelbe Federn. Halbwüchsige Adler erkennt man am weißen Schwanz mit einer schwarzen Endbinde, den helleren Flügelunterseiten und dem dunkleren Kopf. Sie werden erst im dritten Lebensjahr erwachsen.

Steinadler erbeuten Murmeltiere, gelegentlich auch Gems- und Steinkitze. Außerdem sind tote Tiere – z. B. ein in einer Lawine verunglückter Hirsch – eine weitere willkommene

Bartgeier

Nahrungsquelle. Wie die meisten Greifvögel verteidigen auch Adler ihre Beute durch das sogenannte „Decken"; die Flügel werden hierbei kuppelförmig über der Beute ausgebreitet, und der Vogel droht mit dem Schnabel.

Kleiner als der Steinadler ist der Mäusebussard, der in tieferen Lagen sehr häufig ist. Der etwa 54 Zentimeter große Bussard tritt in ganz unterschiedlichen Färbungen auf, die von dunkelbraun bis fast weiß (vor allem an der Unterseite) reichen. Das Weibchen wiegt durchschnittlich 900 Gramm, das Männchen 750 Gramm.

Wie im Namen angedeutet, ernährt sich der Mäusebussard hauptsächlich von Wühlmäusen. Oft sieht man ihn am Himmel kreisen oder auf einer Sitzwarte in einem Feld oder an einer Straßenböschung geduldig auf Beute lauern. Bei der Jagd greift der Bussard aus geringer Höhe im Sturzflug an und „schlägt" (packt) seine Beute mit den spitzen Klauen. Größere Tiere reißt er dann mit seinem starken Hakenschnabel auf, um sie häppchenweise zu verspeisen, kleine Beutetiere verschluckt er mit Haut und Haaren. Die Knochen werden von der Magensäure aufgelöst, nicht aber Haare und Insektenpanzer. Diese unverdaulichen Reste

Mäusebussard

würgt der Bussard nach etwa 16 bis 18 Stunden als „Gewölle" wieder aus.

In der Balzzeit kann man die Mäusebussarde bei ihren Flugspielen beobachten. Den Horst aus Ästen und Zweigen bauen sie mit Vorliebe im Wald, hoch oben auf einem Baum. Das Weibchen legt im April oder Mai zwei bis vier Eier, die es einen Monat lang ausbrütet. Ihr Gatte beteiligt sich nur gelegentlich am Brutgeschäft. Wenn die Küken geschlüpft sind, hilft er jedoch fleißig mit, die Jungen mit Futter zu versorgen. Auch wenn die Jungvögel das Nest schon verlassen haben, hört man noch einige Zeit die klagenden Rufe, mit denen sie um Futter betteln. Die Eltern haben eine tiefere Stimme, die sich weniger oft überschlägt. Der Ruf des Mäusebussards erinnert an das Miauen einer Katze, manchmal endet er auch mit einem langsamen Trillern.

Alle Greife sind wichtige Gesundheitspolizisten, die vor allem kranke und schwache

Tiere schlagen und oft auch „Aas“, also tote Tiere, verzehren. Reine Aasfresser sind die Geier, die bei uns jedoch fast überall ausgerottet worden sind. Im östlichen Alpenraum leben noch Gänsegeier, und seit mehreren Jahren werden in den Alpen wieder Bartgeier angesiedelt. Dieser mächtige Vogel hat einen langen, keilförmigen Schwanz und schmale Flügel mit einer Spannweite von 2,5 bis 2,8 Metern! Er ist mit bis zu 115 Zentimetern Länge und fünf bis sieben Kilogramm Gewicht größer als der Steinadler. Der Bartgeier ist im Gebirge zu Hause. Die schwarzen Borstenfedern, die am Kinn einen kleinen Bocksbart bilden, gaben ihm seinen Namen.

Im niedrigen Segelflug gleitet der Bartgeier geschickt über Grate und um Felsvorsprünge herum, während er nach Futter Ausschau hält. Anders als die übrigen Geier, die Fleisch und Innereien toter Tiere vertilgen, ernährt sich der Bartgeier vor allem von Knochen und Mark. Nachdem Krähen oder Adler einen Kadaver bereits völlig ausgehöhlt haben, findet der Bartgeier immer noch einen gedeckten Tisch. Bis zu einer beachtlichen Größe verschluckt er die Knochen ganz oder zerbricht sie mit seinem kräftigen Schnabel. Die größten Knochen trägt er dagegen in die Luft und läßt sie aus einiger Höhe gezielt auf einen Felsblock fallen, so daß sie zerschellen und das nahrhafte Knochenmark freigeben.

Bartgeier nisten im tiefsten Winter in einer geschützten Felsnische. Den Horst kleiden sie mit Fellfetzen und Wolle warm aus. Ab Januar oder Februar werden meist zwei Eier gelegt und 55 bis 60 Tage lang ausgebrütet. Die Jungen schlüpfen dann in der Zeit der Schneeschmelze, wenn das Nahrungsangebot besonders groß ist. Die Küken entwickeln sich langsam und sind erst nach knapp vier Monaten flügge. Während der ersten zwei Monate bleibt ein Elternteil stets bei den Jungen im Nest.

Turmfalke

Die flüggen Bartgeier werden auch außerhalb des Horstes noch etwa zwei Monate lang weiter gefüttert. Sie haben ein dunkleres Gefieder als die Eltern. Erst im siebten Lebensjahr bekommen sie das prächtige Erwachsenenkleid und können sich fortpflanzen.

Zu den kleineren Greifvögeln gehören die Falken. Den häufigen Turmfalken sieht man oft über einer Wiese „rütteln“. Beim Rüttelflug flattert der Falke mit breit aufgefächertem Schwanz an Ort und Stelle, um ein Beutetier zu beobachten. Dann stößt er plötzlich herab und schlägt seine Krallen in die Beute. Turmfalken sind nicht sehr scheu und brüten gern in Türmen und an anderen Gebäuden. Auch der seltene Wanderfalke hat in letzter Zeit sogar mitten in Großstädten die Hochhäuser als Nistplatz entdeckt. Die vielen Tauben, die in den Städten leben, bieten ihm reichlich Futter. Der Wanderfalke ist ein rasend schneller Flieger und macht in der Luft Jagd auf Vögel. Im Sturzflug erreicht der Wanderfalke eine Rekordgeschwindigkeit von bis zu 300 Stundenkilometer.

Sperber

Auch der Sperber ist ein sehr gewandter Vogeljäger. Allerdings zieht er es vor, im Tiefflug seine Beute zwischen Bäumen und Sträuchern zu überrumpeln, anstatt sie im offenen Luftraum zu verfolgen. Dank seiner kurzen Flügel und dem langen „Stoß", wie der Schwanz genannt wird, ist der Sperber beim Fliegen ungemein wendig.

Die Redewendung, jemanden „mit Sperberaugen beobachten", kommt nicht von ungefähr. Schließlich muß der Sperber seine Beute im Unterholz zuerst entdecken, bevor er zum Überraschungsangriff ansetzen kann.

Das 38 Zentimeter lange und 200 bis 350 Gramm schwere Sperberweibchen brütet allein. Der „Terzel" (das Männchen) wäre mit knapp 30 Zentimetern Länge und 100 bis 200 Gramm Gewicht oft zu klein, um die drei bis sechs Eier im Nest zu bedecken. Deshalb übernimmt der Terzel die Aufgabe, das brütende Weibchen mit Futter zu versorgen.

LAUTLOSE JÄGER IN DER NACHT

Die Eulen wirken auf den Menschen geheimnisvoll und unheimlich, ihre nächtlichen Rufe jagen uns manchmal kalte Schauer über den Rücken. Dabei leben die Eulen ähnlich wie die Taggreifvögel – nur sind sie eben nachtaktiv. Den Tag verbringen sie gut getarnt auf einem Ast sitzend oder in einem anderen Versteck.

Ein häufiger Bewohner von Nadel- und Mischwäldern, aber auch von Feldgehölzen, ist die schlanke Waldohreule. Sie trägt am Kopf zwei Federbüschel, die wie Ohren aussehen und nach denen die Ohreulen benannt sind. Die richtigen Ohren der Eulen sitzen jedoch viel weiter unten am Kopf und sind vom Gefieder verdeckt. Eulen haben ein sehr gut entwickeltes Gehör, mit dem sie in der Dunkelheit ihre Beute orten können. Außerdem sehen sie mit ihren großen Augen auch bei schwachem Mondlicht noch recht gut. Die Waldohreule jagt im offenen Gelände nach Mäusen.

Oben: *Waldohreule* **Rechts:** *Schleiereule*

Ein besonderes Merkmal der Eulen ist ihr weiches Gefieder. Die flaumig aufgelockerten Federn mit ihrem gefransten Rand verursachen beim Fliegen und wenn sie gegeneinander reiben praktisch keine Geräusche. So kann sich die Waldohreule lautlos auf ihre ahnungslose Beute stürzen. Die Eule tötet ihre Opfer nicht mit den Krallen, wie dies viele Taggreife tun, sondern mit dem Schnabel, indem sie dem Beutetier das Rückgrat zertrümmert.

Beim Balzflug klatscht das Männchen der Waldohreule laut mit den Flügeln und stößt dumpfe, „Huuh"-Rufe aus. Die Waldohreulen bauen selbst kein Nest, sondern beziehen alte Krähen-, Elstern- und Eichhörnchennester, die sie nicht einmal neu auspolstern. Das Weibchen legt im März vier bis sechs Eier, die es allein ausbrütet. In dieser Zeit wird es von seinem Partner gefüttert. Unter guten Bedingungen brüten die Waldohreulen im gleichen Jahr noch ein zweites Mal. Im Winter versammeln sich die Waldohreulen oft zu größeren Schlafgemeinschaften, die auf einen oder mehrere Bäume oder Sträucher verteilt den Tag verbringen.

Die Schleiereule ist ein etwas sonderbarer Nachtvogel. Ihre Augen und der Schnabel sind von einem herzförmigen weißen oder gelblichen Feld umrandet, das einem Schleier ähnlich sieht. Im krassen Gegensatz zu diesem hübschen Gesicht stehen die schauerlichen Geräusche, die die Schleiereule bei der Balz von sich gibt. Dazu zählen ein zischendes Fauchen oder Kreischen, ein grausiges Stöhnen, ein röchelndes Schnarchen, ein ersticktes Heulen sowie Kläffen und Miauen. Zudem können die Eulen ihren Kopf aufs Merkwürdigste in alle Richtungen verdrehen: um die Körperachse herum bis zu 270 Grad und um den Schnabel herum fast um 180 Grad.

Steinkauz

Die Schleiereule ist ein Kulturfolger; das heißt, sie hält sich gern in der Nähe von Menschen auf. Sie nistet als heimlicher Gast in Ruinen, Burgen, Kirchtürmen und Scheunen. Zuweilen quartiert sie sich auch in Taubenschlägen ein, wo sie sich gut mit den Tauben verträgt. Die Schleiereule ist in mehreren Unterarten über weite Teile der Welt verbreitet. Junge Schleiereulen sind Weltmeister im Grimassenschneiden. Es ist kaum zu glauben, wie viele komische Gesichtsausdrücke sie beim Bewegen des Kopfes einnehmen können. Wenn sie schon älter sind, beginnen sie damit, wie die Alten auch ganze Mäuse zu verschlingen. Natürlich nutzen sie auch diese Gelegenheit, um die absonderlichsten Verrenkungen auszuprobieren.

Der 22 Zentimeter lange, rundliche Steinkauz ist ebenfalls oft in der Nähe des Menschen zu finden. So etwa in offenem Kulturland, in Feldgehölzen, Parkanlagen und auf Friedhöfen. Er nistet in Gebäuden, Mauer- oder Astlöchern und in hohlen Bäumen (vor allem Kopfweiden), aber auch am Boden, z. B. in Kaninchenbauen. Der Steinkauz ist zuweilen auch am Tage aktiv. Er ruht gern frei auf einer Sitzwarte und geht zu Fuß auf die Jagd nach Kleinsäugern, Insekten und Regenwürmern. Steinkäuze sind sehr ortstreu, sie bleiben das ganze Jahr über in ihrem Revier.

SPECHTE HABEN EINE LANGE ZUNGE

Mit seinem meißelartigen Schnabel hackt der Buntspecht die Borke oder morsches Holz an Bäumen auf, wo allerlei Insekten und deren Larven leben. Mit seiner dünnen Zunge, deren Spitze mit Widerhaken besetzt ist, kann der Specht tief in die Fraßgänge hineinreichen und ihre Bewohner herausziehen. Der Buntsprecht ernährt sich aber auch von Nadelbaumsamen, Nüssen und Baumsäften. Die Tannenzapfen und Nüsse klemmt er in seine „Spechtschmiede", damit er sie mit dem Schnabel bearbeiten kann, um an die eßbaren Teile zu gelangen. Als Schmiede verwendet der Specht z. B. einen abgebrochenen Ast oder eine tiefe Rindenspalte. Den Baumsaft trinkt er aus der rund um den Stamm herum angepickten Rinde; aus diesen Verletzungen „blutet" der Baum einige Tage lang, bevor die Rinde wieder verheilt.

Der Buntspecht markiert sein Revier mit lautem Trommeln an einem dürren Ast oder einem hohlen Baum. Während der Balzzeit ist er außerdem sehr ruffreudig. Spechte machen zwischen den Flügelschlägen jeweils eine kurze Pause, so daß ihre Flugbahn in einer regelmäßig auf- und absteigenden Wellenlinie verläuft. Daran kann man sie schon von weitem erkennen. Während der Buntspecht Nadelwälder und Alleen bevorzugt, lebt der etwas größere Grünspecht vorwiegend in Laubwäldern und Obstgärten. Auch er meißelt zum Brüten eine Höhle in einen Baum mit weichem oder morschendem Holz. Sein Gelege besteht aus fünf bis sieben Eiern, beide Eltern brüten und füttern die Jungen. Wenn die Jungen alt genug sind, strecken sie den Eltern schon am Nesteingang gierig den offenen Schnabel entgegen, wenn ein Altvogel mit Futter angeflogen kommt. Ameisen und deren Larven sind die Leibspeise des Grünspechts. Wo er vorkommt, sind die Ameisenhaufen überall mit Löchern übersät, die zeigen, daß hier der Specht am Werk gewesen ist. Ein Grünspecht kann seine Zunge über zehn Zentimeter weit aus dem Schnabel strecken. Dies verdankt er ihrer besonderen Form: Die Zunge ist im hinteren Teil gegabelt und verläuft in zwei normalerweise in den Rachen hinab-

Grünspecht

Buntspecht

hängenden Schlingen um den Hinterkopf herum nach oben. Zum Herausstrecken der Zunge zieht der Specht die beiden mit feinen Knochenspangen gefederten Schlingen nach oben. Die Zunge hat einen klebrigen Schleimbelag und wirkt dadurch wie eine Leimrute.

Unser größter Specht ist der Schwarzspecht, der 45 Zentimeter Länge erreicht. Zum Anlegen seiner Bruthöhle ist er auf mächtige alte Bäume angewiesen. Solche sind in den stark genutzten Wäldern unserer Heimat nicht überall leicht zu finden. Der Schwarzspecht besetzt ein Revier von 1,5 bis 4 oder noch mehr Quadratkilometern, das aus nicht zu dichtem Wald besteht.

Der Speiseplan der Schwarzspechte setzt sich aus holzbewohnenden Insekten sowie aus Ameisen zusammen. Der Schwarzspecht kann mit seinen spitzen Krallen gut klettern; dabei stützt er sich mit seinem keilförmigen Schwanz ab. Oft hackt er auf der Futtersuche ausgiebig an morschen Baumstämmen herum und hinterläßt dabei tiefe Furchen im Holz und jede Menge Späne am Boden.

Schwarzspecht

Rauchschwalbe

DIE VIELFÄLTIGE SIPPE DER SINGVÖGEL

Biologen fassen die Tiere verwandter Arten zu Familien zusammen, die Familien wiederum zu Ordnungen, diese zu Klassen, die Klassen zu Stämmen, und alle Stämme zusammen bilden das Reich der Tiere. Die Singvögel sind eine Unterordnung der Sperlingsvögel, die sich aus zahlreichen Familien von Vögeln mit ganz unterschiedlicher Lebensweise zusammensetzt. Von den Singvögeln unserer Heimat sind das Sommer- und das Wintergoldhähnchen die kleinsten, sie messen nur neun Zentimeter und wiegen fünf bis sieben Gramm. Der größte einheimische Singvogel ist der 64 Zentimeter lange Kolkrabe; er hat ein Gewicht von etwa 1.250 Gramm.

Ein allen bekannter Frühlingsbote ist die Rauchschwalbe. Sie kehrt im zeitigen Frühjahr aus ihrem Winterquartier zurück. Dabei fliegen einige Schwalben sogar durch einen Straßentunnel, um den anstrengenden Weg über die Alpen ein wenig abzukürzen.

Mehlschwalbe

Die Kennzeichen der Rauchschwalbe sind ihr braunrotes Gesicht, die dunkle Brust und die spießartig verlängerten äußersten Schwanzfedern. Sie sind gut sichtbar, wenn die Schwalbe im Flug nach Insekten jagt.

Den kurzen Schnabel kann sie weit aufreißen, um den Rachen wie einen Kescher einzusetzen. Je nach Wetter hält sie sich beim Nahrungserwerb in unterschiedlichen Höhen auf: Bei Sonnenschein fliegen die Schwalben meist hoch über dem Boden. Wenn es kühl und bedeckt ist oder regnet, fliegen sie manchmal ganz dicht über der Oberfläche eines Gewässers oder streifen fast die Halme einer Wiese.

Ursprünglich brüteten die Schwalben an Felsen, heute sind ihre Nester jedoch fast nur noch an Gebäuden zu finden, häufig im Inneren von Viehställen. Das Nest der Rauchschwalbe hat die Form einer Viertelkugel. Es besteht aus Lehmkügelchen und Halmen, die knapp unter dem Dach an eine Wand geklebt werden. Oben ist das Nest rundherum offen, im Unterschied zu jenem der Mehlschwalbe, die ihr Nest bis an die Decke zumauert und nur einen kleinen Eingang offen läßt.

Die Mehlschwalbe unterscheidet sich von der Rauchschwalbe durch ihre bis zum Kinn hinauf reichende weiße Unterseite und den kürzeren Schwanz. Von oben betrachtet hat die Mehlschwalbe zudem einen auffallenden weißen Fleck am Ansatz des Schwanzes, die übrige Oberseite ist blauschwarz und leicht glänzend, manchmal mit einem grünlichen Schimmer. Die Mehlschwalbe läßt im Flug oder bei Ruhepausen auf einem Baum oder Leitungsdraht ein leises, schwatzendes Zwitschern ertönen, ähnlich dem Gesang der Rauchschwalbe.

Beide Schwalbenarten jagen und nisten gern in Gruppen. Die Mehlschwalben bauen ihre Nester jedoch lieber an der Außenseite von Gebäuden, manchmal dicht nebeneinander. Beide Eltern brüten ihre vier bis fünf Eier abwechslungsweise aus (bei der Rauchschwalbe brütet nur das Weibchen). Die Jungen schlüpfen nach 12 bis 13 Tagen und sind nach drei Wochen flügge.

Schlank und zierlich ist die Bachstelze, die häufig an Bächen, auf Äckern und Rasenanlagen beobachtet werden kann. Dort sucht sie umherlaufend oder niedrig flatternd nach

Bachstelze

Spinnen und Insekten, pickt aber auch weiche Samen und andere Pflanzenteile auf. Die Bachstelze ist sehr lebhaft und wippt die meiste Zeit mit ihrem langen Schwanz.

Bachstelzen lieben offenes Land in der Nähe von Gewässern. Ihr Nest legen sie in Höhlen und Halbhöhlen aller Art an, sei es am Boden oder etwas erhöht. Die Vögel sind recht zutraulich und brüten manchmal auch auf Gehöften oder Gartenterrassen. Mit etwas Glück kann man dort die Bachstelzen bei der Balz beobachten, wenn das Männchen mit hängenden Flügeln und aufgestelltem Schwanz um die Gunst des Weibchens wirbt. Gewöhnlich bekommt das Paar zweimal im Jahr Nachwuchs, der bereits 14 bis 16 Tage nach dem Schlüpfen das Nest verläßt.

Außerhalb der Brutzeit versammeln sich die Bachstelzen gelegentlich zu großen Schlafgemeinschaften und suchen beheizte Räume wie etwa Treibhäuser auf. Die Brutvögel aus nördlichen Gegenden ziehen im Winter südwärts bis nach Afrika.

Ziemlich unscheinbar wirkt die Gartengrasmücke, die bevorzugt in Laub- und Mischwäldern mit dichtem Unterholz lebt. Der Name „Grasmücke“ setzt sich übrigens nicht aus den Worten „Gras“ und „Mücke“ zusammen, sondern aus „grau“ und „schmuck“, die das schlichte und doch hübsche Äußere dieser kleinen Vögel beschreiben. Die Gartengrasmücke erreicht eine Länge von 14 Zentimetern. Trotz dieser geringen Größe legt sie auf dem Zug die beachtliche Strecke von rund 9.000 Kilometern zurück, denn ihr Winterquartier liegt in Südafrika.

Wie auch die übrigen Vögel müssen die Gartengrasmücken von Zeit zu Zeit die abgenutzten Federn wieder ersetzen. Diesen Wechsel des Gefieders nennt man „Mauser“. Die Vögel mausern sich stets zu ganz bestimmten Jahreszeiten. Auch die Reihenfolge, in der die Federn ausfallen und wieder nachwachsen, ist bei jeder Vogelart immer dieselbe (es können mitunter jedoch deutliche Unterschiede zwischen den

Gartengrasmücke

Gartenrotschwanz

Amsel

Männchen und Weibchen auftreten). Da die Gartengrasmücke schon früh ihren langen Zug beginnt und während dieser Zeit keine Lücken im Gefieder brauchen kann, mausert sie sich erst, wenn sie im Überwinterungsgebiet angekommen ist.

Bei der Mauser werden nicht immer sämtliche Federn ersetzt, zumal sich einige Arten auch zweimal im Jahr mausern. Bei einer Teilmauser wird oft nur das „Kleingefieder“, also die Körperfedern, gewechselt. Die langen Flügel- und Schwanzfedern, die man als „Großgefieder“ bezeichnet, werden weniger oft gemausert.

Beim Rotschwanz kann man gut eine Nebenerscheinung der Mauser beobachten, nämlich eine Farbänderung des Federkleides. Frisch flügge gewordene Rotschwanzmännchen sind zunächst wie erwachsene Weibchen gefärbt: braun mit rotem Schwanz. Mit diesem Jugendkleid sind sie besser getarnt; zudem werden sie von den erwachsenen Männchen in ihrem Revier geduldet, während ausgefärbte Männchen vom Revierbesitzer vertrieben werden. Erst mit der Mauser können die jungen Rotschwänze zum Erwachsenenkleid wechseln: Das Männchen des Hausrotschwanzes bekommt einen dunkelgrauen Rücken und eine schwarze Brust. Ein ausgewachsenes Männchen des Gartenrotschwanzes ist noch bunter gefärbt; es hat eine weiße Stirn, eine schwarze Kehle und einen roten Bauch. Der Rücken ist etwas heller als beim Hausrotschwanz.

Erst durch genaues Beobachten sind Forscher einem Trick der jungen Rotschwanzmännchen auf die Schliche gekommen. Wenn sie sich nicht schon im ersten Herbst zum Brutkleid mausern, können sie im folgenden Sommer in Ruhe brüten, ohne von ihren älteren Artgenossen behelligt zu werden – diese halten sie ja für noch nicht fortpflanzungsfähige Jungvögel.

Wie die Rotschwänze gehört auch die Amsel zur Familie der Drosseln. Das schwarze Amselmännchen mit dem gelben Schnabel gibt an lauen Frühlingsabenden oft lange Konzerte. Auf einem Baumwipfel oder einem Schornstein sitzend, singt es flötend und trillernd seine abwechslungsreichen Strophen, meist bis in die Nacht hinein. Amseln sind anpassungsfähig und deshalb sehr häufig anzutreffen. Sie bewohnen lichte Wälder, Hecken sowie Gärten oder Parks, wo sie meist in Büschen nisten.

Im Wald lebende Amseln sind recht scheu, während die Amseln in den Siedlungen nicht selten sogar in strauchartigen Pflanzen auf Balkonen oder Fenstersimsen brüten, also in unmittelbarer Nähe der Menschen.

Zur Nahrungssuche halten sich Amseln häufig am Boden auf, wo sie laut raschelnd im alten Laub herumstochern. Sehr gerne fressen sie fette Regenwürmer, die sie mit dem Schnabel aus dem Erdboden ziehen. Daneben mögen sie auch Schnecken, Insekten und anderes Kleingetier, aber auch Beeren und Früchte, vor allem in der kalten Jahreszeit. Eine Amsel mißt 25 Zentimeter, wird 80 bis 110 Gramm schwer

Kohlmeise

Buchfink

und bis zu 16 Jahre alt. Da sie sich gern am Boden aufhalten und ihr Nest nicht allzu hoch über dem Boden errichten, fallen die Amseln oder ihre Brut jedoch leicht einer Katze zum Opfer. Diese Verluste können die Amseln jedoch gut verkraften, zumal sie dreimal im Jahr brüten und je drei bis vier Junge aufziehen können.

Ähnliche Lebensräume wie die Amsel besiedelt auch die Kohlmeise, unsere größte Meisenart. Kohlmeisen sind Höhlenbrüter, sie bauen ihr Nest in Astlöchern, Spechthöhlen oder Nistkästen. In der Bruthöhle schichtet das Meisenpaar einen Napf aus Moos und Gras auf, den es mit Wolle und Haaren auslegt. Kohlmeisen messen 14 Zentimeter, ihre fünf bis elf Eier 18 Millimeter.

Das Weibchen legt seine Eier in Abständen von je einem Tag und deckt dann das unvollständige Gelege mit Nistmaterial zu, bevor es auf die Futtersuche geht. Das Weibchen braucht in der Zeit des Eierlegens viel Nahrung. Es nimmt dann auch Stücke von Schneckenhäusern auf, die aus Kalk bestehen; den Kalk benötigt die Meise für die Bildung der Eierschalen. Etwa drei Wochen nach dem Schlüpfen sind die jungen Kohlmeisen flügge und verlassen das Nest, um mit den Eltern in der Umgebung umherzustreifen. Während zwei Wochen werden die Jungen weiter von den Eltern mit Raupen und anderen Insekten gefüttert.

Im Winter ernähren sich die Kohlmeisen auch von Samen, Beeren und Früchten. Sie sind häufige Gäste an Futterhäuschen. Dort kann man beobachten, wie sie die kleineren Meisenarten wegdrängen, sobald sie zur Futterquelle kommen. In der kalten Jahreszeit übernachtet jede Kohlmeise in einer eigenen Höhle.

Der Buchfink, unser häufigster Singvogel, hat einen starken Schnabel zum Aufbrechen von Körnern. Seine Nahrung besteht aus Samen und Knospen, im Sommer vertilgt er aber auch Insekten. Seine Jungen füttert der Buchfink sogar ausschließlich mit tierischer Nahrung (vorwiegend Raupen). Das Buchfinkenweibchen errichtet sein Nest mit Halmen, Moos und Flechten in einer Astgabel. Das Nest ist ziemlich klein und fügt sich sowohl in der Form als auch in der Farbe so gut an die Rinde, daß es nur schwer zu entdecken ist.

Star

Zur Brutzeit verteidigt der Buchfink sein Revier erbittert gegen jeden Eindringling. Mit seinem Gesang, dem bekannten „Finkenschlag", zeigt er seinen Artgenossen an, daß er hier zu Hause ist. Wagt sich trotzdem ein Rivale in die Nähe, greift der Buchfink ihn mit Gezeter an. Die beiden streitenden Finken halten sich manchmal mit den Krallen aneinander fest und fallen dann flatternd und trudelnd vom Baum herunter. Erst kurz über dem Boden lassen sie den Gegner los; meist jagen sie einander dann gleich wieder nach und setzen den Kampf fort.

Von den „Spatzen" oder Sperlingen kommen zwei Arten bei uns vor: der Haussperling und der Feldsperling. Den Feldsperling, bei dem beide Geschlechter gleich aussehen, erkennt man am kastanienbraunen Scheitel. Beim Haussperling hat das Weibchen am Kopf dieselbe hellbraune Farbe wie auf dem Rücken, das Männchen hat einen grauen Scheitel und einen größeren schwarzen Kehlfleck als der Feldsperling.

Haussperling

Die Sperlinge sind wie der Buchfink Körnerfresser, und auch sie füttern ihre Jungen, zumindest am Anfang, mit Insekten. Getreidefelder, besonders Weizen und Hafer, üben auf Sperlinge eine große Anziehungskraft aus. Der Haussperling ist mitten in den Städten ebenso zu Hause wie auf dem Land, der Feldsperling beschränkt sich dagegen eher aufs Land und Randbereiche der Siedlungen.

Der Haussperling benutzt als Nistplatz Spalten und Nischen an Gebäuden, manchmal auch alte Schwalbennester. Das dick und weich mit Federn gepolsterte Nest wirkt durch die

Eichelhäher

locker aufgeschichteten und oft nach außen sichtbar herabhängenden Strohhalme, Schnüre und dergleichen etwas unordentlich. Pro Jahr ziehen die Haussperlinge drei bis vier Bruten auf. Die Feldsperlinge brüten zwei- oder dreimal im Jahr in einer Baumhöhle oder einem Nistkasten.

Der Star bevölkert die offene Landschaft. Am wohlsten fühlt er sich auf frisch gemähten Wiesen, wo er Futter in Hülle und Fülle vorfindet. An solchen Stellen bilden sich oft riesige Starenschwärme, die am Boden hüpfend Insekten fangen.

Im Spätsommer machen sich diese Schwärme auch über Beerensträucher und Obstbäume her. Am Abend vereinigen sich dann mehrere kleine und große Schwärme an einem gemeinsamen Schlafplatz. Das kann ein hoher Baum sein oder auch das Schilf an einem Seeufer. Jede ankommende Gruppe von Staren wird am Schlafplatz lärmend begrüßt.

Stare haben eine laute und vielseitige Stimme, von der sie regen Gebrauch machen. Ihr Gesang enthält pfeifende, knarrende und schnalzende Töne. Zudem können Stare zahlreiche andere Vögel täuschend echt nachahmen, etwa den Pirol oder den Mäusebussard.

Zu den gewitzten Rabenvögeln gehört neben Rabe, Elster und Krähe auch der Eichelhäher. Er ist 34 Zentimeter lang und besitzt breite, abgerundete Flügel mit einem himmelblauen Fleck aus fein gebänderten Federchen. Dieser Fleck ist auch mit zusammengefalteten Flügeln als schmaler Streifen erkennbar.

Der Eichelhäher hat einen vielseitigen Speisezettel, der Samen, Früchte und Insekten, aber auch Eier und Küken anderer Vögel enthält. Bemerkenswert ist auch die Gewohnheit, Wintervorräte anzulegen. Zu diesem Zweck vergräbt der Eichelhäher an verschiedenen Stellen Eicheln und Nüsse. Weil er diese nicht alle wiederfindet, trägt der Eichelhäher damit zur Ausbreitung der Baumarten bei, von denen die Früchte stammen.

Rotkehlchen

Wintergoldhähnchen

Hoch oben in einer Baumkrone brütet der Eichelhäher. Von dort hält er wachsam Ausschau, und wenn sich ein Raubtier oder Mensch nähert, schlägt er mit einem rätschenden Ruf Alarm.

Auf diesen Warnruf reagieren auch andere Tiere, z. B. Rehe, die sich dann rechtzeitig in Sicherheit bringen können.

Eine der wenigen Vogelarten, die bei uns auch im Winter singt, ist das Rotkehlchen. In Gärten, Parks und lichten Laub- oder Mischwäldern läßt es seinen perlenden, etwas melancholischen Gesang ertönen. Damit zeigt es seine Revieransprüche an und gibt zugleich im Frühling den vorbeiziehenden Weibchen Signal, daß hier ein Junggeselle sitzt und eine Familie gründen möchte.

Das kugelige Nest wird am Boden oder wenig darüber im dichten Gestrüpp angelegt und ist vollkommen überdacht. Die fünf bis sechs Eier werden vom Weibchen allein in zwei Wochen ausgebrütet, die Jungen aber von beiden Elternteilen gefüttert.

Sie erhalten hauptsächlich verschiedenste Insekten und deren Larven, aber auch Spinnentiere und Würmer. Nach nicht einmal zwei Wochen verlassen die jungen Rotkehlchen bereits das Nest und werden noch einige Tage weiter gefüttert.

Sobald die Eltern mit einer zweiten Brut beginnen, vertreiben sie ihre Kinder aus dem Gebiet, und diese müssen nun selbst Futter suchen und sich mit einem neuen Lebensraum bekanntmachen.

Das Goldhähnchen ist der kleinste und leichteste Vogel Europas. Es wird mit Schwanz neun Zentimeter lang und wiegt nur wenige Gramm! Zwei Arten, das Winter- und das Sommergoldhähnchen, leben hauptsächlich in Nadelwäldern. Ihre Anwesenheit verraten sie durch ein sehr helles, durchdringendes Piepsen.

Nur selten bekommt man sie zu sehen, denn einerseits fallen die winzigen Vögel kaum auf, und andererseits halten sie sich mit Vorliebe im dichten Geäst von Fichten, seltener von Lärchen und Kiefern auf, wo sie kleinste Insekten suchen. Dabei zeigen sie oft den sogenannten Schwirrflug, bei dem sie „rüttelnd“ für einige Sekunden vor einem Zweig fliegen und diesen nach Beute absuchen. Außerhalb der Brutzeit schließen sich Goldhähnchen zu kleinen Trupps, zehn bis fünfzehn Tiere, zusammen und streifen durch die Wälder. Sobald es richtig kalt wird, verbringen sie die Nächte gemeinsam in Baumhöhlen und bilden „Schlafkugeln“, d. h. alle Tiere drängen sich zu einem Haufen zusammen und wärmen sich so gegenseitig.

KRIECHTIERE WÄRMEN SICH AN DER SONNE AUF

Reptilien, wie die Kriechtiere auch genannt werden, können ihre Körpertemperatur nicht ständig gleich warm halten wie die Vögel und Säugetiere. Deshalb verfallen sie im Herbst, wenn es draußen kalt wird, in eine Kältestarre und erscheinen erst wieder an warmen Frühlingstagen. Nach kühlem Wetter oder Regen sieht man die Zauneidechse häufig beim ausgedehnten Sonnenbad auf einem Stein oder einem Holzstück am Boden. Auf diese Weise heizt die Echse ihren Körper auf. Je wärmer er wird, um so flinker kann sie sich bewegen. Die Zauneidechse jagt Insekten und andere wirbellose Tiere, auch junge Eidechsen.

Eidechsenmännchen liefern sich in der Paarungszeit heftige Kämpfe. Von Mai bis Ende Juni legt das Weibchen 4 bis15 Eier und vergräbt sie einige Zentimeter tief in leicht feuchtem Boden. Die Eier der Eidechsen haben keine harte Schale wie die Vogeleier, sondern eine ledrige Haut. Es dauert acht Wochen, bis die Jungen schlüpfen; sie sind dann drei bis vier Zentimeter lang. Erwachsene Zauneidechsen erreichen eine Länge von über 20 Zentimeter. Wie alle Kriechtiere besitzt die Zauneidechse ein Schuppenkleid. Da es nicht mitwächst, wird die alte Haut regelmäßig abgestreift und durch eine neue ersetzt.

Mauereidechse

Zauneidechse

Felsige oder steinige Orte sind der Lebensraum der Mauereidechse. Sie liebt warme Gebiete und ist daher im Tiefland und in den südlichen Ländern Europas häufig. Die Mauereidechse ist zierlicher gebaut als die Zauneidechse und wird bis 18 Zentimeter lang. Ihr Gelege besteht aus nur zwei bis acht Eiern, dafür pflanzt sie sich zwischen März und Juni bis zu dreimal fort. Eidechsen haben einen langen Schwanz, den sie plötzlich abwerfen können, wenn ihnen Gefahr droht. Der Schwanz zappelt dann einige Zeit lang wild herum und lenkt den Angreifer von der Eidechse ab, die sich inzwischen blitzschnell aus dem Staub macht.

Blindschleiche

Die Mauereidechse war früher oft in den Trockenmauern der Rebhänge zu finden, heute ist sie jedoch von vielen dieser Orte verschwunden. Der Grund dafür ist wahrscheinlich der vermehrte Einsatz von giftigen Schädlingsbekämpfungsmitteln, die den Eidechsen schlecht bekommen.

Eine Eidechse besonderer Art ist die Blindschleiche, sie hat nämlich keine Beine. Ihre beweglichen Augenlider und Merkmale am Skelett zeigen jedoch, daß sie eine Echse und keine Schlange ist. Außerdem gibt es andere Schleichenarten, die noch kleine Beine besitzen, etwa die Erzschleiche. Die Bewegungen der Blindschleiche wirken steifer als diejenigen von Schlangen. Die Blindschleiche kann trotz ihres Namens gut sehen; sie lebt aber oft im Verborgenen und kommt am ehesten nach Regen oder in der Dämmerung hervor. Ohne Beine kann sich die Blindschleiche am Boden gut zwischen hohem Gras und unter moderndem Laub hindurchschlängeln. Gern hält sie sich auch in Komposthaufen auf. Ihre Nahrung besteht zu einem erheblichen Teil aus kleinen Schnecken.

Blindschleichen kommen voll entwickelt zur Welt, die Eischale platzt bereits kurz vor oder nach der Geburt. Der kreisrunde Körper wird bis 50 Zentimeter lang. Eine in Gefangenschaft gehaltene Blindschleiche hat einmal ein Alter von 54 Jahren erreicht!

Die ungiftige Ringelnatter ist unsere bekannteste Schlange. An ihren halbmondförmigen, weißlich-gelben Flecken an den Halsseiten ist sie leicht zu erkennen. Die Ringelnatter kann vorzüglich schwimmen und tauchen, lebt sie doch fast immer an stehenden oder langsam fließenden Gewässern.

Als Nahrung dienen ihr Frösche, Kröten, Molche und Fische; ausnahmsweise erbeutet sie auch eine Maus. Die Ringelnatter verschlingt ihre Opfer sofort, ohne sie vorher zu erdrosseln. Meist wird die Beute vom Kopf her verschluckt, nur bei Fröschen und Kröten fängt die Schlange mit dem Verschlingen von hinten her an. Diese Lurche pumpen sich

Ringelnatter

nämlich oft mit Luft voll, um größer zu wirken und ihre Feinde abzuschrecken. Die Ringelnatter schluckt daher zuerst die Hinterbeine und preßt der aufgeblähten Beute kurzerhand die Luft heraus.

Schlangen haben lose verbundene Kieferknochen und einen sehr dehnbaren Hals. So können sie auch Beutestücke schlucken, die dicker sind als sie selbst. Nach einem solchen großen Mahl kann die Schlange lange Zeit fasten, manchmal viele Tage oder Wochen lang.

Weibliche Ringelnattern werden deutlich größer als die Männchen. Ein Weibchen kann bis zu einer Länge von 1,5 Metern heranwachsen. Diese großen Tiere verhalten sich meist vorsichtiger als die kleineren. Wenn eine Ringelnatter erwischt wird, kann sie sich zischend und mit Scheinbissen wehren oder aus ihren Stinkdrüsen ein ekelhaft riechendes Sekret verspritzen. Wenn dies nichts nützt, stellt sich die Schlange tot, um dann in einem unbeobachteten Moment zu entwischen.

Die ebenfalls ungiftige Äskulapnatter klettert gern auf Bäume. Um einen Stab geschlungen, wird sie als Wahrzeichen der Medizin abgebildet.

Die länglichen Bauchschilder der Äskulapnatter sind an den Seiten abgeknickt. Dadurch entstehen feine Kanten, mit denen die Schlange noch genügend Halt findet, um selbst astlose Baumstämme und senkrechte Mauern mit nur geringen Unebenheiten zu erklimmen.

Äskulapnatter

Während die Eidechsen ihre alte Haut fetzenweise verlieren, häuten sich die Schlangen buchstäblich in einem Rutsch. Vor der Häutung suchen sie ein Versteck auf, damit sie in dieser wehrlosen Zeit nicht gestört werden. Die Schlange sondert dann eine schleimige Flüssigkeit ab, die zwischen die sich ablösende alte Haut und die neu gebildete, noch weiche Haut dringt. Bevor die eigentliche Häutung beginnt, wird die Flüssigkeit wieder vom Körper aufgenommen. Jetzt reibt die Schlange ihren Kopf an Steinen und Wurzeln, bis sich die alte Haut von den Lippen löst. Dann wird das „Natternhemd“ in einem Stück über die gesamte Körperlänge umgekrempelt und so liegengelassen.

HALB WASSER-, HALB LANDTIERE: DIE LURCHE

In der Stammesgeschichte der Lebewesen stehen die Lurche zwischen den Fischen und den Kriechtieren. Die Lurche haben sich in der Urzeit als erste Tiere an ein Leben auf dem Festland anzupassen begonnen. Der wichtigste Schritt dazu war die Entwicklung einer Lunge, um Luft atmen zu können. Ihre Vorgänger, die im Wasser lebten, benutzten zur Atmung Kiemen wie auch die heute noch lebenden Fische. Das Leben vieler Lurche spiegelt diese Entwicklung von der Kiemen- zur Lungenatmung wider. Ihre Larven leben meist im Wasser und tragen Kiemen. Erst später entwickeln sie sich zum Landtier und verlieren ihre Kiemen. Den Übergang von der Larve zum erwachsenen Tier nennt man „Metamorphose“.

Der Feuersalamander gehört zur Familie der Schwanzlurche. Er bewohnt hügelige oder gebirgige Waldgegenden mit sauberen Bächen. Tagsüber hält er sich an einer feuchten,

Feuersalamander

Teichmolch

dunklen Stelle auf: etwa unter Steinen oder Wurzeln, in Spalten und ähnlichen Verstecken. Erst am Abend oder in der Nacht begibt sich der Feuersalamander auf Nahrungssuche, am liebsten bei regnerischem Wetter. Dabei bewegt er sich langsam und entfernt sich oft nur wenige Meter von seinem Versteck. Er frißt Würmer, Schnecken und Insekten. Feuersalamander können sehr unterschiedlich aussehen; bei einigen Tieren ist der glänzend schwarze Körper nur spärlich mit kleinen Punkten übersät, andere haben größere Flecken oder breite, zusammenhängende Streifen. Die Zeichnung ist leuchtend schwefelgelb bis orange. Solche auffälligen Farben bedeuten im Tierreich häufig eine Warnung: „Vorsicht, ich bin giftig!" Der Feuersalamander schützt sich mit einer giftigen Ausscheidung, die Haut und Augen seiner Verfolger reizt.

Mit bis zu elf Zentimeter Länge ist der Teichmolch ungefähr halb so groß wie der Feuersalamander. Sein Lebensraum sind verschiedenste Feuchtgebiete, aber auch Feldränder, Gärten, Wälder oder Steinhaufen. Im April/Mai suchen die Teichmolche zur Fortpflanzung ein stehendes Gewässer auf. Im seichten Wasser eines pflanzenreichen Tümpels oder Grabens fühlen sie sich besonders wohl. Die Brautwerbung findet unter Wasser statt. Das Männchen winkt dabei mit seinem Schwanz, der in dieser Zeit auffällig gefärbt ist. Zudem trägt das Männchen während der Paarungszeit einen hohen Rückenkamm.

Nach der Begattung legt das Weibchen 200 bis 300 Eier ab, aus denen zwei bis drei Wochen später die Larven schlüpfen.

Die Erdkröte begibt sich nachts auf die Futtersuche. Auf ihren stämmigen Beinen kann sie gut und ausdauernd gehen. Sie lebt in vielfältigen, zuweilen ziemlich trockenen Lebensräumen.

Erdkröten fressen Ameisen, Würmer, Nacktschnecken, Spinnen, Fliegen und Käfer. Den Sommer über halten sich die meisten Erdkröten im Wald auf, einige auch in Gärten. Im Herbst graben sich die Kröten ein, um in diesem Versteck den Winter zu verbringen.

Erdkröte

Etwa Mitte März erwachen die Erdkröten aus ihrer Winterruhe und wandern zu dem Gewässer, in dem sie sich fortpflanzen. Die auf dieser Wanderung zurückgelegte Strecke beträgt im Durchschnitt etwa einen Kilometer. Die kleineren Männchen sind gegenüber den Weibchen weit in der Überzahl; deshalb klammern sie sich, wenn sie bei der Wanderung auf ein Weibchen stoßen, sofort an ihm fest. Dieses trägt den Krötenmann daraufhin huckepack zum Tümpel. Erst nach einigen Tagen erfolgt die eigentliche Paarung, wobei der Laich (die Eier) in einer etwa 20 Meter langen Schnur abgelegt wird. Dies dauert fünf bis zehn, ausnahmsweise sogar über 24 Stunden.

Erdkröten haben wenige Feinde, weil sie wie der Feuersalamander Giftdrüsen besitzen. Wenn sie aber im Frühling auf dem Weg zu ihrem Laichplatz über eine Straße wandern, werden die Erdkröten oft zu Hunderten oder sogar zu Tausenden überfahren. Um dies zu verhindern, stellen Naturschützer in dieser Zeit an solchen Stellen Schutzzäune auf.

Die Geburtshelferkröte zeigt bei der Fortpflanzung ein ganz besonderes Verhalten. Das Männchen lockt nachts mit seinem glockenhellen Ruf ein Weibchen an, um sich mit ihm auf dem Trockenen zu paaren. Das Weibchen legt dabei eine Laichschnur mit meist 30 bis 40 Eiern. Dieses Paket wickelt sich das Männchen nach etwa einer Viertelstunde nahe am Körper um seine Hinterbeine. Während 18 bis 49 Tagen trägt es den Laich mit sich herum, bis die Larven in den Eiern zum Schlüpfen bereit sind. Dann bringt es seinen Nachwuchs – wiederum nachts – ins Wasser, wo sich die Larven bald aus der Eihülle befreien und dann als „Kaulquappe“ auf sich selbst gestellt sind.

Geburtshelferkröte

Wasserfrosch

Wasserfrösche verbringen ihr ganzes Leben im oder nahe am Wasser. Der Wasserfrosch mißt etwa neun Zentimeter und hat kräftige lange Beine, mit denen er hervorragend schwimmen, tauchen und springen kann. Der Wasserfrosch ernährt sich von Würmern, kleinen Fischen und Insekten. Mit seinem Maul schnappt er manchmal nach vorbeisurrenden Fliegen.

Das Männchen besitzt zwei große Schallblasen, die es beim Quaken hinter den Mundwinkeln ausstülpt. Mit seinem lauten Rufen versucht es, ein Weibchen anzulocken. Der Laich des Wasserfrosches besteht aus einem Klumpen mit bis zu 10.000 Eiern. Die daraus schlüpfenden Kaulquappen entwickeln sich in etwas mehr als vier Monaten zu zwei Zentimeter großen Fröschen. Die kalte Jahreszeit verbringen die Wasserfrösche tief im Schlamm eingewühlt am Grund ihres Teiches.

Der Seefrosch wird, wenn er ganz ausgewachsen ist, deutlich größer als der Wasserfrosch: bis zu 17 Zentimeter. Er lebt gesellig und ist wie der Wasserfrosch auch häufig tagsüber aktiv. Gerne sonnt er sich am Ufer oder auf schwimmenden Wasserpflanzen.

Seefrösche können je nach Alter eine Reihe ganz unterschiedlicher Quak- und Glucktöne äußern. Sie überwintern ebenfalls im Grundschlamm.

INSEKTEN GIBT ES IN ZAHLLOSEN ARTEN

Die Klasse der Insekten umfaßt etliche Millionen von Arten. Die meisten davon leben in den Regenwäldern der Tropen, doch finden wir auch in unserer Heimat noch eine Vielzahl verschiedener Insekten. Zum Beispiel sind die Libellen in Mitteleuropa mit rund 80 Arten

Vierfleck

vertreten. Mehr als die Hälfte davon steht aber bereits auf der Roten Liste. Schuld daran ist der Verlust von geeigneten Lebensräumen, vor allem der Feuchtgebiete. Libellen brauchen Wasser, in dem sich die Larven entwickeln können. Die erwachsenen Tiere fliegen auch in andere Gebiete. Sie sind elegant, farbenprächtig und gewandte Flugakrobaten.

Die ersten Libellen lebten schon vor über 200 Millionen Jahren und hatten Flügelspannweiten bis zu 70 Zentimeter. In unserer Zeit werden die Libellen zwar nicht mehr so riesig, doch zählen sie noch immer zu den größeren Insekten. Ihre Larven sind gefräßige Jäger; sie besitzen unter dem Kopf eine „Fangmaske", die blitzschnell nach vorne ausgeklappt wird, um die Beute mit den beiden zangenähnlichen Fanghaken zu packen. Libellenlarven ernähren sich von allerlei Wasserinsekten, Kleinkrebsen und teils sogar von Amphibienlarven und jungen Fischen. Nicht einmal kleinere Libellenlarven werden verschmäht.

Nach mehreren Häutungen und einer bis zu fünf Jahre dauernden Entwicklung kommt für die Libellenlarve schließlich der Tag des Schlüpfens. Hierzu klettert sie an einem Pflanzenstengel oder am Ufer aus dem Wasser. Nach einer Weile platzt die Larvenhaut am Rücken auf, und die Libelle zwängt sich nach und nach heraus. Sie bleibt dann meist noch an der leeren Hülle hängen, während sie ihre anfangs zerknüllten Flügel vollpumpt. Beim Trocknen werden die entfalteten Flügel schließlich glasklar. Jetzt ist die Libelle flugfähig.

Die ausgewachsenen Libellen ernähren sich weiterhin von lebender Beute, etwa von Mücken und kleinen Fliegen, denen sie vorwiegend im Flug nachstellen. Dank ihrer großen „Komplexaugen", die aus je bis zu 30.000 Einzelaugen bestehen, haben die Libellen ein gutes Sehvermögen. Schnelle Bewegungen können sie besser wahrnehmen als wir Menschen!

Bei warmem Wetter sind viele Libellen fast dauernd in der Luft. Entweder auf Beutefang, auf Partnersuche oder beim Markieren und Verteidigen des Reviers. Über Nacht und bei kaltem Wetter verkriechen sich die Libellen tief in die Vegetation hinein. Die Flugzeit der meisten Libellenarten liegt zwischen Mai und September. Bei günstigem Wetter trifft man einzelne Arten noch bis Oktober oder November.

Einen Ausnahmefall stellen die Winterlibellen dar; sie schlüpfen zwar im Hochsommer, paaren sich jedoch erst im folgenden Frühjahr. Da sie als erwachsenes Insekt überwintern, erreichen die Winterlibellen nach dem Schlüpfen ein Alter von bis zu elf Monaten.

Die übrigen Arten leben nach dem Schlüpfen dagegen nur noch wenige Wochen oder Monate. Zahlreiche Libellen werden natürlich auch von Vögeln, Lurchen, Reptilien oder Spinnen gefressen.

Hirschkäfer im Kampf

Käfer gibt es in allen möglichen Farben, Formen und Größen. Der Hirschkäfer bringt es mit seinen mächtigen Kieferzangen bis auf 75 Millimeter. Das Weibchen hat einen schmaleren Kopf und viel kleinere Kiefer und mißt immerhin 25 bis 40 Millimeter. Wie beim Rothirsch dient das „Geweih" des Hirschkäfers den Männchen als Waffe bei ihren Paarungskämpfen um ein Weibchen. Die Gegner schieben sich dabei mit ihren Zangen wie Ringkämpfer hin und her. Zum Eierlegen bohrt sich das Weibchen in den Stumpf einer alten Eiche hinein. Aus den Eiern schlüpfen dann Larven, die sich vom modernden Holz ernähren. Die Entwicklung der Larven kann bis zu fünf Jahre dauern, und sie können vor dem Verpuppen auf eine Länge von zehn Zentimetern wachsen. Der Käfer schlüpft im Herbst, bleibt jedoch bis zum Juni des folgenden Jahres in seiner Wiege. Nach dieser Überwinterung und der Paarung stirbt der erwachsene Käfer bereits im Juli.

Feuerwanze

Schwalbenschwanz

Ähnlich wie Käfer, jedoch meist etwas flacher, sehen die Wanzen aus. Manche besitzen eine rinden- oder blattähnliche Tarnfarbe, andere wiederum sind sehr auffällig gefärbt.

Die Feuerwanze zählt mit ihrer schwarz-roten Zeichnung zur zweiten Gruppe. Sie ist sieben bis zwölf Millimeter lang und gehört zu den ersten Insekten, die sich im Frühling zeigen. Bei günstigem Wetter erscheint die Feuerwanze sogar schon gegen Ende des Winters.

Feuerwanzen halten sich gern in größeren Gruppen am Fuß von Baumstämmen auf, besonders an alten Linden, aber auch an Roßkastanien und Akazien in Parks oder Alleen. Sie saugen die herabgefallenen Nüßchen der Linde aus, aber auch andere Früchte; ferner ernähren sie sich von Pflanzensäften, lebenden oder toten Insekten und Insekteneiern.

Bei vielen Feuerwanzen sind die Flügel verkümmert. Gelegentlich hat auch ein und dasselbe Tier auf den beiden Körperseiten unterschiedlich weit ausgebildete Flügel.

Die Männchen erkennen die zur Fortpflanzung bereiten Weibchen an einem Duftstoff. Bei der Paarung bleibt ein Feuerwanzen-Paar 10 bis 30 Stunden lang vereinigt.

Unter den Schmetterlingen sind die größeren Tagfalter leicht zu beobachten. Zu den auffälligsten zählt wohl der Schwalbenschwanz, dessen Raupen an verschiedenen Doldengewächsen, darunter auch der Möhre, leben. Die Raupen sind zunächst schwarz mit einem hellen Fleck am Rücken, ältere sind grün mit gelbrot gepunkteten schwarzen Ringeln um den Leib. Wenn eine Raupe bedroht wird, stülpt sie am Nacken einen gabelförmigen Fortsatz aus, dessen Drüsenzellen einen stark riechenden Duftstoff verbreiten. Die Raupen verpuppen sich in einem kantigen, höckrigen Gebilde, das wie ein vertrockneter Pflanzenteil aussieht. Die Puppe ist unten mit der Hinterleibsspitze an einem Stengel verankert und schräg nach oben gerichtet. In dieser Lage wird sie von einem gürtelförmig um die Puppe gesponnenen Seidenfaden festgehalten. Aus der Puppe schlüpft schließlich der prächtige Falter. Der Schwalbenschwanz hat eine Flügelspannweite von rund acht Zentimetern. Ein wenig kleiner ist der Admiral, er spannt 55 bis 60 Millimeter. Der Admiral ist ausgesprochen wanderlustig. Bei uns erscheinen jedes Jahr Falter, die aus dem Mittelmeergebiet hergezogen sind. Eine beeindruckende Leistung für ein so kleines Tier!

Admiral

Gartenkreuzspinne im Netz

Das Männchen besetzt zur Fortpflanzungszeit gelegentlich für ein paar Tage ein Revier, welches gegen Eindringlinge verteidigt wird. Das Weibchen legt die Eier einzeln an Brennesseln; die schwarzen oder dunkelgrünen Raupen tragen Dornen.

Der Admiral läßt sich gern an Baumstümpfen und verletzten Stämmen nieder, aus denen Saft austritt. Mit seinem Rüssel saugt er auch gern an überreifem Obst.

SPINNEN, DIE JÄGER UND FALLENSTELLER MIT ACHT BEINEN

Der Körper der sechsbeinigen Insekten ist durch meist gut sichtbare Einschnürungen in die drei Abschnitte Kopf, Brust und Hinterleib gegliedert. Spinnen besitzen dagegen nur eine verengte Stelle, weil Kopf und Brust miteinander verwachsen sind. Sie haben acht Beine und meist auch acht Augen, die in zwei übereinander stehenden Reihen zu je vier angeordnet sind. Vielfach sind die einzelnen Augen unterschiedlich groß, wobei in der Regel die größten beiden Augen nach vorne gerichtet sind.

Die Kreuzspinnen, von denen bei uns Dutzende verschiedener Arten leben, bauen ein senkrecht stehendes radförmiges Netz. Dazu erzeugen sie mit ihren sechs Spinndrüsen am Hinterleibsende einen Seidenfaden von wenigen Millionstel Millimeter Durchmesser. Diese Spinnenseide besitzt bei gleicher Dicke eine größere Reißfestigkeit als Stahl! Sie ist so leicht, daß ein um den ganzen Globus gesponnener Faden (das sind über 40.000 Kilometer Länge) keine 200 Gramm wiegen würde.

Die tragenden Speichen des Radnetzes bestehen aus glatter Seide, die in einer engen Spirale aufgespannten Fangfäden sind dagegen klebrig. Wenn ein Insekt mit ihnen in Berührung kommt, bleibt es hängen und verstrickt sich beim Zappeln immer mehr im Netz. Wenn die in der Mitte oder am Rand des Netzes lauernde Spinne die Erschütterungen fühlt, krabbelt sie zu ihrer Beute und lähmt diese mit einem Giftbiß. Dann saugt sie ihr Opfer aus oder umwickelt es mit einem Seidenfaden zu einem Vorratspaket.

Eine Kreuzspinne braucht etwa 40 Minuten, um ihr Netz zu weben. Häufig baut sie jede Nacht ein neues; zuvor frißt sie das alte Netz auf und betreibt so eine vorbildliche Wiederverwertung des Baumaterials.

Die Weibchen vieler Spinnenarten werden größer als die Männchen. Bei der Gemeinen Kreuzspinne erreicht das Weibchen knapp 20 Millimeter Länge, das Männchen jedoch nur elf Millimeter.

Das Gift der einheimischen Spinnen ist übrigens für Menschen harmlos. Die meisten unserer Spinnen vermögen mit ihren Kiefern nicht einmal die menschliche Haut zu durchdringen, geschweige denn zu verletzen.

Eine ganz andere Jagdmethode benutzen die Wolfsspinnen: Sie laufen als Räuber frei am Boden herum, wo sie ihre Opfer rennend oder halb springend anfallen und überwältigen. In Wiesen und Feldern, Wäldern und Gärten sieht man die Wolfsspinnen bei gutem Wetter überall in großer Zahl umherhuschen. Viele spinnen dabei fortlaufend eine kaum sichtbare „Sicherheitsleine“, die sie in gewissen Abständen am Boden verankern.

Das Weibchen einer Wolfsspinne trägt seine Eier in einem Säckchen am Hinterleib, dem „Kokon“, mit sich herum. Wenn die Jungen schlüpfen, klettern sie auf den haarigen Rücken ihrer Mutter und reiten dann auf ihr mit, bis sie halbwegs herangewachsen sind.

Junge Spinnen können fliegen! Dazu benutzen sie keine Flügel, sondern ganz einfach einen Seidenfaden, an dem sie sich vom Wind übers Land treiben lassen. Die winzigen Spinnen sind so leicht, daß sie mit ihrem Flugfaden ohne weiteres große Strecken zurücklegen können.

Krabbenspinne

Gemächlich leben dagegen die Krabbenspinnen. Diese zum Teil bunt gefärbten Spinnen sehen wie kleine Krabben aus und bewegen sich auch ähnlich. Sie legen sich gern in Blüten auf die Lauer, die gleich gefärbt sind wie sie selbst. Einzelne Arten können ihre eigene Farbe ändern, manchmal hängt diese auch vom aufgenommenen Futter ab. Sobald ein Insekt die Blüte besucht, um sich am Nektar oder Pollen zu verköstigen, schnellt die Krabbenspinne vor und beißt ihm ins Genick. Da ihr Gift schnell wirkt, muß die Krabbenspinne ihre Opfer nur kurze Zeit festhalten, damit sie nicht entwischen.

Auch die Jungen der Krabbenspinnen pflegen im Herbst an silbernen Fäden durch die Luft zu fliegen. Die Körperlänge einer erwachsenen Krabbenspinne liegt in der Größenordnung von fünf bis sieben Millimetern, einzelne Weibchen werden noch etwas größer.

KÖNIGE DER LÜFTE

DIE MACHT DER FLÜGEL

Alle Landsäugetiere mit Ausnahme der Fledermäuse, der Reptilien und Amphibien und viele Wirbellose sind erdgebunden. Ihr Lebensraum ist zweidimensional, wenn man davon absieht, daß manche Arten auf Bäume klettern. Ganz anders die Klasse der Vögel. Ihre Mitglieder – rund 9.000 verschiedene Arten – stammen, wie heute allgemein bekannt ist, von warmblütigen, kleinen Flugsauriern ab. Einige wenige Spezies wie der Kormoran auf Galapagos, eine Ralle auf den Seychellen und verschiedene Hühnervögel haben ihre Flugfähigkeit eingebüßt – überwiegend deshalb, weil sie ihre Flügel nicht mehr brauchten. Andere, etwa Vertreter der Trappen und der Gruppe der Falkland-Dampfschiffenten, fliegen nur noch höchst ungern; in einigen tausend oder zehntausend Jahren dürften auch sie flugunfähig geworden sein.

DANK FLUGFÄHIGKEIT GRENZEN ÜBERWINDEN

Mehr als 99 % aller Vogelarten sind flugfähig und damit in der Lage, die dritte Dimension, den Luftraum, zu erobern. Das erweitert zum einen ihren Aktionsradius und erschließt zum anderen vielen Arten eine weitere Futterquelle. Schwalben, Segler, Greife, Bienenfresser und Fliegenschnäpper fliegen so hervorragend, daß sie ihre Beute in der Luft und während des Fluges zu ergreifen vermögen. Andere Arten wie Fischadler, Eisvögel, Seeschwalben, Scherenschnäbel, Tölpel, Fregattvögel und Meerespelikane holen sich ihre Nahrung aus Flüssen, Seen oder Meeren und sind dabei auf ihr Flugvermögen angewiesen. Manche von ihnen jagen als Stoßtaucher nach Fischen, andere ergreifen Insekten, Fischchen und Weichtiere auf oder knapp unter der Wasseroberfläche.

Der Luftraum gibt auch verschiedenen Vogelarten die Möglichkeit, aus großer Höhe ein weites Jagd-, Nahrungs- und Brutgebiet zu überblicken. Das beste Beispiel sind die Geier, aasfressende Greife, Marabus und andere Störche. Geier können aus Höhen von 2.000 bis 3.000 m über dem Boden tote Tiere erkennen und auffinden. Ihr Sehvermögen übertrifft das menschliche um ein Vielfaches und jahrzehntelang haben selbst Biologen geglaubt, sie fänden Aas aufgrund eines gut entwickelten Geruchssinns.

Säugetiere und andere Tiere werden in ihrer Verbreitung nicht nur durch biologische Grenzen, sondern auch durch physische Barrieren wie Schluchten, hohe Bergzüge, Gewässer, Wüsten und dergleichen behindert. Eine große

Zahl von Vögeln kennt diesbezüglich viel weniger Hindernisse. Auch hier wieder einige Beispiele: Wenn sich in gemäßigten Breiten die klimatischen Bedingungen im Herbst verschlechtern und das Nahrungsangebot klein und kleiner wird, ziehen sie in wärmere und angenehmere Gefilde, um erst im Frühling wieder in ihre Brutgebiete zurückzukehren. Dabei legen sie innerhalb eines Jahres nicht selten eine Strecke zurück, die dem Erdumfang entspricht!

Manche Arten sind wahre Globetrotter, die in den verschiedensten Klimazonen leben und überleben können. Zu diesen gehört etwa der Graureiher, der auf den Galapagos-Inseln ebenso vorkommt wie in Europa, in Afrika und weiten Teilen Asiens. Andere sind weit weniger anpassungsfähig und leben auf Inseln oder in inselartigen Biotopen, die ihnen enge Grenzen setzen. Solche endemische Spezies sind durch die Zerstörung ihrer Lebensräume besonders stark vom Aussterben bedroht; den meisten fehlt die Fähigkeit und die Möglichkeit, sich neuen Umweltbedingungen anzupassen oder in andere Lebensräume abzuwandern.

NOMADEN DER MEERE: ALBATROSSE

Während einer Kreuzfahrt auf den Meeren der südlichen Erdhalbkugel lassen sich oft riesengroße Vögel beobachten, die einige Zeit lang ohne den geringsten Flügelschlag dem Schiff folgen. Wirft die Küchenmannschaft Essensabfälle ins Meer, stürzen sich die mächtigen Vögel auf die Leckerbissen und schlagen sich den Magen voll. Bei den überwiegend auf der Unterseite weiß und der Oberseite dunkel gefärbten Seglern handelt es sich um Albatrosse – Vögel, die einen beträchtlichen Teil ihres Lebens auf dem offenen Meer verbringen. Rund ein Dutzend verschiedene Arten leben überwiegend auf der südlichen Erdhalbkugel; nur drei Arten sind Bewohner des nordpazifischen Raumes, und eine einzige, der Galapagos-Albatros, ist lediglich auf die tropischen Gebiete beschränkt.

Zwei Besonderheiten fallen an den Albatrossen auf: erstens die gewaltige Flügelspannweite und zweitens der seltsam geformte Schnabel. Die Vögel haben sehr schmale, aber überaus lange Flügel. Selbst die kleinsten Arten wie der Dunkelalbatros und der Gelbnasenalbatros weisen eine Flügelspannweite um 200 Zentimeter auf, während es die großen auf über 300 Zentimeter bringen. In Anbetracht der Größe dieser Vögel ist ihr Gewicht von vier bis etwa acht Kilogramm bemerkenswert gering.

An der Schnabelform (und an ihrer Flügelspannweite) lassen sich die Albatrosse von anderen Seevögeln unterscheiden und an der Schnabelfarbe die verschiedenen Albatros-Arten. Der Schnabel setzt sich aus verschiedenen Hornschichten zusammen und weist große Nasenlöcher auf, durch die der Vogel eine hochkonzentrierte Salzlösung ausscheidet. Das Salz wiederum wird durch spezielle Drüsen, die sich im Kopf des Albatros befinden, dem Meerwasser entzogen. Die meisten Säugetiere und Vögel, die keine entsprechenden Drüsen besitzen, würden am Meerwasser zugrunde gehen. Lange Zeit glaubte man, daß Albatrosse vorbeiziehenden Schiffen tagelang und über weite Strecken folgen würden. Neuere Untersuchungen haben indessen gezeigt, daß die Vögel nach einiger Zeit umdrehen und durch andere ersetzt werden. Immerhin hat man schon Exemplare beobachtet, die ein Schiff mehr als 1000 Kilometer weit begleitet haben.

Galapagos-Albatros

Einige Albatros-Arten wie z. B. der Wanderalbatros gelten als ausgesprochene Nomaden, die außerhalb der Brutzeit auf den südlichen Ozeanen umherziehen und Entfernungen von 8.000 bis 10.000 Kilometer in vier oder fünf Monaten zurücklegen.

Damit sie mühelos segeln können, sind sie auf günstige Winde angewiesen. Man trifft sie deshalb überwiegend dort an, wo größere Wellen

Wanderalbatrosse

und die damit zusammenhängenden Luftströmungen zu finden sind. Bei Windstille setzen sie sich auf das Meer und lassen sich wie Korken treiben. Ihre Nahrung holen sie ausschließlich aus dem offenen Meer. Die meisten ernähren sich zu einem großen Teil von Tintenfischen und von Krill (fingerlange Krebstiere), die – vor allem nachts – zur Meeroberfläche aufsteigen. Fische werden ebenfalls gefressen. In nicht allzuweit zurückliegenden Jahren wurden Albatrosse ihrer Federn wegen getötet. Die Seeleute fingen sie mit Ködern, die sie an Angelschnüren befestigten. Sie zogen ihnen die Haut ab und benützten sie als Federbett. Heute sind die großen und schönen Vögel, vor allem ihre Brutkolonien, überwiegend geschützt.

Albatrosse benötigen sechs bis acht und mehr Jahre, bis sie fortpflanzungsfähig sind. Haben sie das entsprechende Alter erreicht, suchen sich die Paare und ziehen auf Inseln mit Brutkolonien, die oft seit vielen Generationen bestehen.

Bevor die Vögel mit der Brut beginnen, balzen sie nach feststehenden Regeln. Beim Galapagos-Albatros stehen sich die Partner eine Flügelspannweite entfernt gegenüber und zeigen ein ritualisiertes Schnabelfechten. Dann recken beide gleichzeitig Kopf und Schnabel gegen den Himmel, und manchmal beginnt das Männchen, mit breitem Watschelschritt um seine zukünftige Frau herumzulaufen. Haben sich die Paare zusammengefunden, halten sie nach einem Brutplatz Ausschau. Die meisten Arten scharren lediglich eine flache Mulde in den Boden, die sie kaum oder nur mit wenig Gras auspolstern. Der Schwarzbrauen-Albatros oder Mollymauk dagegen baut ein kegelförmiges Lehmnest, das etwa 30 Zentimeter hoch ist und eine etwa handtiefe Mulde aufweist.

Alle 13 Albatrosarten legen nur ein einziges, großes Ei, das von beiden Partnern abwechselnd bebrütet wird. Die Brutablösung findet nur alle ein bis zwei Wochen statt! In dieser Zeit ist der nicht brütende Vogel auf dem Meer draußen und nimmt Nahrung zu sich. Je nach Art dauert die Brutzeit 60 bis 80 Tage, und das Küken ist bei der Geburt völlig hilflos. Die ersten vier Lebenswochen wird es ununterbrochen von einem Elternteil gewärmt. In dieser Zeit wächst ihm ein dichtes, grauweißes Dunenkleid, das es vor Kälte und Feuchtigkeit schützt, wenn die Altvögel es später stunden- und tagelang allein lassen.

Bei den kleineren Arten werden die Jungen nach vier bis fünf Monaten flügge, bei den größeren wie dem Königsalbatros und dem Wanderalbatros nach sieben bis neun! Die Jungen erreichen ein Gewicht, das beträchtlich über dem der Alttiere liegt. Von den angefressenen Fettreserven müssen sie nämlich ein bis zwei Monate lang leben, wenn die Eltern sie verlassen und wieder aufs offene Meer hinausziehen. Die Jungen sitzen dann allein im Nest, beginnen mit den Flügeln zu schlagen und die Muskulatur zu stärken. Sie üben das Fliegen so lange, bis sie ihren Eltern folgen können. Viele Jahre später, wenn sie erwachsen und in Brutstimmung sind, kommen sie an ihren Geburtsort zurück und suchen selbst einen Partner.

Schwarzbrauen-Albatros

FAST NUR FEDERN UND MUSKELN: DER FREGATTVOGEL

Sind schon die Albatrosse vorzügliche Segler, die das kleinste Lüftchen auszunützen wissen, werden sie darin von den Fregattvögeln noch weit übertroffen. Bei Flügelspannweiten bis 230 Zentimeter beträgt ihr Gewicht lediglich 1,2 bis 1,5 Kilogramm. Etwa die Hälfte davon entfällt auf die kräftigen Brustmuskeln und auf das Gefieder! Fregattvögel sind zum Fliegen und Segeln geschaffen. Sie verstehen es meisterhaft, mit den Aufwinden hochzusteigen und dann stundenlang und ohne Flügelschlag in großer Höhe zu kreisen. Anderseits können sie dank ihres langen, gegabelten Schwanzes, aber auch der sehr beweglichen Flügel, schnellste Richtungsänderungen vollziehen. Das hilft ihnen beim Fischfang und bei einem weiteren Geschäft, das man aus vermenschlichter Sicht als „Freibeuterei" oder „Piraterie" bezeichnen könnte. Sie jagen nämlich andere Seevögel – z. B. Tölpel und Meerespelikane – so lange und hartnäckig, bis diese ihre Beute während des Fluges herauswürgen, damit sie den aufsässigen Fregattvögeln entkommen können. Oft fällt der ausgespuckte Fisch oder Krebs nicht ins Meere zurück, sondern wird vom Fregattvogel noch in der Luft aufgeschnappt und hinuntergeschluckt! Die schönste Art – sofern man bei diesen dünnen, schwarzen und hakenschnäbeligen Gesellen überhaupt von Schönheit reden kann – ist der Prachtfregattvogel, der größte seiner Sippe. Während der Balzzeit trägt das Männchen einen fußballgroßen, knallroten Kehlsack, der nach der Fortpflanzungszeit verschwindet und zu einem kleinen, faltigen Hautfleck schrumpft. Ein heiratswilliges Männchen setzt sich auf ein bereits bestehendes, aus grobem Reisig bestehendes Nest, bläst seinen Kehlsack auf und breitet die Flügel aus. Findet eines der vorbeifliegenden, unscheinbaren Weibchen Gefallen an seiner Darbietung, läßt es sich auf dem Nest nieder und nimmt es bei fortwährendem Wohlgefallen in Besitz. Es legt ein einziges, reinweißes Ei, aus dem nach etwa 50 Tagen ein nacktes, hilfloses Küken schlüpft. Beide Eltern versorgen es mit hervorgewürgtem Futter – Fische, Tintenfische, Meerschnecken und Quallen – und lassen es erst dann allein im Nest zurück, wenn sein anfängliches Dunen– vom kräftigeren Federkleid abgelöst wird.

Im Gegensatz zu Albatrossen setzen sich Fregattvögel nie auf die Meeresoberfläche und auch nicht auf den Boden, sondern nur auf Sträucher oder Bäume. Sie sind wegen ihrer langen Flügel und der sehr kurzen (2,5 bis 3 Zentimeter) Beine nicht in der Lage, vom Boden aufzufliegen. Auch besitzen sie lediglich unvollständige, kleine Schwimmhäute – ein weiteres Zeichen dafür, daß ihre Elemente nicht das Wasser und das Land sind, sondern eindeutig die Luft.

Fregattvögel entfernen sich jedoch nie so weit vom Festland wie Albatrosse, und sie bleiben auch nicht so lang auf dem Meer draußen, sondern kehren fast immer abends auf ihre Wohninsel zurück und übernachten auf Sträuchern oder abgestorbenen Bäumen. Zu Hause sind sie, je nach Art, auf kleineren Inseln im südlichen Pazifik und im Gebiet zwischen Südamerika und Westafrika.

Prachtfregattvogel

Tropikvogel

TROPIKVÖGEL: SCHNEE-WEISSE FEEN ÜBER TIEFBLAUEM WASSER

Reisende durch tropische Meere haben schon vor Jahrhunderten von einem wunderschönen, schneeweißen, schwarzweißen oder rosaweißen Vogel berichtet, den sie auf hoher See, aber auch an felsigen Eilanden, beobachten konnten. Bei dieser Vogelart handelte es sich um den Tropikvogel. Altvögel lassen sich auf den ersten Blick an den zwei bis zu 45 Zentimeter langen, mittleren Steuerfedern erkennen, die sie wie eine Fahne oder einen Wimpel hinter sich herziehen. Sie fliegen vorzüglich und schnell und werden oft weitab vom Festland auf dem Meer draußen gesichtet. Dort jagen sie vorzugsweise nach Tintenfischen, die in der Dämmerung und nachts an die Meeresoberfläche hochsteigen. Tropikvögel fliegen aber auch tagsüber auf Nahrungssuche. Sie beobachten das Meer unter sich. Wenn sie eine mögliche Beute entdeckt haben, kippen sie in Sekundenbruchteilen über den linken oder rechten Flügel ab, lassen sich wie ein Stein senkrecht oder leicht schräg fallen und tauchen wie ein Geschoß mit dem ganzen Körper ins Wasser ein.

Zoologisch–systematisch gesehen, gehören Tropikvögel zur interessanten Gruppe der Ruderfüßer, deren Füße – wie der Name sagt – einem Ruder gleichen; die Zehen sind durch gut entwickelte Schwimmhäute miteinander verbunden. Zur Verwandtschaft zählen die mächtigen Pelikane, die langhalsigen Schlangenhalsvögel, die Kormorane, Tölpel und die Fregattvögel.

Zu Hause sind sie auf tropischen und subtropischen Inseln im Pazifik, Indischen Ozean und Atlantik, wobei sie Lebensräume mit Felsen und Klippen besonders schätzen. Steile Küsten erleichtern ihnen das Abfliegen und Landen und bieten ihnen zudem Schutz vor Raubtieren. Hier finden sie auch die kleinen Spalten und Höhlen, die sie als Nistplätze schätzen.

Das Weibchen legt ein einziges, hellschaliges und dunkel geflecktes Ei entweder auf den bloßen Boden oder in ein mit wenigen Federn und Pflanzenfasern angedeutetes Nest. Beide Partner brüten dann abwechselnd etwa 45 Tage lang und füttern das Küken gemeinsam, bis es im Alter von etwa 3 1/2 Monaten flügge ist.

GEMEINSAM RÜCKEN PELIKANE DEN FISCHEN ZU LEIBE

Auf manchen ostafrikanischen Seen läßt sich tagtäglich ein faszinierendes Schauspiel beobachten. Da schwimmt ein Dutzend Rosapelikane in einem größeren Halbkreis durchs Wasser und stößt immer wieder einmal mit den langen, gelben Schnäbeln in die trüben Fluten. Oft ziehen sie den Schnabel prallvoll gefüllt wieder heraus, halten den Kopf seitlich und lassen das Wasser ablaufen. Zurück bleibt manchmal ein Fisch, den sie unzerkleinert

Rosapelikan

verschlucken. Die gemeinsame Jagdtaktik bringt den Pelikanen weit mehr Erfolg, als wenn jeder für sich allein auf Beutefang ginge. Sie treiben nämlich einen Halbkreis bildend die Fische in flaches Wasser und verhindern dadurch, daß sie entkommen können. Nicht alle Pelikanarten – es gibt deren sieben – jagen auf die beschriebene Weise. Der braune Meerespelikan hat eine ganz andere, aber nicht weniger erfolgreiche Taktik. Er fliegt in Küstennähe in einer Höhe von 10 bis 30 Meter über das Meer und beobachtet das Wasser unter sich. Hat er einen Fisch oder gar einen Schwarm entdeckt, legt er die Flügel an den Körper und stößt wie ein Torpedo auf die Beute. Durch sein Körpergewicht und die hohe Fallgeschwindigkeit taucht er nicht selten ganz ins Meer ein, um jedoch umgehend wie ein Korken wieder hochzukommen. Die Luftkammern unter der Haut und in den großen Knochen geben ihm viel Auftrieb und verhindern, daß er – wie z. B. die Tölpel und die Tropikvögel – tief eintauchen kann.

Pelikane gehören zu den schwersten flugfähigen Vögeln. Der Krauskopfpelikan z. B. kann bis zu 14 Kilogramm schwer werden. Mit einer Flügelspannweite von 280 bis 300 Zentimeter ist er ein eindrucksvoller Segelflieger. Oft steigen Pelikane im Laufe des Vormittages, wenn sich der Boden erwärmt und Aufwinde entstehen, in die Luft. Sie lassen sich kreisend und ohne mit den Flügeln zu schlagen, hoch und höher tragen und ziehen dann stundenlang am Himmel Kreise. Wieso sie das tun ist unbekannt, denn anders als etwa die Geier müssen sie ja nicht aus der Luft nach Beute Ausschau halten. Vielleicht geschieht es aus reiner Lust am Fliegen. Nach geraumer Zeit kommen sie dann wieder in tiefere Lagen und ziehen ihren Futtergründen zu. Beim Herunterkommen erreichen sie so hohe Geschwindigkeiten, daß der Wind durch ihre Flügel pfeift und Geräusche entstehen, die entfernt an ein vorbeifliegendes Düsenflugzeug erinnern. Manchmal fliegen sie auch in geordneter Linie oder Pfeilspitzformation über das Land – wechseln von einem See zum anderen oder entschwinden in ihre Brutreviere.

Pelikane sind sehr gesellige Vögel, die oft zu Tausenden in weit auseinander gezogenen Kolonien brüten. Sie errichten ihre großen Nester aus Ästen und Zweigen – mit Vorliebe auf Bäumen, die ihnen Schutz vor Raubtieren bieten. Die zwei bis drei, seltener vier Eier werden von beiden Partnern etwa 30 Tage lang bebrütet. Die Küken sind von feinem, dunklem Flaum bedeckt, der nach einigen Wochen den ebenfalls dunklen Federn weicht.

Den ganzen Tag lang ist ein endloses Kommen und Gehen zu beobachten, und es herrscht, besonders wenn die Jungvögel größer geworden sind, ein unbeschreiblicher Lärm. Beim Füttern strecken die Jungen ihren Kopf tief in den Schlund der Altvögel und holen sich die vorverdauten Fische aus dem Magen. Früher glaubten manche Beobachter, sie würden sich von den Magensäften der Eltern ernähren. Auch wurde behauptet, Mutter und Vater nährten ihre Brut mit dem eigenen Blut. Da diese einen nackten, rotgefärbten Brutfleck auf der Brust haben, betrachteten ungeübte Beobachter den Fleck als eine Wunde, aus der Blut fließt. Mit zehn bis zwölf Wochen sind die jungen Pelikane mehr oder weniger flugfähig und haben bereits wieder einige überflüssige Pfunde abgespeckt.

In Indien hat man Pelikane jahrhundertelang als „Fischereigehilfen" gehalten, denen man den Fisch nach erfolgreichem Fang umgehend abnahm. Damit die Pelikane ihn nicht verschluckten, bekamen sie einen Ring oder eine Schnur um den Hals! Die gleiche Maßnahme wird heute noch bei zahmen Kormoranen, z. B. in Japan, angewendet.

Abschließend kurz einige Bemerkungen zur Verbreitung der Pelikane. Die sieben Arten haben sämtliche Kontinente besiedelt, wobei sie sich zwar überwiegend, aber nicht ausschließlich an den Küsten, deren Hinterland und auf Inseln aufhalten. In Eurasien kommen sowohl der Rosa- wie der Krauskopfpelikan in meist kleineren Beständen vor, z. B. im rumänischen Donaudelta und im Einzugsgebiet des Schwarzen Meeres. Die meisten Bestände sind weltweit mehr oder weniger stark bedroht. Der Grund ist in erster Linie in der Zerstörung der Lebensräume, speziell auch der Brutgebiete, zu suchen. Sumpfgebiete werden trockengelegt, Flüsse gestaut oder umgeleitet und die Schilfgürtel der Seen vernichtet. Den Bestand des Krauskopfpelikans etwa schätzt man auf nur noch 800 bis 1.000 Brutpaare.

DER FLAMINGO: WIE PHÖNIX AUS DER ASCHE

Die in der ganzen Welt einzigartige Fauna des östlichen Afrikas ist an Sensationen und atemberaubenden Bildern wirklich reich gesegnet. Selbst der verwöhnteste Naturbeobachter ist aber überwältigt, wenn er an einem der sodahaltigen Seen des Großen Grabenbruchs in Kenia oder Tansania die riesigen Flamingomassen zu Gesicht bekommt, die zu manchen Jahreszeiten die flachen, algenreichen Gewässer bevölkern. Das Schauspiel und die pure Schönheit, die eine halbe Million oder mehr Zwergflamingos im frühen Morgenlicht bieten, sind unbeschreiblich und atemberaubend. Jahrzehntelang haben Ornithologen und Verhaltens-

forscher darüber gerätselt, wieso die Myriaden von Flamingos zu manchen Jahreszeiten ganze Seen rosarot färben und zu anderen unauffindbar verschwunden sind. Es hat lange gedauert, bis die Forscher entdeckten, daß die Flamingos sich einmal im Jahr an beinahe unzugängliche Seen im äthiopischen Hochland, in den Kraterlandschaften des nördlichen Tansanias und in der Kalahariwüste in Botswana zurückziehen. Dort gehen sie ihren Brutgeschäften nach. Zuerst finden sich während tagelanger Gruppenbalztänze die Paare zusammen. Dann werden in mühsamer Arbeit halbmeterhohe, kegelförmige Nester aus Schlamm und Morast errichtet, und schließlich legt das Weibchen ein einziges, 90 x 55 Millimeter großes Ei in die flache, von der Sonne steinhart gebrannte Nestmulde. Nach gut vier Wochen schlüpft das Küken aus dem Ei – und nur wenig erinnert an die langhalsigen, langbeinigen Eltern: Es wirkt unproportioniert, mit kurzen, knorrigen Beinen und dickem Hals. Ein dichter, grauweißer Flaum bedeckt den jungen Flamingo und schützt ihn vor der glühend heißen Sonne, die täglich zwölf Stunden vom Himmel brennt. Mutter und Vater füttern den Sprößling mit einem vorverdauten, dünnflüssigen, aber sehr nahrhaften Magenbrei, der dem Jungvogel mehrmals täglich in den Schnabel geträufelt wird. Sind die Kleinen etwas größer geworden, verlassen sie den Bruthügel und schließen sich

Großes Foto: *Zwergflamingo*, kleine Fotos: *Kubaflamingos*

zu oft mehrhundertköpfigen „Kindergärten“ zusammen, die ihnen gegen mögliche Feinde Schutz bieten. Da die Flamingos in seichten Seen mit kilometerweit versumpften Ufern brüten, können lediglich große Greife und Marabus den Flamingos gefährlich werden. Hyänen, Schakale, wildernde Hunde und Raubkatzen würden hoffnungslos im Morast versinken.

Chileflamingo

Nach zwei Monaten sind die Jungen flügge, aber noch lange nicht ausgefärbt. Anstatt des rosaroten Gefieders erwachsener Roter Flamingos und Zwergflamingos tragen sie noch ein unscheinbar graues Jugendkleid. Erst durch die Aufnahme gewisser Algen und Kleinstkrebse, die natürliche Karotinoide – rote Farbstoffe, die u. a. in Möhren zu finden sind – enthalten, bekommen sie nach rund einem Jahr das wunderschöne Federkleid der Altvögel.

In manchen Jahren trocknen die Seen, an deren Ufer die Flamingos brüten, so sehr aus, daß sich der Salzgehalt des restlichen Wassers drastisch erhöht und sich an den Beinen der Jungvögel mächtige Sodaklumpen bilden und diese so sehr behindern, daß sie nicht mehr Futter suchen, laufen und schon gar nicht fliegen können. Dann kann ein ganzer Flamingo-Jahrgang zugrunde gehen! Verläuft die Aufzucht der Jungen aber ohne größere Probleme, dann kommt nach etwa drei Monaten die Zeit, wo sich jung und alt in die Lüfte schwingen und einige Wochen oder gar Monate im Land umherziehen, da einige Tage verweilen und dort zwei oder drei Wochen lang rasten.

Und eines Tages sind die Flamingos plötzlich wieder an ihren angestammten Plätzen im Rift Valley, aber auch an manchen Gewässern im südlichen Afrika – aufgetaucht wie der mystische Phoenix aus der Asche und in neuer Farbe und Pracht.

Die Bestände der Flamingos im östlichen und südlichen Afrika sind wohl die bekanntesten, aber nicht die einzigen. Die größte der insgesamt fünf Arten ist der Rosaflamingo, der in Afrika, aber auch in Europa – nämlich in der französischen Camargue – vorkommt sowie in Asien und, als Unterart, in Südamerika. Dort lebt z. B. als schönste Unterart der Kubaflamingo. Sein Gefieder zeigt ein außerordentlich intensives Rot. Tiere in zoologischen Gärten haben früher diese starke Rotfärbung verloren und sind ganz blaß geworden. Als man dem Futter den roten Farbstoff Karotin in Form von Garnelenschrot (gemahlene Kleinkrebse) beifügte, kehrte die ursprüngliche Farbenpracht wieder zurück. In Nordwestindien gibt es an einem flachen Salzsee die größte Brutkolonie der Welt: Hunderttausend Rosaflamingos ziehen dort ihre Jungen auf! In den südamerikanischen Anden kommen sogar drei Flamingoarten vor: der Andenflamingo, der Chile- und der Jamesflamingo. Sie halten sich zum Teil an

Mornellregenpfeifer

Seen auf, die 4.000 Meter ü. d. M. und höher liegen! Dort leben nicht selten zwei Arten im gleichen Gebiet, ohne sich Nahrungskonkurenz zu machen. Das hängt mit der Art ihres Futters zusammen. Während die einen, die Anden- und die Jamesflamingos, nahezu ausschließlich Blau- und Grünalgen vertilgen, haben die anderen, die Chileflamingos, sich im Laufe der Jahrtausende auf Salinenkrebschen spezialisiert, die in warmen, salzhaltigen Seen in riesigen Mengen auftreten. Alle Flamingos nehmen ihr Futter jedoch auf eine ähnliche Art zu sich: Sie filtern das Wasser durch ihren mit feinsten Lamellen versehenen Schnabel, in dem die Algen und Kleinkrebse hängen bleiben, das Wasser aber abläuft.

UNSCHEINBARE REKORDFLIEGER ZWISCHEN NORDEN UND SÜDEN

Es gibt eine recht artenreiche Vogelgruppe, die der Fachmann „Limikolen“ nennt und die zusammen mit den Möwen die große Ordnung der Wat- und Möwenvögel bilden, welche rund 360 verschiedene Arten umfaßt. Sie sind mehr oder weniger stark an Küstenlandschaften, Feuchtgebiete, Seen und andere Gewässer gebunden.

Unter den Limikolen befinden sich so bekannte Arten wie Austernfischer, Säbelschnäbler, Rotschenkel und Kiebitze, die jeder kennt, der einmal die Nordseeküste oder die Ost- und Westfriesischen Inseln besucht hat. Anderseits gehören auch Arten zu den Limikolen, die nur dem Ornithologen (Vogelkundler) ein Begriff sind, wie etwa Brachschwalbe, Blatthühnchen und Wassertreter. Sie alle, und viele mehr, sind unscheinbare und kleine Vögel, die man leicht übersieht; sie zählen aber zu den ausdauerndsten Zugvögeln, die jedes Jahr Strecken zurücklegen, die etwa dem Erdumfang (40.000 Kilometer) entsprechen. Von einigen dieser erstaunlichen Rekordflieger wollen wir auf den folgenden Seiten berichten.

Im Frühling und Herbst lassen sich an der deutschen und holländischen Nordseeküste regelmäßig riesige Vogelschwärme beobachten, die wie große, dunkle Wolken über den Himmel ziehen. Viele Limikolenarten machen auf ihren Wanderungen in die Überwinterungs- oder in die Brutgebiete im Watt eine kürzere oder längere Rast. Sie ruhen sich aus, bevor sie weiterziehen, und suchen im Schlick tierische Nahrung.

Eine Art, die zum Teil in großen Massen auftritt, ist die Pfuhlschnepfe , die bereits im August südwärts fliegt und einige Wochen später im westlichen und südlichen Afrika ankommt, wo sie angenehme Temperaturen und ein gutes Futterangebot vorfindet. Die Pfuhlschnepfen ernähren sich von Würmern, kleinen Krebsen und Schnecken, die sie durch Stochern im Schlick ausfindig machen und fassen. Wenn sie im März aus ihren Winterquartieren nach Deutschland, Holland und Dänemark zurückkehren, tragen sie noch das Ruhegewand. Erst hier bildet sich das Brutkleid aus, und die

Vögel ziehen anschließend in die subpolaren Landstriche Europas und Asiens. Zu den am weitesten ziehenden Limikolen gehören, wie eingangs kurz erwähnt, manche Regenpfeiferarten, u. a. der Mornellregenpfeifer. Der 22 Zentimeter lange Vogel brütet im nördlichsten Eurasien und überwintert im tropischen und subtropischen Afrika, wobei er pro Zugweg fast 10.000 Kilometer zurücklegt. Im Frühling kehrt er in die Tundren Ost-Sibiriens zurück und zieht im Juni zwei bis drei Küken auf, die – kaum sind sie flügge – im Herbst mit den Alten Richtung Afrika abziehen.

Noch weitere Wanderungen unternimmt der Kleine Goldregenpfeifer. Er brütet im arktischen Nordamerika und im nördlichsten Sibirien. Sein Zug führt ihn teils ins südlichste Südamerika (das gilt für die Vögel aus Nordamerika), teils bis an die ostafrikanische Küste. Da die Kleinen Goldregenpfeifer nicht auf dem direkten Weg in die Überwinterungsgebiete fliegen, sondern aus unbekannten Gründen große Schleifen ziehen, sind Distanzen von 15.000 bis 20.000 Kilometer pro Weg nicht ungewöhnlich.

Ebenso weit, zum Teil noch weiter, fliegt der Regenbrachvogel auf seinen alljährlichen Zügen. Er brütet in den Tundren des Nordens, und in den Wintermonaten trifft man ihn im südlichsten Afrika, in Südamerika und Südasien sowie auf einigen Inseln in der Südsee an. Pünktlich zur Brutzeit, die im hohen Norden erst im Juni beginnt, ist er in der alten Heimat zurück. Das Weibchen legt in eine flache Mulde im Boden seine zwei bis vier Eier, die von beiden Partnern abwechselnd vier Wochen lang bebrütet werden. Die Küken sind Nestflüchter, aber es dauert fünf bis sechs Wochen, bis sie fliegen können. Bei Gefahr drücken sie sich – nach dem Warnruf der Eltern – auf den Boden und bleiben völlig bewegungslos liegen, bis Mutter oder Vater Entwarnung geben. Dank ihres grauschwarz gefleckten Dunenkleides sind sie hervorragend getarnt.

REIHER – AUF DER LAUER, AUF DER LAUER

Der Graureiher, den man früher Fischreiher nannte, ist unsere bekannteste Reiherart. Er hat ein riesiges Verbreitungsgebiet. Außer in Europa brütet er in Afrika und in vielen Teilen Asiens.

Wie alle Reiher ist er ein Lauerjäger, der oft lange Zeit völlig reglos im seichten Wasser oder auf einem kahlen Feld steht, mit der gleichen unerschütterlichen Geduld wie die Katze vor dem Mauseloch. Der Hals ist dabei S-förmig angelegt. Wenn ein Beutetier in Reichweite kommt, schnellt er vor wie eine Feder, und der lange Schnabel packt zu. An den Schnabelrändern sitzen zahlreiche winzige Zacken, womit der Vogel auch einen schlüpfrigen Fisch sicher festhalten kann.

Graureiher brüten meistens auf Bäumen, seltener im Schilf. Sie sind gesellig und bilden häufig Kolonien. In manchen Gegenden brüten mehrere Reiherarten in derselben Kolonie. Die Männchen besetzen den Nistplatz und locken mit lauten, quakenden Rufen und mit auffälligen Gebärden Weibchen herbei. Beide Partner bauen dann entweder ein neues Nest oder bessern einen alten Horst aus. Nun legt das Weibchen, immer im Abstand von zwei Tagen, drei bis fünf hellgrünblaue Eier. Beide Eltern brüten abwechselnd. Nach einem Monat schlüpfen die Jungen. Sie werden von den Eltern mit herausgewürgtem Futter versorgt und wachsen sehr schnell. Weil die zuletzt geschlüpften Küken bei der Nahrungsaufnahme oft benachteiligt werden und langsamer wachsen als die älteren, verhungern sie oder werden von den großen Geschwistern aus dem Horst gedrängt. Wenn Jungreiher einen Monat alt sind, wagen sie die ersten Kletterpartien in die Umgebung des Nestes. Mit zwei Monaten

Oben: ***Graureiher***, links: ***Purpurreiher***

können sie schon so gut fliegen und jagen, daß sie das Nest und die Eltern endgültig verlassen. Dank strenger Schutzbestimmungen hat sich der Graureiher, dessen Bestände noch vor wenigen Jahrzehnten mancherorts bedroht waren, wieder gut erholt. Ein besonders prächtiger Reiher ist der Purpurreiher mit seinem purpurrotbraunen und schiefergrauen Gefieder. Er braucht zum Brüten große ungestörte Schilfgebiete. Außer in Südeuropa, in Afrika und im südlichen Asien brütet er regelmäßig in Österreich, Holland und der Schweiz, gelegentlich auch in Deutschland. Im südöstlichen Europa und in den wärmeren Gebieten der ganzen Welt findet man den großen, schneeweißen Silberreiher. Während der Brutzeit trägt er auf dem Rücken

Kuhreiher

lange, luftige Federn, die er beim Balzen zu einer Wolke aufplustert. Diese Reiherfedern waren vor etwa hundert Jahren sehr begehrt als Schmuck auf Damenhüten. Allein auf der Federnbörse in London wurden damals pro Jahr die Federn von etwa 200.000 Silberreihern verkauft. Die Vögel schoß man in den Brutkolonien, so daß die Eier in den Nestern verfaulten und die Jungen verhungerten. Ganze Kolonien starben aus. Zum Glück kamen die Federn aus der Mode, und die Reiher wurden zudem unter Schutz gestellt.

In Südeuropa findet man den kleineren weißen Kuhreiher. Er hält sich am liebsten inmitten von Viehherden oder bei anderen großen Tieren auf und läßt sich auch gern von diesen herumtragen. Diese Großtiere locken viele Fliegen und andere Insekten an, die die Hauptnahrung des geschickten Reihers ausmachen.

Ursprünglich war der Kuhreiher nur in Afrika zu Hause, und auch hier wahrscheinlich nicht besonders häufig. Mit der Zunahme der Viehherden konnte er sich vermehren und sich über ganz Afrika, außer die reinen Wüsten, ausbreiten. Schließlich wurde dem kleinen Reiher selbst Afrika zu eng. Er wanderte ostwärts und siedelte sich im südlichen Asien, in Australien und in Neuseeland an. Vor etwa fünfzig Jahren flogen die ersten Kuhreiher über den Atlantik nach Südamerika. Inzwischen haben sie von dort aus Mittelamerika und die südlichen USA erobert.

Unsere kleinste Reiherart ist die Zwergrohrdommel, die über Mittel- und Südeuropa und in Afrika verbreitet ist. Sie ist nur etwa so groß wie eine Taube und damit eine der kleinsten Reiherarten der Welt. Zwergrohrdommeln leben paarweise und führen ein sehr verborgenes Dasein.

Der größte Reiher der Erde ist der afrikanische Goliathreiher. Von der Schnabelspitze bis zum Schwanzende mißt er etwa 1,40 Meter. Er lebt einzeln oder paarweise und bildet zur Brutzeit keine Kolonien. Die meisten anderen Reiherarten jedoch schließen sich zur Fortpflanzungszeit zusammen und bauen ihre Nester nahe beieinander. Nicht selten brüten mehrere Reiherarten in derselben Kolonie. Am Neusiedlersee an der österreichisch-ungarischen Grenze kann man Silberreiher, Graureiher, Purpurreiher und Zwergrohrdommeln in demselben Schilfgebiet finden. Im südwestlichen Europa brüten oft Seiden-, Kuh-, Rallen- und Nachtreiher auf dem gleichen Baum.

Die wohl berühmteste Reiherkolonie der Welt ist in Sagiyama bei Tokio. Abertausende von Edel- und Nachtreihern versammeln sich dort zur Fortpflanzungszeit. Seit Jahrhunderten werden diese Vögel von den Bauern der Umgebung sorgfältig geschützt, die dafür vom Kaiser belohnt werden.

Unter den insgesamt 64 Reiherarten der Welt bilden die Nachtreiher eine Gruppe für sich. Sie sind gedrungener gebaut und haben etwas

Silber- und Nachtreiher (im Hintergrund)

kürzere, kräftigere Schnäbel und größere Augen. Die meisten Arten schlafen tagsüber und gehen in der Dämmerung und nachts auf die Jagd. Unser Nachtreiher ist in der südlichen Hälfte Europas, in Südasien, Afrika, Nord- und Südamerika verbreitet. Eine besonders hübsche Nachtreiherart ist der in den Küstengebieten Süd- und Mittelamerikas lebende Cayennereiher, den man oft auch tagsüber beim Krabbenfangen beobachten kann.

ENTEN – FARBENPRACHT AUF GEWÄSSERN

Weit über hundert Arten von Wasservögeln gehören zu den Enten. Während bei den Schwänen und Gänsen in der Regel die Männchen und Weibchen gleich oder sehr ähnlich gefärbt sind, tragen die Erpel – so nennt man die Entenmännchen – oft ein sehr farbenprächtiges Gefieder, die Weibchen jedoch ein unscheinbares Tarnkleid. Auch bei der in unseren Breiten häufigsten und bekanntesten Art, der Stockente, ist der Erpel mit seinem metallisch grünschillernden Kopf und Hals, der rotbraunen Brust und den blauen „Spiegeln“ an den Flügeln eine herrliche Erscheinung. Das Weibchen hingegen hat ein bescheiden bräunliches Kleid. Es ist allerdings sehr nützlich. Wenn die Ente reglos auf ihren Eiern sitzt, verschmilzt sie mit ihrer Umgebung und ist von Feinden nur schwer zu entdecken.

Stockente

In Europa, Nordamerika und Nordasien findet die Hochzeit der Enten im Frühjahr statt. Wie die meisten Vögel nützen auch sie die günstigste Jahreszeit zum Aufziehen der Jungen. Die Paare lernen sich aber schon Monate vorher kennen. Sie verloben sich gewissermaßen.

Bei sehr vielen Entenarten versammeln sich im Oktober und November Männchen und Weibchen zu Gesellschaften auf stillen, offenen Gewässern. Kurz zuvor haben die Vögel ihr Gefieder gewechselt, sie haben „gemausert“, und die Erpel zeigen sich in den prächtigsten Hochzeitsgewändern. In diesen Gruppen finden nun seltsame Gesellschaftsspiele statt. Ausgelöst werden diese Spiele von den Weibchen durch ein ganz besonderes Verhalten. So schwimmt zum Beispiel ein Stockentenweibchen sehr schnell, in eigentümlich flacher Körperhaltung und heftig nickend, zwischen den Erpeln herum. Auf dieses Signal reagieren sofort alle Männchen gleichzeitig mit auffallenden Rufen und seltsamen Körperverrenkungen. Das ist der erste Teil des Gesellschaftsspieles. Er hat zwei Wirkungen. Erstens werden durch das lebhafte Treiben der Gruppe noch weitere vorbeifliegende Artgenossen angelockt. Je größer die Versammlung, desto mehr Paare können sich bilden. Zweitens haben die Weibchen Gelegenheit, die Männchen zu begutachten und eines auszuwählen. Enten, wie auch sehr viele andere Vögel, nehmen durchaus nicht einfach mit dem erstbesten

vorlieb, sondern suchen sich kritisch ihren Partner. Und es herrscht Damenwahl. Im zweiten Teil des Spieles findet die gezielte Werbung statt. Dabei wendet sich das Weibchen dem auserwählten Erpel zu und schwimmt nun hartnäckig hinter ihm her. Andere Männchen, die in die Nähe kommen, verscheucht es durch gehässiges Gackern.

Weitere Balzspiele binden das Paar in den folgenden Tagen untrennbar zusammen. Die zwei bleiben während des ganzen Winters beieinander. Die eigentliche Hochzeit findet erst im Frühjahr statt. Die Ehe nach der langen Verlobungszeit ist aber meistens nur von kurzer Dauer. Wenn das erste Ei im Nest liegt, verläßt der treulose Ehegatte seine Frau. Von dieser Regel gibt es allerdings auch Ausnahmen.

Die Stockente ist über die gemäßigten und kühleren Zonen der ganzen Erde verbreitet. Schon vor über 3.000 Jahren wurde sie gezähmt und zum Haustier gemacht. Fast alle Hausentenrassen stammen von ihr ab. Sie gehört zu den sogenannten Schwimmenten, wie die ebenfalls häufige Krickente. Diese ist nur etwa halb so groß wie die Stockente und bewohnt am liebsten kleine, verschilfte Gewässer.

Im Gegensatz zur oft ganz zutraulichen Stockente ist die Krickente sehr scheu und versteckt sich beim geringsten Anzeichen einer Gefahr. Meistens hört man nur die lauten „Krick-Krick-Krick"-Rufe des Männchens.

Ebenfalls zu den Schwimmenten gehören die Löffelenten, die einen auffallend breiten, flachen Schnabel besitzen. Enten haben in ihren Schnäbeln Hornlamellen, mit denen sie kleine Nahrungsteilchen aus dem Wasser und aus dem Schlamm aussortieren können. Bei den Löffelenten ist diese Filtervorrichtung aus Lamellen besonders fein.

Löffelente

Sehr gewandte Taucher sind die Tauchenten. Zu ihnen gehören die Tafel- und Kolbenenten, die beide einen schönen, rostroten Kopf besitzen, und die hübsche, schwarzweiße Reiherente, die von ihren nordischen Brutgebieten im Herbst in großen Scharen zum Überwintern in mitteleuropäische Seen und Flüsse kommt.

Ebenfalls im Norden brütet die Eiderente. Die Weibchen bilden oft Kolonien.

Jedes Weibchen rupft sich vor dem Brüten eine große Menge Federchen aus dem Bauchgefieder. Damit werden nachts, wenn die werdende Mutter auf Nahrungssuche ins Meer geht, die Eier zugedeckt und warm gehalten. Diese Federchen sind ungewöhnlich fein und weich. Sie sind als „Eiderdaunen" berühmt geworden.

Oben: ***Eiderente***, unten: ***Mandarinente***

Kappensäger

Sie dienen als sehr wertvolle Schlafsackfüllungen. Früher hat man den brütenden Enten die Daunen weggenommen, dadurch sind die Eier erkaltet und abgestorben. Seit einigen Jahrzehnten nimmt man den Enten die ersten Eier mitsamt den Daunen weg. Daraufhin macht sich das Weibchen ein neues Daunennest und legt weitere Eier. Oft holt man auch ein zweites Mal Eier und Federn und läßt den Enten erst auf dem dritten Gelege ihre Ruhe.

Vor allem auf der südlichen Erdhalbkugel sind die Glanzenten verbreitet, die sehr unterschiedlich aussehen und oft ein farbenprächtiges Gefieder mit metallischem Glanz besitzen.

In Europa gab es ursprünglich keine Glanzenten. Zwei kleine, außerordentlich schöne Arten aber werden hier schon seit langer Zeit als Ziergeflügel gehalten. Es sind die Mandarinenten aus Ostasien und die Brautenten aus Nordamerika. Gelegentlich kann man solche entflohenen und verwilderten Enten finden.

Die Glanzenten sind vorwiegend Höhlenbrüter. Manchmal legen sie ihre Eier hoch auf einem Baum in eine Nesthöhle. Junge Enten sind ausgesprochene Nestflüchter. Sie verlassen schon bald nach dem Schlüpfen das Nest und folgen ihrer Mutter.

Das tun auch die Glanzenten – doch hier ist der erste Ausflug eine abenteuerliche Geschichte. Wenn alle Jungen geschlüpft und trocken sind, fliegt das Weibchen vom Baum auf den Boden und ruft von dort die Kleinen. Diese kommen aus der Baumhöhle gekrabbelt und springen tollkühn einfach in die Tiefe. Sie können noch lange nicht fliegen. Trotzdem passiert ihnen nichts, weil sie sehr leicht und ihre Knochen noch ganz elastisch und weich sind.

Bei den meisten Enten brüten nur die Weibchen. Aber manchmal ist selbst ihnen das Brüten zu langweilig. Bei mehreren Entenarten hat man schon beobachtet, daß einzelne Weibchen ihre Eier in die Nester weiblicher Artgenossen legen. Diese brüten dann die fremden Eier aus. Eine Entenart – sie heißt Kuckucksente – legt ihre Eier immer in die Nester von anderen Vögeln, genau wie der Kuckuck. Es müssen nicht einmal Entennester sein. Es können auch Nester von Rallen, Ibissen, Möwen, ja sogar von Greifvögeln sein.

Mit den Glanzenten verwandt sind die sogenannten Säger, bei denen wiederum die Männchen oft prächtig gefärbt sind. An Land bewegen sie sich unbeholfen fort, dafür sind sie großartige Schwimmer und Taucher. Unter Wasser jagen sie nach Krebstierchen und Fischen. Sie haben dazu auffallend schmale und lange Schnäbel mit fein gezähnten Rändern, denen auch der wendigste Fisch nicht mehr entkommt.

GÄNSE UND SCHWÄNE: EHEPARTNER FÜRS GANZE LEBEN

Durch den großen Verhaltensforscher Konrad Lorenz ist die Graugans weltberühmt geworden. Jahrelang hat der Zoologe diese interessanten Vögel beobachtet und von ihnen erzählt. Besonders bekannt wurde Martina, die erste Wildgans, die Lorenz mit dem Brutapparat ausbrütete. Als das kleine Gänschen geschlüpft und stark genug war, um aufzustehen, schaute es den Forscher so lange unverwandt an, bis dieser sie mit einem Wort begrüßte. Sofort antwortete das Gänschen mit einem eifrigen „Wiwiwiwiwi" – und damit war etwas Erstaunliches geschehen: Der Vogel hatte den Menschen „adoptiert". Konrad Lorenz trug die kleine Gans unverzüglich zu einer großen, weißen Hausgans, die auf zehn Eiern saß, aus denen eben weitere Wildgänschen schlüpften. Er schob sein Gänschen unter die große Gans, doch nach wenigen Augenblicken kam das Kleine hervor und begann herzzerreißend zu rufen. Es wollte von der großen, weißen Gans absolut nichts wissen, sondern lief mit wilder Entschlossenheit hinter Lorenz her.

Während vieler Monate war Martina ununterbrochen in der Nähe des Forschers. Am Anfang ruhte sie in einem Umhängekorb, wenn sie müde wurde. Später lag sie unter seinem Stuhl, wenn er am Schreibtisch oder sonstwo saß. Bei schönem Wetter gingen die beiden oft gemeinsam in der Donau schwimmen.

Lorenz brütete später weitere Graugänse im Brutapparat aus und konnte dabei feststellen, daß Martina kein Einzelfall war. Das erste Lebewesen, mit dem eine Gans nach dem Schlüpfen Kontakt hat, wird als Mutter betrachtet. Innerhalb von wenigen Minuten entsteht eine für viele Monate unzertrennliche Bindung.

Zu den echten Gänsen gehören 15 Vogelarten. Sie sind sehr scheue, wachsame Tiere, denn sie haben eine Menge Feinde. Tagsüber halten sie sich am liebsten auf Wiesen auf und weiden Gräser und Kräuter. Nachts ruhen sie auf einer sicheren Wasseroberfläche. Mit Ausnahme der Hawaiigans bewohnen sie die kälteren Gebiete Europas, Asiens und Nordamerikas.

Hawaiigans

Während bei den Enten die Männchen meistens viel prächtiger gefärbt sind als die Weibchen, kann man bei den Gänsen die Partner kaum unterscheiden. Und während sich Enten Jahr für Jahr neu verheiraten, bleibt das Gänsepaar ein ganzes Leben lang treu zusammen. Die Gänsekinder bleiben bei den Eltern, bis diese nach einem Jahr das nächste Nest bauen.

Aus der Graugans wurden schon vor einigen Tausend Jahren die viel größeren und schwereren Rassen der Hausgänse herausgezüchtet.

Nahe Verwandte der Graugans sind die Zwerg-, die Bleß- und die Saatgans. In der Arktis leben die schneeweiße Schneegans und die Zwergschneegans, die zum Überwintern zu Tausenden südwärts bis nach Kalifornien ziehen.

Weit in Nordamerika verbreitet ist die Kanadagans. Sie wurde schon im letzten Jahrhundert in England und Schweden angesiedelt. Im Jahre 1905 brachte man 48 Kanadagänse nach Neuseeland – und einmal mehr zeigte sich, was für ein gefährlicher Unsinn es ist, Tiere in fremden Weltgegenden auszusetzen. Nach etwa 25 Jahren vermehrten sich die Gänse so stark, daß sie die ganze Südinsel Neuseelands bewohnten und dort alle Grünflächen kahlfraßen. Sie mußten zu Hunderttausenden abgeschlachtet werden. Ganz anders erging es der Hawaiigans, die mit der Kanadagans nahe verwandt ist. Sie lebt auf den Hawaii-Inseln, und zwar an den Hängen der Vulkane auf etwa 800 Metern Höhe. Hier gibt es häufig Nebel und Regenschauer. Verstreut in den kahlen Lavafeldern findet man kleine Grasflächen mit Tümpeln, wo die Gänse leben.

Kanadagänse

Höckerschwan

Schwarzschwan

Vor zweihundert Jahren lebten auf Hawaii etwa 25.000 Gänse. Sie wurden von Menschen gejagt und von verwilderten Hunden und Schweinen getötet. 1940 wurden die Gänse endlich unter Schutz gestellt. Es war allerhöchste Zeit, denn es lebten nur noch gut 40 Exemplare dieser Vögel. Eine aufwendige Rettungsaktion begann. Die letzten Gänse wurden rund um die Uhr bewacht. Mit großem Aufwand wurden die verwilderten

Hunde und Schweine gejagt. Die USA unterstützten die Aktion jährlich mit etwa 60.000 DM. Der englische Tiermaler Peter Scott trug wesentlich zur Rettung der Hawaiigänse bei. Er bekam von einem Farmer auf Hawaii einige Gänse und nahm sie mit nach England, um sie dort systematisch zu züchten.

Inzwischen sind dort viele Hundert junge Hawaiigänse geschlüpft, und ein großer Teil von ihnen wurde zurück in die ursprüngliche Heimat gebracht. Viele Tiergärten und einige private Züchter haben leihweise Hawaiigänse erhalten und beteiligen sich an der sehr erfolgreichen Rettungsaktion.

Schwäne sind aus der Sicht des Zoologen nichts anderes als Gänse. Die fünf Schwanenarten sind aber viel stärker ans Wasser gebunden als die Gänse und bewegen sich an Land viel schwerfälliger. Sie haben einen wesentlich längeren, beweglicheren Hals, den sie brauchen, um am Grund des Wassers Pflanzenstiele zu pflücken.

Besonders bekannt und häufig anzutreffen ist der weit über Europa und Asien verbreitete Höckerschwan. Er ist an vielen Orten völlig zutraulich geworden, läßt sich füttern und brütet sogar oft in nächster Nähe beliebter Badeplätze. Meist allerdings wird das Nest im dichten Schilf gebaut. Wenn das Schwanenpaar den Niststandort festgelegt hat, pflückt es in der Umgebung Schilfhalm um Schilfhalm und trägt sie zu einem Haufen zusammen. Ist dieser nach ein paar Tagen groß genug, macht das Weibchen eine flache Mulde. In diese legt es dann sechs bis acht graugrüne Eier. Immer wenn es das Nest verläßt, deckt es die Eier mit Schilf zu, damit sie nicht von Krähen und anderen Nesträubern entdeckt werden.

Manchmal löst das Männchen das Weibchen beim Brüten ab, aber die meiste Zeit sitzt die künftige Mutter auf dem Gelege. Der Vater verteidigt den Nistplatz mit großer Entschlossenheit gegen jeden Eindringling und fürchtet sich dabei nicht, selbst einen stattlichen Hund anzugreifen. Weil die Schwanenmutter – genau wie bei Gänsen, Enten und den anderen Nestflüchtern – erst zu brüten beginnt, wenn das letzte Ei gelegt ist, schlüpfen alle Jungen gleichzeitig, nämlich nach 35 Tagen. Kurz nach dem Schlüpfen können die kleinen Schwanenkinder schwimmen, sie lassen sich aber anfangs gerne noch von den Eltern auf dem Rücken tragen, wenn sie müde sind.

Der Singschwan, der häufig helle, laute, trompetende Töne von sich gibt, ist im nördlichen Europa und in Zentralasien verbreitet. In Nordeuropa und Nordasien lebt der Zwergschwan und im Norden Nordamerikas der Pfeifschwan. Diese Arten sind viel scheuer als der Höckerschwan. Nahe verwandt mit dem Höckerschwan, aber fast schwarz, ist der australische Trauerschwan oder Schwarzschwan.

Eine Gruppe von Schwimmvögeln trägt den wissenschaftlichen Namen Dendrocygna, was zu deutsch „Baumschwänin" heißt. Sie sind aber keine Schwäne und auch viel kleiner, etwa entengroß. Früher nannte man sie in unserer Sprache Baumenten, doch auch dieser Name ist falsch. Die Vögel gehören in die Verwandtschaft der Gänse und werden heute Pfeifgänse genannt. Typisch für alle acht Arten sind die hellen, schön klingenden Pfeiftöne, die häufig zu hören sind. Die Pfeifgänse sind über Mittel- und Südamerika, Afrika, Südasien und Australien verbreitet. Gelegentlich ruhen sie auf Bäumen, viel häufiger aber am Rande von Gewässern, wobei sie sich gern zu Gruppen versammeln. Die Nahrung besteht vorwiegend aus Pflanzenteilen, die sie am liebsten nachts im Wasser sammeln. Auch bei den Pfeifgänsen halten die Paare einander lebenslange Treue. Die Nester werden manchmal am Boden gebaut, manchmal auch in einer Astgabel oder einer Baumhöhle. Beide Partner ziehen gemeinsam die Jungen auf.

DAS LÄRMENDE MÖWENVOLK

Das auffallendste Geräusch an jeder Küste der Erde ist das Schreien der Möwen. Hell und laut klingen die Rufe der weißen Flugkünstler, und wohl kein anderer Vogel lärmt so eifrig. Geradezu ohrenbetäubend wird es, wenn wir eine Brutkolonie der Möwen besuchen und die Bewohner uns entrüstet zu vertreiben versuchen.

Es gibt 43 verschiedene Möwenarten. Die meisten leben in den kalten und gemäßigten Zonen der Erde, der größte Teil an den Küsten. Einige Möwenarten kann man aber auch mitten im Binnenland oder an Seen und Flüssen in tropischen Ländern sehen. Die Graumöwe brütet sogar mitten in der Wüste, welche sich in Peru und Chile entlang der Küste erstreckt.

Die meisten Möwen sind weiß gefärbt und haben hell- bis dunkelgraue Flügeloberseiten. Bei 14 Arten ist der Kopf braun, schwarz oder grau – aber nur im Brutkleid, sonst ist er weiß.

Wo die Möwen reichlich Nahrung finden, sammeln sie sich oft zu Tausenden und erfüllen die Luft wie ein Schneegestöber. Auch in manchen Mülldeponien kann man riesige Möwenscharen nach freßbaren Abfällen suchen sehen. Möwen sind Allesfresser. Verschiedenste pflanzliche Stoffe sind ihnen ebenso willkommen wie Fische, Muscheln, Krebstiere oder Aas. Oft fliegen Möwen hinter dem pflügenden Bauern her und sammeln Würmer, Käferlarven und junge Mäuse, die der Pflug an die Oberfläche befördert hat.

Oft werden Möwen aber auch zu üblen Nesträubern, welche die Eier und Jungen anderer Vögel stehlen. Große Möwen nehmen manchmal Muscheln oder sogar Schildkröten im Schnabel hoch in die Luft, lassen sie auf

Oben und rechts: ***Gabelschwanzmöwen***

Felsen fallen und fressen danach aus den zerschellten Schalen den Inhalt.

Die bekannteste Möwe des europäischen Binnenlandes ist die etwa 38 Zentimeter lange Lachmöwe. Sie brütet in großen Kolonien an Gewässern und in Sumpfgebieten. Typisch für sie ist der dunkelbraune Kopf während der Brutzeit. Sie bewohnt auch Nord- und Zentralasien. Im Winter ziehen viele Lachmöwen südwärts bis Nordafrika, Indien oder Südostasien, doch der größere Teil kommt bei uns in die Städte oder läßt sich an Fluß- und Seeufern von Menschen mit Futter verwöhnen.

In der Lachmöwen-Brutkolonie hat jedes Paar sein kleines Territorium, in welchem das recht umfangreiche Nest aus Pflanzenteilen gebaut wird und in dem es keinen anderen Vogel duldet. Gelegentlich kommt es an den Reviergrenzen zu lautstarken Auseinandersetzungen mit heftigen Schnabelhieben und Flügelschlägen. Meistens aber werden Grenzprobleme mit der „Möwensprache“ geregelt. Zu dieser Sprache gehören nicht nur verschiedene Laute, sondern auch eine Reihe von Körperhaltungen und

Nest. Sie marschieren zusammen los und kehren normalerweise nie wieder zu ihrer Wiege zurück. Möwen aber – und auch die nahe verwandten Seeschwalben, die wir in einem späteren Kapitel noch genauer kennenlernen werden – können zwar schon bald einmal ein kurzes Stück laufen, aber für größere Wanderungen wären sie kaum gerüstet. Meistens bleiben sie noch einige Tage im Nest, und anschließend halten sie sich mehrere Wochen in der nächsten Umgebung auf. Man bezeichnet sie daher als Platzhocker. Wenn die Eltern durch Warnrufe eine Gefahr melden, drücken sich die kleinen Möwen sofort dicht an den Boden und bleiben völlig regungslos. Dank ihrer Tarnfarben sind sie auch aus kürzester Distanz kaum zu entdecken.

An den Küsten treffen wir die größeren Seemöwen, die gerne den Schiffen folgen und auf Abfälle lauern. Von Südeuropa bis in den Norden kann man die Silbermöwe beobachten, die weiß ist und silbergraue Flügeloberseiten hat. Sie wird etwa 55 Zentimeter lang. Sehr viel kleiner ist die Dreizehenmöwe, die zum Brüten die steilsten Felsbänder der Klippen aufsucht. Dort ist sie vor fast allen möglichen Feinden sicher und kann in ihrem flachen Seegrasnest ihre ein bis zwei Küken aufziehen. Auf Helgoland gibt es eine umfangreiche Brutkolonie der Dreizehenmöwe. Ihr Hauptverbreitungsgebiet erstreckt sich über die felsigen Küsten der nördlichen Polarregionen, Norwegens und der Bretagne sowie die Atlantikinsel Island.

Ganz anders als die Dreizehenmöwe nistet die Gabelschwanzmöwe, die nur auf den Galapagosinseln im Pazifik zu Hause ist. Ihre Brutstellen liegen meistens offen auf nacktem Lavafels. Das Nest besteht nur aus ein paar Dutzend kleiner Steine. Um die Jungen vor der sengenden Tropensonne und vor räuberischen Vögeln zu schützen, ist tagsüber immer mindestens ein Elternteil da.

-bewegungen. Damit verständigen sich auch die Ehepartner und die übrigen Familien- und Koloniemitglieder. Die Möwen gehören zur Gruppe der Nestflüchter. Sie kommen in einem Dunenkleid zur Welt und können notfalls bald einmal das Nest verlassen. Sie verhalten sich aber anders als die übrigen Nestflüchter. Wenn bei einer Ente oder einer Henne das letzte Küken geschlüpft und getrocknet ist, hält nichts mehr die Mutter und ihre Schar auf dem

Die außergewöhnlich großen Augen dieser Möwen ließen schon länger vermuten, daß diese Vögel nachts auf Nahrungssuche gehen. Forscher haben den Mageninhalt von Gabelschwanzmöwen untersucht und dabei festgestellt, daß ihre Hauptnahrung aus einer Garnelenart (Krebstier) besteht, die nur nachts an die Meeresoberfläche kommt. Die Gabelschwanzmöwe ist damit wohl die einzige Art, die nachts auf Nahrungssuche geht und sich tagsüber voll dem Schutz der Jungen widmen kann.

EULEN – JÄGER IN DER DUNKELHEIT

Früher hat man die Eulen und die Greifvögel zu einer Gruppe zusammengefaßt und sie als Raubvögel bezeichnet. Das ist nicht weiter verwunderlich. Alle haben einen scharfen Hakenschnabel und Greiffüße mit langen, krummen, spitzen Krallen, denen keine Beute mehr entkommt. In Wirklichkeit sind Eulen und Greifvögel nicht einmal entfernt miteinander verwandt. Sie haben aber im Laufe ihrer Entstehungsgeschichte ähnliche Jagdmethoden und darum auch ähnliche Waffen entwickelt.

Ein wesentlicher Unterschied besteht darin, das Eulen vor allem nachts, Greifvögel hingegen nur bei Tageslicht munter sind. Die weitverbreitete Meinung, Eulen könnten bei Tag schlecht sehen, ist aber ein Irrtum.

Andererseits sind auch Eulen nicht in der Lage, bei absoluter Dunkelheit auf die Jagd zu gehen. Ihre Augen sind aber sehr lichtstark, und die meisten Arten können sich auch noch zwischen den Bäumen zurechtfinden, wenn nur ein paar Sterne zwischen den Wolken hindurch ein bißchen Licht in den Wald werfen. Um noch das letzte Quentchen Licht ausnützen zu können, vermögen Eulen ihre Pupillen ganz gewaltig zu vergrößern. Die Pupille ist beim Menschen bei Dunkelheit etwa sechzehnmal größer als bei sehr hellem Licht. Bei Eulen ist der Unterschied bis über vierzigmal so groß. Außerdem haben Eulenaugen auf der Rückwand des Augapfels einen Spiegel, der das einfallende Licht zurückwirft, so daß es ein zweites Mal die Sehsinneszellen passiert. Dieser wird „Tapetum lucidum“ genannt. Er ist es übrigens, der die Augen von Eulen und anderen Nachttieren in der Dunkelheit im Scheinwerferlicht aufleuchten läßt. Er liefert diesen Tieren auch dann noch Bilder, wenn wir längst blindlings im Dunkeln tappen. Unser Vorteil ist allerdings, daß wir die Welt in bunten Farben sehen, Eulen hingegen sind weitgehend farbenblind. Für sie spielt das aber auch keine Rolle, weil nachts sowieso kaum Farben sichtbar sind.

Schnee-Eule

Aber nicht alle Eulen jagen nachts. Die Schnee-Eule ist vor allem tagsüber unterwegs. Dieser weiße Vogel bewohnt die kargen Tundren

Uhu

rund um den Nordpol und macht Jagd auf Lemminge, hamstergroße Nagetiere. Auch Steinkäuze kann man am hellen Tag beim Heuschreckenfang beobachten, und die Sumpfohreule zieht am liebsten am späten Nachmittag auf Mäuse- oder Froschjagd. Diese Arten können Farben gut sehen, aber dafür sind ihre Augen weniger lichtempfindlich. Neben den Augen spielt das Gehör auf der Jagd eine sehr wichtige Rolle. Aus erheblicher Entfernung hören Eulen in der Stille der Nacht das leise Rascheln einer Maus und können, was sehr wichtig ist, auch die Richtung sehr genau feststellen. Die „Ohrbüschel" des Uhus und mancher anderer Arten haben dabei mit dem Gehör nichts zu tun. Sie sind nur Federschmuck. Dagegen spielt der Gesichtsschleier, das kreisförmig angeordnete Gefieder im Eulengesicht, offenbar eine wichtige Rolle beim Richtunghören. Er sammelt die Töne, ähnlich wie der Parabolspiegel die Fernseh-Sendestrahlen auffängt und in unsere Stube leitet. Bei allen Eulen ballen sich im Magen die unverdaulichen Teile zu sogenannten Gewöllen zusammen, die ausgewürgt werden. Man findet diese Klumpen in großer Zahl um die Niststellen herum. Da auch die feinsten Knochen in diesen Ballen enthalten sind, kann der Fachmann durch Zerlegen der Gewölle erkennen, wovon sich

Bartkauz

die Eulenart ernährt. Die Hauptnahrung der meisten Eulen besteht aus Mäusen und anderen Nagetieren. Daneben werden Schlangen und Echsen, Frösche, gelegentlich kleine Vögel, aber auch große Insekten gefangen. Es gibt zudem fischfressende Arten.

Eulen töten ihre Beute durch festes Zupacken der krallenbewehrten Zehen. Die meisten Greifvögel töten ebenso, doch einige Arten benützen dazu den Schnabel. Greife transportieren ihre Nahrung mit den Füßen, Eulen tragen sie immer im Schnabel nach Hause.

Zu unseren bekanntesten Eulen zählt der Waldkauz. Schon im Januar hört man das Männchen mit hellem „Huuuuu“ ein Weibchen anlocken. Oft liegen bereits im Februar die vier bis sechs fast kugelrunden Eier in der Baumhöhle oder im Nistkasten. Etwa 40 Zentimeter lang ist der Waldkauz. In den nordischen Wäldern hat er einen riesigen Verwandten, den Bartkauz. Er wird fast 70 Zentimeter lang und hat eine Flügelspannweite von 150 Zentimetern. Er baut ebensowenig wie die anderen Eulen ein Nest, sondern legt seine Eier in das alte Nest eines Greifvogels. Werden seine Jungen bedroht, kann er furchtlos zum Angriff übergehen. Aber auch kleinere Eulen verteidigen oft mit Todesverachtung ihren Nachwuchs. Der berühmte englische Vogelfotograf Eric Hosking wurde bei der Arbeit an einem Eulennest angegriffen und verlor dabei ein Auge.

Sogar noch etwas größer als der Bartkauz wird der Uhu, der „König der Nacht“, der über Europa, Nordafrika und Asien verbreitet ist. In Mitteleuropa ist er hartnäckig verfolgt worden, vor allem weil viele Leute glaubten, er bringe Unglück. Er ist darum sehr selten geworden, in vielen Gegenden ist er sogar völlig ausgerottet worden. In den letzten Jahrzehnten haben Vogelfreunde in großen Gehegen Uhus gezüchtet und sie in geeigneten Waldgebieten wieder angesiedelt. Auch Uhus jagen hauptsächlich Mäuse, daneben aber auch Eichhörnchen, Krähen und andere Vögel, Hasen und manchmal Katzen.

Die meisten Eulen brüten auf Bäumen, in Baumhöhlen oder in verlassenen Nestern anderer Vögel. Manche, vor allem die Schleiereulen, suchen gerne in Feldscheunen oder Kirchtürmen einen Nistplatz. Die kleine Kanincheneule bewohnt die flachen Grasgebiete Nord- und Südamerikas – und hier gibt es weder Bäume noch Gebäude. Sie nistet sich in den Erdhöhlen von Kaninchen und anderen Tieren ein. Kojoten oder Präriewölfe und andere Raubtiere lauern oft um diese Höhlen herum. Um diese Räuber zu vertreiben, haben die jungen Kanincheneulen einen erstaunlichen Trick auf Lager. Sie können täuschend echt das Geräusch einer gefährlichen Klapperschlange nachahmen, was viele Feinde abschreckt.

EISVÖGEL – DIE SCHILLERNDEN KÖNIGSFISCHER

Eisvogel

Mit seiner funkelnd blaugrünen Oberseite und dem rostroten Bauch ist der Eisvogel einer unserer prächtigsten Vögel. Das schillernde Kleid verrät uns, daß er ursprünglich aus den Tropen stammt. Insgesamt 87 Eisvogelarten leben in den warmen und gemäßigten Zonen aller Kontinente, doch weitaus die meisten kommen in feuchtheißen Gebieten Südostasiens vor. Unser Eisvogel ist kaum größer als ein Spatz. Er lebt am liebsten an einem klaren Bach oder am Ufer eines sauberen Flusses. Jeder Eisvogel hält ein Revier besetzt, verkündet dies immer wieder mit einem auffallend lauten, scharfen Pfiff und vertreibt energisch jeden Artgenossen. Von einem über das Wasser ragenden Ast aus oder im Rüttelflug in der Luft stehend, späht der Vogel nach kleinen Fischen. Entdeckt er eine Beute, stürzt er wie ein Pfeil ins Wasser, taucht im nächsten Augenblick mit dem zappelnden Opfer im Schnabel wieder auf und schüttelt sich im Hochfliegen die Wassertropfen aus den Federn. Zur Brutzeit schließen sich die Einzelgänger zu Paaren zusammen. Die beiden graben gemeinsam eine oft mehr als armlange Höhle in eine senkrechte Böschung. In den erweiterten Brutraum am Ende des Ganges legt das Weibchen sechs bis acht schneeweiße Eier auf den nackten Boden. Beide Eltern brüten abwechselnd, bis nach drei Wochen die Jungen schlüpfen. Nach etwa einem Monat können sie ausfliegen und werden jetzt nur noch kurze Zeit von den Eltern gefüttert. Schon bald beherrschen sie die Kunst des Fischfangens, so daß die Eltern Zeit haben, noch eine zweite Brut aufzuziehen.

Wegen ihrer Farbenpracht heißen die Eisvögel im Englischen Kingfisher, also Königsfischer. Auch die vielen tropischen Arten sind großenteils herrlich gefärbt. Nur gerade 12 Zentimeter lang ist der Zwergeisvogel Nordaustraliens und Südasiens, während der afrikanische Rieseneisvogel stattliche 45 Zentimeter mißt. Einige Arten leben oft weit vom Wasser entfernt und ernähren sich von Insekten, kleinen Echsen, Schlangen und anderen Tieren. Zu ihnen gehört zum Beispiel der berühmte Lachende Hans oder Kookaburra, der Nationalvogel Australiens.

FISCHER AUF WEITEN SCHWINGEN

„The voice of Africa", die Stimme Afrikas, nennt man manchmal den Schreiseeadler. Genauso unvergeßlich wie das Brüllen des Löwen bleibt dem Afrikareisenden der helle, wilde, wunderschöne Ruf dieses Greifvogels in den Ohren. An vielen Flüssen und Seen in ganz Afrika südlich der Sahara kann man die Schreiseeadler hören und sehen.

Männchen und Weibchen bleiben während des ganzen Lebens beisammen und wohnen im selben Revier, solange sie genügend Nahrung finden und nicht ernsthaft gestört werden. Oftmals am Tag nehmen sie miteinander Rufkontakt auf: Das Männchen beginnt mit dem Schrei, und das Weibchen fällt mit etwas tieferer Tonlage ein. Der Horst, meistens auf einem hohen Baum, wird viele Jahre lang benützt und am Anfang jeder Brutsaison erneuert. Er wächst also dauernd und kann im Laufe der Zeit so schwer werden, daß der Baum schließlich zusammenbricht. Ebenso verhalten sich die nahe verwandten amerikanischen Weißkopfseeadler. In Florida hat man ein Nest

Oben: ***Weißkopfseeadler***, rechts: ***Schreiseeadler***

gemessen, das fast drei Meter breit und über sechs Meter hoch war und schätzungsweise 2,5 Tonnen wog. Das dürfte das größte, jemals gemessene Vogelnest der Welt gewesen sein, bevor es von einem Sturm mitsamt dem Baum zu Boden gerissen wurde.

Zurück zum afrikanischen Schreiseeadler. Seine Hauptnahrung besteht aus Fischen, die dicht unter der Wasseroberfläche schwimmen. In flachem Sturzflug greift er die Beutetiere an und packt sie mit seinen krallenbewehrten Fängen. Nicht selten beobachtet er von einem Baum aus Pelikane und besonders gern den großen Goliathreiher beim Fischen. Wenn diese Vögel sich dann den Magen gefüllt haben, werden sie vom Adler angegriffen und so lange attackiert, bis sie die Fische erbrechen, um besser davonflüchten zu können. Aber nicht immer bleibt dem Adler die ganze „Gratismahlzeit". Nicht selten schauen sich Eingeborene das Schauspiel an und laufen ins seichte Wasser hinaus, um auch für sich noch ein paar erbrochene Fische zu sammeln. Warum auch nicht? Sie waren zwar schon mal im Magen eines Vogels, aber eigentlich sind sie noch fangfrisch.

Mit bis zu zwei Meter Flügelspannweite ist der Weißkopfseeadler etwas größer als sein afrikanischer Verwandter. Er ist außerdem das stolze Wappentier der Amerikaner – was ihm allerdings nicht viel nützte. Etwa seit 1950 werden in den USA – genau wie bei uns – große Mengen von Giftstoffen gegen Schädlinge in der Landwirtschaft versprüht. Solche Gifte gelangen auch in die Körper von Fischen und anderen Tieren und damit auch in die Organe der Adler. Bei den Weißkopfseeadlern hat man erstmals festgestellt, daß diese Gifte unfruchtbar machen. Die Vögel können sich also nicht mehr fortpflanzen. Innerhalb weniger Jahrzehnte sind sie in weiten Teilen der USA ausgestorben.

In Alaska, im hohen Norden der USA, sind Chemikalien kein Problem für die Adler. Dafür wird behauptet, daß die Vögel die Bestände der Lachse schädigen. Und weil die Fischer den Adlern ihre Beute nicht gönnen, wurden hier die Vögel in Massen abgeschossen, und der Staat bezahlte auch noch für jeden abgelieferten Adlerkopf eine Prämie! Noch im Jahre 1950 mußten 7.455 Weißkopfseeadler in Alaska sterben. Inzwischen sind die Bestände glücklicherweise angestiegen, aber die fortschreitende Zerstörung ihrer Lebensräume macht ihnen auch heute noch zu schaffen.

Fischadler

Der deutsche Naturfotograf Frank Lukasseck hat die Weißkopfseeadler im Winter in Alaska besucht, sie ausgiebig fotografiert und zu Hause ganz begeistert berichtet: „Adler, Adler, Adler ... Bis zu 4.000 amerikanische Weißkopfseeadler versammeln sich jeden Winter entlang eines fünf Meilen langen Stückes des

Chilkat Rivers in der Nähe von Haines und Klukwan in Südwest-Alaska. Angezogen durch den letzten Laichzug der Chum-Lachse erreichen Adler aus ganz Alaska, Britisch Kolumbien und dem Staat Washington das Chilkat-Tal. Warmwasserquellen auf dem Flußgrund halten einige Flußabschnitte des Chilkat Rivers während des Winters eisfrei. Tote Lachse dienen den Adlern als Nahrung, wenn bereits in den meisten anderen Gegenden die Nahrungsquellen längst versiegt sind."

Nicht viel besser erging es dem Seeadler, der einst fast über ganz Europa und das mittlere und nördliche Asien verbreitet war. In Westeuropa ist er völlig, in Skandinavien beinahe ausgerottet worden. Seine Lieblingsnahrung sind Bleßhühner und andere Wasservögel, und um sie zu erbeuten, hat er eine besondere Technik entwickelt. Wenn beim Angriff der Wasservogel abtaucht, folgt ihm ein Adler mit langsamen Flügelschlägen und zeigt so seinem Partner wo sich die Beute hinbewegt. Sobald diese auftaucht, wird sie vom zweiten Adler überrascht und angegriffen.

Der größte Seeadler und gleichzeitig einer der mächtigsten Flugvögel überhaupt ist der Riesenseeadler Ostasiens. Seine Flügelspannweite kann fast drei Meter betragen. Nebst großen Fischen erbeutet er auch Hasen und Fische und im Meer sogar kleine Delphine und junge Robben. Nur etwa halb so groß ist der Fischadler, der fast über ganz Europa, Asien, Australien und Nordamerika verbreitet ist. Von allen Greifvögeln ist er der erstaunlichste Fischer. Aus meist 20 bis 40 Metern Höhe späht er nach Beute. Hat er einen Fisch entdeckt, bleibt er kurz rüttelnd in der Luft stehen, stürzt sich dann mit angewinkelten Flügeln in die Tiefe, taucht ins Wasser, packt den Fisch im Tauchstoß und erscheint wenige Augenblicke später wieder an der Oberfläche. Während er auffliegt, schüttelt er sich das Wasser aus dem Gefieder.

GEIER, HABICHTE UND BUSSARDE SIND WAHRE WELTBÜRGER

Die Greifvögel sind eine überaus erfolgreiche Vogelordnung, die in mehr als 300 verschiedenen Arten die ganze Welt erobert hat. Die kleinsten Greife, die Zwergfalken, sind mit 14 bis 16 Zentimeter Körperlänge nicht größer als ein Buchfink. Die größten dagegen, die kalifornischen und südamerikanischen Kondore, erreichen eine Länge von annähernd 140 Zentimeter und eine Flügelspannweite, die nahe an drei Meter heranreicht.

Gänsegeier

Ebenfalls sehr große und entsprechend schwere Vögel sind die Altweltgeier. Sie leben in Eurasien und vor allem in Afrika, wo sie zur „Gesundheitspolizei" gehören. Zusammen mit Marabus, Schakalen und Hyänen sorgen sie dafür, daß tote Tiere und tierische Abfälle schnell beseitigt werden. Auf diese Art wird die Ausbreitung etwaiger Krankheiten vermindert oder gar verhindert. In unseren Alpen war früher der Gänsegeier heimisch, der aber weder Gänse noch Lämmer „geraubt" hat, sondern sich z. B. von toten Schafen und Ziegen sowie von den im Winter umgekommenen oder an Krankheiten gestorbenen Gemsen, Rehen, Hirschen und Steinböcken ernährte. In Afrika zu Hause sind der Sperber- und der Weißrückengeier. Sie kreisen so hoch am Himmel, daß Menschen sie kaum noch sehen können. Umgekehrt entdecken die Geier jedoch kranke oder verendete Tiere und Raubtierrisse (Wild, das von Löwen, Leoparden, Hyänen etc. getötet wurde), denn ihr Sehvermögen ist phänomenal und um das vier- bis fünffache besser als das menschliche! Wo ein Kadaver in der Savanne liegt – und sei er nur

Galapagos-Bussard

hasengroß – , finden sich schon nach sehr kurzer Zeit die Aasfresser ein und streiten sich um die Überreste. Sie vollführen dabei oft einen unbeschreiblichen Lärm, fauchen und zischen und gehen mit gespreizten Flügeln aufeinander los. Bei den Bussarden geht es im allgemeinen gesitteter zu. Auch sie ernähren sich, etwa in der futterarmen Winterzeit, von Aas. Doch sie treten nie in solchen Massen wie die Geier auf. Am Luderplatz (Stelle, an der von Naturfreunden und Jägern Fleisch ausgelegt wird) treffen sich ab und zu mehrere Mäusebussarde, und dann entbrennt ebenfalls Streit um die besten Fleischbrocken oder Fische.

Die Bussarde jagen normalerweise ihre Beute selbst – entweder, indem sie über der Landschaft kreisen und den Boden unter ihnen beobachten, oder von einer Warte aus. Diese kann, wie nebenstehendes Bild des Galapagos-Bussards, der auf einer Riesenschildkröte landet, zeigt, recht ungewöhnlich sein! Dort sitzen sie mit großer Geduld oft stundenlang, um sich beim Erscheinen einer Maus, eines Reptils oder eines Frosches unverzüglich auf die Beute zu stürzen und diese mit ihren scharfen Krallen zu erdolchen.

Hervorragende Flieger und Jäger in einem sind die Mitglieder der Habichtartigen. Unter diesen Flugkünstlern ist der afrikanische Gaukler einsame Spitze. Er hat ein charakteristisches Flugbild: riesige Schwingen (Flügel) und einen sehr kurzen Stoß (Schwanz). Stundenlang kreist er am tiefblauen Himmel ohne einen einzigen Flügelschlag, nützt die geringsten Windströmungen und Turbulenzen aus, steigt hoch, läßt sich fallen, gleitet seitwärts ab und schraubt sich dann wieder gemächlich in die Höhe. Dabei beobachtet er immer das Land, vorwiegend offene Busch- und Grassavannen und hält nach Schlangen, Echsen, Nagetieren und frisch geborenen Gazellen Ausschau. Während der Balz zeigt er, meist mit dem Partner zusammen, atemberaubende Luftspiele mit Rollen, Überschlägen, Scheinangriffen und Purzelbäumen. Sein Nest errichtet er auf hohen Bäumen, die er gut anfliegen kann. Das einzige Ei wird sechs Wochen lang ausgebrütet und das Küken dann drei bis vier Monate lang gefüttert, so daß ein Gauklerpaar nahezu ein halbes Jahr mit seinem Nachwuchs beschäftigt ist.

HÜHNERVÖGEL SIND NICHT DIE GESCHICKTESTEN FLIEGER

Etwa 270 verschiedene Arten von Hühnervögeln leben auf unserer Erde. Die kleinsten, die asiatisch-afrikanischen Zwergwachteln, sind nur etwa so groß wie eine Kinderfaust. Die größten hingegen, die Auerhühner und die wilden Truthühner, messen 100 Zentimeter und mehr und bringen zwischen fünf und zwölf Kilogramm auf die Waage.

Fast alle Hühnervögel halten sich überwiegend auf dem Boden auf, und wenn ihnen Gefahr droht, versuchen sie zunächst, zu Fuß zu entkommen. Erst im letzten Moment, wenn der Störenfried eine bestimmte Distanz unterschritten hat, streichen die Hühnervögel entweder mit schwerem, klatschendem Flügelschlag oder in schnurgeradem, schwirrendem Flug ab. Zu ihnen gehören die in unseren Alpen lebenden Schneehühner und die Steinhühner.

Obwohl vor allem erstere nicht selten sind, wird man sie nur ausnahmsweise zu sehen bekommen: zum einen, weil sie ganz hervorragend getarnt sind, zum anderen, weil sie sich an den Boden drücken, wenn ihnen ein Wanderer oder ein möglicher Feind zu nahe kommt. Erst im allerletzten Moment, wenn man schon fast auf Armlänge herangekommen ist, flüchten die Schneehühner – und der unvorbereitete Spaziergänger erschrickt durch das Flügelklatschen sehr. Steinhühner hingegen sind bei uns selten geworden, wobei die Gründe nicht eindeutig zu klären sind. Möglicherweise hängt ihr Verschwinden mit den zunehmenden Störungen durch den Tourismus, mit intensiver Alpbewirtschaftung und ungünstigen klimatischen Bedingungen zusammen.

Alpenschneehuhn

Das Schneehuhn ist ungewöhnlich gut an seinen kargen Lebensraum angepaßt. Im Winter erträgt es Minustemperaturen von 20 Grad und tiefer. Während besonders kalter Perioden läßt es sich einschneien oder gräbt eine Höhle in den Schnee und verbringt die Ruhezeit in der gut isolierten und geschützten Unterkunft. Überlebenswichtig ist der Wechsel der Gefiederfarbe. Im Winter ist das Schneehuhn fast ganz weiß, im Sommer dagegen braungrau gesprenkelt. Die Tarnung schützt die Vögel vor Feinden wie Fuchs, Marder und Steinadler. Wie ihre Verwandten Steinhuhn, Haselhuhn, Birk- und Auerhuhn ernähren sich Schneehühner sehr vielseitig und überwiegend von Pflanzenkost. Während der Aufzucht ihrer Küken spielt dagegen tierische Nahrung – Würmer, Käfer und dergleichen – eine größere Rolle.

KRANICHE SIND ELEGANTE STELZENLÄUFER

Sie kommen auf langen Stelzbeinen daher und haben lange Hälse. Deshalb hat man die Kraniche früher zu den Stelzvögeln gezählt, wie die Reiher, Störche und Ibisse. Im Körperbau und im Verhalten gibt es aber große Unterschiede, deshalb bilden die Kraniche eine Vogelfamilie für sich. Dennoch sind sie die wohl elegantesten Vögel auf Stelzen.

Einst weit über Mittel- und Nordeuropa und ostwärts bis nach Sibirien verbreitet, ist der Europäische Kranich aus den meisten Ländern verschwunden. Er braucht zum Leben einsame Moore und Sumpfgebiete. Jedes Jahr kommt er ins selbe Brutgebiet zurück, und wenn dieses trockengelegt und kultiviert wurde, fällt es ihm sehr schwer, sich an einem neuen Ort anzusiedeln. Die fortschreitende Nutzung der Landschaft durch den Menschen zerstört die Lebensgrundlage des Kranichs. Nur im Norden unseres Kontinentes hat er in Schutzgebieten noch eine Heimat.

Die meisten Kranicharten haben verhältnismäßig kleine Brutgebiete. Wegen dieser Eigenart ist die Mehrzahl aller Kranicharten bedroht. Wenn im Brutgebiet Störungen entstehen, dann ist das Überleben oft kaum noch möglich. Von den insgesamt 14 Kranicharten sind fünf sehr selten geworden. Zu ihnen gehört der Mandschurenkranich, der in einem

Weißnackenkranich

kleinen Gebiet Innerasiens und in Japan brütet. Über die Bestände Innerasiens ist kaum etwas bekannt. In Japan lebten im Jahre 1952 nur gerade noch 33 Mandschurenkraniche. Dank einer umfassenden Rettungsaktion gibt es heute immerhin wieder ein paar hundert von ihnen. Ihre winterlichen Balzplätze sind zum Mekka von Naturbeobachtern aus der ganzen Welt geworden. Sie freuen sich an den herrlichen Balzspielen und den wilden Schreien der großen Vögel. Ebenfalls in Asien und auch immer seltener findet man den Nonnen-, den Mönchs-, den Schwarzhals- und den Weißnackenkranich. Der große Saruskranich hingegen, der vom Schnabel bis zum Schwanz 150 Zentimeter mißt und in Südostasien brütet, scheint zur Zeit noch nicht gefährdet zu sein. Der Schreikranich, dessen laut trompetende Rufe in vielen Gebieten Nordamerikas während der Zugzeiten häufig zu hören waren, stand 1965 kurz vor dem Aussterben. Sinnlos wurden die herrlichen Vögel zu

Kronenkraniche

Tausenden abgeschossen, manche ihrer Brutgebiete wurden trockengelegt und in Äcker und Weiden verwandelt. Ganze 44 Schreikraniche zählte man noch, als sie endlich unter strengen Schutz gestellt wurden. Heute sind es wieder einige hundert Kraniche. Sie brüten im Wood-Buffalo-Nationalpark in Kanada – übrigens auch eines der wichtigsten Schutzgebiete für die fast ausgerotteten Bisons oder Indianerbüffel – und fliegen jedes Jahr zum Überwintern ins Aransas-Wildschutzgebiet an der Küste von Texas.

Kraniche sind bekannt für ihre wunderschönen Tänze. Immer wieder einmal beginnt ein Männchen sich vor seinem Weibchen zu verneigen, mit den Flügeln zu schlagen und groteske Luftsprünge aufzuführen. Sofort nimmt das Weibchen die Aufforderung an und beginnt ebenfalls zu tanzen. Häufig werden nun auch noch die Nachbarn vom Tanzfieber angesteckt, und alle geben ein gemeinsames Ballett zum besten. Auffallend dabei ist das Rufen der Paare, bei dem die Männchen und Weibchen abwechselnd ihre wohlklingenden Trompetentöne ausstoßen. Der Tanz der Kraniche ist nicht ausschließlich ein Paarungsritual wie bei anderen tanzenden Vögeln. Auch außerhalb der Brutzeit führen die Kraniche immer wieder einmal ihre Tänze auf. Es scheint, daß die herrlichen Vögel damit ganz einfach ihre Lebensfreude ausdrücken wollen. Dasselbe kann man bei Flamingos beobachten. Auch sie scharen sich manchmal ohne ersichtlichen Grund dicht zusammen, recken die Hälse senkrecht in die Höhe, tänzeln mit kurzen Schritten im seichten Wasser und rufen trompetend.

Kraniche sind gesellig. Fast alle Arten leben in Gruppen oder auch in großen Scharen. Innerhalb der Gesellschaften halten aber die Paare eng zusammen, und zwar bis ans Lebensende. Dabei weiß man, daß Kraniche älter werden als die meisten Vögel. Das bekannte Höchstalter eines Kranichs betrug 62 Jahre. Die meisten Vögel werden zwischen 10 und 30 Jahre alt. Bis zu 70 Jahre alt können Eulen werden, 80 Jahre manche Adler. Ein Kakadu und ein Storch erreichten 100 Jahre, eine Krähe und ein Gänsegeier hatten bei ihrem Ableben sogar 118 Jahre auf dem Buckel und sich damit einen Eintrag ins Guinessbuch der Rekorde verdient.

Kraniche fliegen mit gestrecktem Hals und ausgestreckten Beinen wie Störche. Sie sind gute und ausdauernde Flieger. Auf ihren Zügen im Herbst und Frühling wandern sie mit einer Durchschnittsgeschwindigkeit von etwa 50 Stundenkilometern und legen manchmal über 6.000 Kilometer zurück. Das ist allerdings noch lange keine Rekordleistung. Kuckuck, Rauchschwalbe und Storch beispielsweise fliegen etwa 10.000 Kilometer weit ins Winterquartier, der Goldregenpfeifer über 15.000 und die Küstenseeschwalbe sogar bis etwa 20.000 Kilometer. Im Frühjahr bezieht jedes Paar im Brutrevier einen Platz für sich. Auf sumpfigem Boden oder im flachen Wasser wird eine Menge Pflanzenmaterial zu einem großen Nesthaufen zusammengetragen. Kraniche brüten also nicht auf Bäumen wie Reiher und Störche.

Der Kronenkranich ist wohl die schönste aller Arten und zudem fast die einzige, die in ihrem Bestand nicht unmittelbar bedroht ist. Er kommt in zwei farblich gut unterscheidbaren Unterarten im westlichen, zentralen und östlichen Afrika vor, wird etwa 100 Zentimeter groß und ist dank seiner goldenen Federkrone mit keinem anderen Vogel zu verwechseln. Während der Brutzeit besetzt er paarweise ein Revier, baut sein Nest im Röhricht von Sumpfgebieten oder ausnahmsweise in einem starken Baum. Die ein bis zwei cremefarbenen, kurzbeinigen Küken zieht er mit großer Vorsicht auf und läßt sie in den ersten Lebentagen kaum aus den Augen. Die Kranichkinder

Paradieskranich

anderen Stelzvögeln sind die Kraniche Nestflüchter. Die Küken schlüpfen nach einem Monat und tragen ein dichtes, graubräunlich geflecktes Dunenkleid. Schon bald verlassen

haben nämlich zahlreiche Feinde, von den Schleichkatzen über Schakale bis zu den großen Greifen und den Riesenschlangen. Nicht selten geht deshalb die Brut verloren, und die Vögel müssen eine zweite oder gar dritte beginnen. Außerhalb der Paarungsperiode sind Kronenkraniche gesellige Vögel, die man oft auf Äckern und Wiesen in Flügen von 50 bis weit über 500 sieht! Sie suchen gemeinsam Futter und vertilgen große Mengen von Insekten, Echsen, Sämereien und Gräsern. Der australische Brolgakranich und der Paradieskranich Südafrikas legen ihre Eier jeweils im Abstand von zwei Tagen. Die Eltern brüten abwechselnd und beginnen damit, sobald das erste Ei im Nest liegt – andere Nestflüchter brüten erst, wenn das Gelege komplett ist, damit dann alle Jungen gleichzeitig schlüpfen. Im Gegensatz zu den Reihern, den Störchen und den

Brolgakranich

sie das Nest und folgen den Eltern. Mutter und Vater reichen den Kindern mit dem Schnabel kleine Pflanzenteilchen, Würmer und Insekten, aber schon nach wenigen Tagen beginnen die Kranichkinder selbst Nahrung aufzupicken. Sie wachsen verhältnismäßig langsam. Während etwa Singvögel im Alter von zwei bis drei Wochen das Gewicht der Eltern erreicht haben und fliegen können, sind Kraniche erst mit rund zehn Wochen flugfähig und haben erst mit sechs Monaten das Gewicht der Eltern. Die Kraniche wechseln alle zwei Jahre die Schwungfedern ihrer Flügel. Sie verlieren alle diese Federn gleichzeitig und sind flugunfähig, bis die neuen Schwingen gewachsen sind. In dieser Zeit halten sie sich in möglichst unzugänglichen Sumpfgebieten versteckt.

Flughuhn

FLUGHÜHNER UND TAUBEN: LANGSTRECKENFLIEGER IM EILTEMPO

Vögel sind zu den erstaunlichsten Dingen fähig. Dennoch hat man diesen Tieren noch weit unglaublichere Fähigkeiten nachgesagt und früher nicht selten Geschichten über sie erzählt, die frei erfunden waren. Wenn man in alten Vogelbüchern liest, ist man nie ganz sicher, was Wirklichkeit ist. Schon vor über hundert Jahren wurde eine seltsame Geschichte über die Flughühner erzählt: Diese Vögel sollten angeblich zwischen den Federn Wasser von weit entfernten Trinkstellen zu den Brutplätzen tragen, um damit die Jungen zu tränken. Natürlich glaubte kein Wissenschafter diese phantastische Erzählung. Doch dann bewiesen zwei Vogelforscher mit Filmaufnahmen, daß diese unglaubliche Geschichte wahr ist. Jeweils am Morgen und immer genau zur selben Zeit fliegen die erwachsenen Flughühner zu einer Wasserstelle, wo sie sich oft zu Hunderten versammeln. Die Weibchen trinken hier nur, die Männchen aber waten ins seichte Wasser, spreizen in hochaufgerichteter Haltung das Bauchgefieder und lassen es hin- und herwiegend vollsaugen. Anschließend fliegen sie zurück zum Brutplatz, oft bis zu 50 Kilometer weit. Durch das dichte Anlegen der Deckfedern bleibt eine erstaunliche Menge Wasser im Gefieder zurück. Am Brutplatz eilen nun die Kleinen aus ihren Verstecken zu ihren Vätern, die sich aufgerichtet hinstellen, während die Jungen mit den Schnäbeln das Wasser aus den Federbüscheln streifen. Dieses erstaunliche Verhalten ist inzwischen bei mehreren der insgesamt 16 Flughuhnarten beobachtet worden. Alle Flughühner lieben weite, offene Landschaften, und verschiedene leben in Wüstengebieten, in denen es fast keine Pflanzen gibt. Sie ernähren sich hauptsächlich von trockenen Pflanzensamen und können deshalb ihren

Flüssigkeitsbedarf nicht aus der Nahrung decken, wie es viele andere Wüstentiere vermögen. Sie müssen täglich Wasserstellen aufsuchen und dabei oft viele Kilometer weit fliegen.

Die Zoologen waren sich lange nicht einig darüber, wo sie die Flughühner einordnen sollten, und gesellten sie schließlich zur Ordnung der Taubenvögel. Nach ihrer äußeren Form und Größe sehen Flughühner tatsächlich wie Tauben aus, und typisch für beide ist auch der sehr schnelle, zügige Flug.

Wie die Tauben legen auch die Flughühner zwei Eier. Aus Taubeneiern schlüpfen nackte, blinde, zunächst völlig hilflose Nesthocker, aus Flughuhneiern jedoch Nestflüchter mit einem gefleckten Dunenkleid, die sofort selbständig Samen aufpicken können. Die Tauben haben im Hals ein Organ, den Kropf, in welchem sie Milch erzeugen können. Alle Tauben besitzen diesen Kropf, nicht aber die Flughühner und auch kein einziger anderer Vogel. Tatsächlich besteht die Nahrung der jungen Tauben am Anfang aus Milch. Während des Brütens schwillt im Taubenhals die Schleimhaut an und sondert eine fettreiche Substanz ab, die sich im Kropf als quarkähnlicher Brei sammelt. Sie hat praktisch die gleiche Zusammensetzung wie die Milch von Säugetieren. Die jungen Tauben saugen sie seitlich aus dem Schnabel der Eltern. Auch die erwachsenen Tauben können beim Trinken saugen, wozu nur ganz wenige Vogelarten

Felsentaube

fähig sind. Darin unterscheiden sich die Flughühner ebenfalls von den Tauben: Sie müssen, wie die meisten Vögel, mit dem Schnabel das Wasser aufnehmen und es dann mit hochgehaltenem den Hals hinunterrinnen lassen. Beim größeren Teil der Vogelarten brüten Männchen und Weibchen abwechselnd, bei vielen nur die Weibchen und bei einigen sogar ausschließlich die Männchen. Wenn Männchen und Weibchen gleich gefärbt sind, kümmern sich meistens auch beide um das Brüten. Männchen mit Prachtgefiedern jedoch, wie sie etwa viele Hühnervögel und Enten besitzen, würden leicht den Neststandort verraten und überlassen das Brüten den Weibchen.

Die Brutablösungen, die oft von Begrüßungszeremonien begleitet sind, finden normalerweise in unregelmäßigen Zeitabständen statt. Der brütende Vogel bleibt beharrlich sitzen, bis sein Partner kommt. Fällt der ausgeflogene Vogel einer Katze zum Opfer oder stößt ihm sonst ein Unglück zu, so bleibt der Brütende lange über die normale Zeit hinaus auf den Eiern sitzen. Dann erst geht er auf Nahrungssuche, kehrt aber so schnell wie möglich zum Nest zurück und ist so durchaus in der Lage, die Arbeit des Brütens und der Aufzucht allein zu erledigen.

Ausnahmen von dieser Regel sind die Tauben. Hier sitzt das Weibchen vom frühen Nachmittag bis früh am nächsten Morgen auf dem Gelege, das Männchen während der übrigen Zeit. Die Ablösungen folgen täglich jeweils fast auf die Minute genau. Hat einer seine Zeit abgesessen, erhebt er sich von den Eiern und fliegt weg, auch wenn der Partner ausnahmsweise Verspätung hat und noch nicht zurück ist. Er wird in den nächsten Minuten kommen – außer er ist verunglückt. In diesem Fall kehrt der andere zur gewohnten Zeit zum Gelege zurück. Obwohl die Eier inzwischen erkaltet und abgestorben sind, sitzt er auf ihnen wieder seine Zeit ab. Er wiederholt diese sinnlosen Sitzungen, bis endlich einige Tage nach der normalen Brutdauer sein Bruttrieb erlischt.

Tauben gibt es überall. Über jedem Dorf fliegen ihre Schwärme, in jeder Stadt lassen sie sich von tierfreundlichen Menschen füttern. Neben dem Haushuhn ist die Haustaube das häufigste Haustier.

Die Ägypter zähmten und züchteten schon vor über 5.000 Jahren die Felsentaube, die heute noch wild in den Mittelmeerländern, in Nordfrankreich und England vorkommt. Aus dieser Taubenart hat der Mensch über 200 verschiedene Rassen herausgezüchtet. Tauben hielt man früher vor allem, um sie und ihre Eier zu essen. Heute sind sie vor allem Ziervögel.

Schon sehr früh stellt man fest, daß Tauben auch aus großer Entfernung ihren heimatlichen Schlag wieder finden. Das enorme Orientierungsvermögen wurde deshalb zur Nachrichtenübermittlung ausgenützt: Man befestigte an den Beinen winzige Röhrchen, in denen ein zusammengerolltes Briefchen steckte. Vor gut hundert Jahren wurde in Belgien die Brieftaube herausgezüchtet, bei der Orientierungs- und Flugvermögen besonders ausgeprägt sind. Man kann sie in einem geschlossenen Verschlag irgendwohin schicken, und sie wird innerhalb eines Tages bis etwa 1.000 Kilometer weit mit untrüglicher Sicherheit nach Hause fliegen.

Die Felsentaube ist etwa 33 Zentimeter lang, und das ist auch etwa die Größe der meisten Tauben. Über 300 Taubenarten sind bekannt, nur fünf davon findet man in Mitteleuropa. Zu den kleinsten Arten gehört das hübsche Kaptäubchen Afrikas, das nicht viel größer ist als ein Spatz und mit dem langen Schwanz nur gerade 24 Zentimeter mißt. Die Riesen unter den Tauben sind die prächtigen Krontauben, die in drei Arten in den Urwäldern von Neuguinea leben. Sie werden fast 80 Zentimeter lang und zwei Kilogramm schwer.

SEESCHWALBEN: FLUG-AKROBATEN ÜBER DEM MEER

Wer jemals eine Seeschwalben-Brutkolonie besucht hat, wird dieses Erlebnis nie wieder vergessen. Da erheben sich Hunderte der weißen Vögel schreiend in die Luft und stürzen sich in tollkühnen Flugattacken auf den Eindringling. Manche Arten begnügen sich mit Scheinangriffen und schwenken dicht bei unserem Kopf ab. Andere aber, wie etwa die Küstenseeschwalben, können unsere Köpfe blutig picken, so daß wir uns vor dem nächsten Besuch einen Hut besorgen.

Mit solchen Gemeinschaftsaktionen halten die Seeschwalben vor allem die großen Seemöwen fern, die ständig ihre Eier oder Küken bedrohen. Erst wenn sie die Eier gelegt haben, erwacht der überaus heftige Abwehrtrieb. Die ersten Eier, die in einer Kolonie gelegt werden, fallen daher unweigerlich den Bruträubern zum Opfer. Erst wenn die Seeschwalben in größerer Zahl auf die Möwen losgehen, vermögen sie diese auch zu vertreiben. Nicht selten muß eine Möwe bei einem massierten Seeschwalbenangriff ein paar Federn lassen, und gelegentlich kommt es auch zu Verletzungen. Man hat auch schon eine angegriffene Silbermöwe plötzlich zu Boden stürzen sehen. Sie war tot. Bei der Untersuchung stellte man fest, daß der spitze Schnabel einer Seeschwalbe ihre Lunge durchstoßen hatte.

Während sich Möwen an verschiedensten Kleintieren ebenso gütlich tun wie an pflanzlichen Stoffen, an allerlei Abfällen und auch an Aas, fangen Seeschwalben ausschließlich lebende Beute, hauptsächlich kleine Fischchen, daneben winzige Krebse, Insekten und andere Kleintiere. Ihre Nahrungssuchflüge sind ganz typisch. Wenige Meter über dem Wasser fliegend, spähen sie mit senkrecht nach unten gerichtetem Schnabel nach Schwärmen kleiner Fische. Manche Arten schnappen die Beutetiere im Flug von der Wasseroberfläche weg. Andere stürzen sich wie Eisvögel mit angelegten Flügeln ins Wasser und holen ihre Nahrung im Tauchstoß. Die Seeschwalbenarten leben größtenteils am und über dem Meer, aber einige Arten findet man auch an Seen und Flüssen. Zu ihnen gehört vor allem die Fluß-Seeschwalbe. Ihr Verbreitungsgebiet erstreckt sich weit über Europa, Asien und Nordamerika, doch durch Flußregulierungen, Trockenlegung von Sümpfen sowie Störungen durch Badende und Wassersportler ist dieser elegante Vogel im Binnenland weitgehend verschwunden. Seeschwalben brüten meistens auf dem Boden in einer Mulde mit wenig oder ganz ohne Nistmaterial. Die zwei oder drei Eier sind vorzüglich getarnt. Die Jungen schlüpfen nach etwa drei Wochen und haben ein ebenfalls tarnfarbenes Dunen-

Feenseeschwalbe

Küstenseeschwalbe

kleid. Während die Möweneltern die Nahrung für die Kleinen verschlingen und am Nistplatz wieder hochwürgen, tragen Seeschwalbeneltern die Fischchen einzeln im Schnabel zu ihren Jungen. Diese sind manchmal so groß, daß sie von den Küken nur mit großer Mühe verschluckt werden können. Ja, es kommt auch vor, daß man ein Seeschwalbenkind findet, bei dem die hintere Hälfte eines Fisches noch für Stunden aus dem Schnabel ragt, während die vordere Hälfte verdaut wird. Wie die jungen Möwen, halten sich die kleinen Seeschwalben in der Nestnähe versteckt, bis sie im Alter von drei bis fünf Wochen fliegen können. Die Seeschwalbenarten sind größtenteils weiß mit hellgrauer Oberseite und schwarzer Kappe. Eine ganz entzückende Art ist die schneeweiße Feenseeschwalbe, die auf tropischen Inseln lebt. Das Weibchen legt sein einziges Ei in eine kleine Vertiefung auf einem Ast oder in eine Blattrippe eines Palmenwedels. Hier muß nun natürlich möglichst ständig einer der Eltern auf dem Ei sitzen, damit es nicht beim nächsten Windstoß zu Boden stürzt. Das Küken klammert sich, kaum geschlüpft, an seine Unterlage fest, bis es fliegen kann. Auf vielen Inseln sind eingeschleppte Ratten zu einer Plage geworden. Sie vernichten unzählige Eier und Küken von Seevögeln. Auf den

Seychellen (Inselgruppe) hat man daher Schleiereulen angesiedelt. Leider fangen diese Nachtvögel aber nicht nur Ratten, sondern auch Feenseeschwalben. Sie können die weißen Vögel nachts in den Bäumen leicht erkennen und erbeuten.

Ebenfalls meistens auf Bäumen brüten die Noddiseeschwalben, doch sie bauen dazu umfangreiche Nester aus Seetang und anderem Pflanzenmaterial. Sie sind genau umgekehrt gefärbt wie die meisten anderen Arten: dunkel, fast schwarz, mit heller Kappe.

Zu den eindrucksvollsten Schauspielen, die ein Vogelfreund erleben kann, gehören gewiß die rosaroten Flamingomassen an einigen ostafrikanischen Seen, aber auch die oft viele hundert Quadratmeter großen Brutkolonien verschiedener Seeschwalben sind ein faszinierender Anblick. Auf der winzigen Insel African Bank im Indischen Ozean zwischen der ostafrikanischen Küste und den Seychellen treffen sich jedes Jahr zur Fortpflanzungszeit viele tausend Ruß-Seeschwalben zum gemeinsamen Brutgeschäft. Jedes Vogelpaar scharrt eine flache Mulde in den sandigen Boden. Das Weibchen legt nur ein einziges, ziemlich großes Ei, das etwa drei Wochen lang bebrütet wird. Das Küken kommt mit offenen Augen und einem dichten Dunenkleid zur Welt. Es wird von beiden Eltern mit winzigen Fischen gefüttert und ist nach vier bis fünf Wochen flügge. In einer Seeschwalben-Brutkolonie herrscht immer ein unwahrscheinlicher Lärm, ein Kreischen und Schimpfen. Die einzelnen Paare sitzen genau so weit voneinander entfernt, daß sie sich mit den Schnäbeln beinahe berühren – aber eben nur beinahe. Die Altvögel „verteidigen" nun immer ihren winzigen Brutplatz, hacken nach den ihnen am nächsten sitzenden Nachbarn und regen sich, wie es scheint, unablässig auf. Die ganze Aufregung ist jedoch mehr Schein als Wirklichkeit!

Eine weitere, besonders schöne Art ist die Inkaseeschwalbe, die an der Küste von Peru und Chile lebt und ihre Nester in Felsspalten und Erdlöchern baut. Sie ist silber- bis dunkelgrau, hat einen roten Schnabel und einen auffallenden, langen, weißen, nach unten hängenden „Schnurrbart".

BUNT, LAUT UND KLUG: PAPAGEIEN

Australien ist der Kontinent der Papageien. Sie sind hier die auffälligsten Vögel. In nicht weniger als 55 Arten haben sie die verschiedensten Lebensräume, von den Wüsten bis zu den Regenwäldern, besiedelt.

Unter den australischen Papageien sind die Loris die farbenprächtigsten. Manche Arten, wie etwa der Gebirgslori, gehören zu den allerbuntesten Vögeln, die es überhaupt gibt. Nicht umsonst nennen ihn die Australier „Rainbow Lorikeet" (Regenbogenlori). Und gerade dieser unglaublich schöne Papagei ist an der Ostküste besonders häufig. Man kann ihn manchmal in riesigen Schwärmen antreffen, und das nicht nur in der entlegenen Wildnis, sondern bis hinein in die Stadtparks. Seltener läßt sich der Moschuslori beobachten, ein grüner Papagei mit roten Flecken im Gesicht und einer türkisblauen Kappe. Wunderschön ist auch der Rote Lori, der in Regenwäldern Südostasiens vorkommt.

Wie alle Vogelschnäbel sind auch die Mundwerkzeuge der Papageien Spezialinstrumente, die der Nahrung angepaßt sind. An der Innenseite des Oberschnabels gibt es Querfurchen mit scharfen Kanten, ähnlich einer groben Feile. Außerdem ist der Schnabel mit einer sehr kraftvollen Muskulatur verbunden.

Oben: ***Roter Lori***, Bild Seite 54/55: ***Roter Ara***

Mit diesem Schnabel können Papageien erstaunlich geschickt Samen und Nüsse aufbrechen und schälen, wobei auch die merkwürdig abgerundete Zunge eine wichtige Rolle spielt. Die stärksten „Brechzangenschnäbel“ besitzen die großen südamerikanischen Aras. Ihnen widersteht auch die härteste Nuß nicht. Die australischen Loris aber sind keine Samenfresser. Sie haben sich darauf spezialisiert, das reiche Angebot an Nektar durch die üppig blühenden Bäume zu nutzen. Ihr Schnabel ist zwar so krumm, wie es sich für Papageien gehört, aber er ist ganz anders entwickelt: Die typischen Feilenkerben im Oberschnabel fehlen fast völlig, und die Zunge ist vorn ausgefranst wie ein Pinsel. Die Loris zerbeißen die Blüten und lecken dann mit der Pinselzunge Nektar und Pollen auf. Daneben fressen sie gern auch süße Früchte. Vor einigen Jahren konnte man in den Zeitungen von einem Australier lesen, der einige hundert Rosakakadus getötet und öffentlich auf einem Platz ausgebreitet hatte. Der Mann war ein Tierhändler, und mit diesem gräßlichen Massaker protestierte er dagegen, daß er solche Vögel nicht aus Australien ausführen durfte, daß aber gleichzeitig in Australien jedermann Rosakakadus nach Belieben töten kann. Tatsächlich ist diese Vogelart bis heute nicht geschützt. Diese Meldung wirkte bei uns ziemlich schockierend, zumal hier Kakadus

zu Preisen gehandelt werden, für die man bereits ein Pferd kaufen kann. In Australien aber ist der Rosakakadu eben keine Rarität, sondern einer der am weitesten verbreiteten, alltäglichsten Vögel. Der ursprüngliche Lebensraum der Rosakakadus ist der Eukalyptuswald. Die Vögel sind jedoch sehr anpassungsfähig. Sie fressen die verschiedensten Samen sowie andere Pflanzenteile, und zwar hoch oben auf den Bäumen wie auch unten am Boden. Außer im Regenwald sind sie fast über ganz Australien verbreitet, vom tropischen Norden bis in den äußersten Süden, wo es empfindlich kalt werden kann. Die Rosakakadus sind sogenannte Kulturfolger, das heißt, sie konnten sich durch den Menschen stark vermehren und ausbreiten, vor allem dank vieler künstlich angelegter Wasserstellen und Getreidefelder. Besonders von den Getreidebauern werden sie unerbittlich verfolgt. Als sehr lernfähige Vögel aber erkennen sie recht schnell bestimmte Gefahren und lernen, ihnen auszuweichen. Ihre Bestände scheinen nicht abzunehmen. In Australien lebt auch der beliebteste aller Stubenvögel, der Wellensittich. In der Natur sind diese kleinen Papageien alle grün. Auch sie leben in oft riesigen Schwärmen. Innerhalb dieser Scharen halten aber die Paare eng zusammen. Wie wahrscheinlich alle Papageien leben auch die Wellensittiche in lebenslanger Einehe.

Pennantsittich

Von den vielen prächtigen Sittichen Australiens ist der an der Unterseite feuerrote und an der Oberseite smaragdgrüne Königssittich wohl der schönste. Er kommt nur in einem kleinen Regenwaldgebiet im Osten des Landes vor. Viel weiter über Südost- und Ostaustralien verbreitet ist der ebenfalls herrliche, rotblaue Pennantsittich.

Wellensittich-Paar

Papageien gibt es in allen tropischen und vielen subtropischen Gebieten der Erde. Die kleinsten sind die nur zehn Zentimeter langen Zwergpapageien, die auf Neuguinea leben. Ähnlich wie Spechte klettern sie an Baumstämmen herum und suchen nach Früchten, aber auch nach Termiten und anderen Insekten. Die Riesen unter den etwa 250 Papageienarten sind die Aras aus Süd- und Mittelamerika. Die größeren Arten werden bis 90 Zentimeter lang und sind überaus farbenprächtig. Der Hellrote und der Dunkelrote Ara tragen neben den leuchtend roten auch blaue und grüne Federn. Der Gelbbrustara hat eine türkisfarbene Ober- und eine gelbe Unterseite. Und der besonders prächtige Hyazinthara hat ein dunkelblaues Federnkleid und gelbe Ringe um die Augen. Urwaldindianer holen oft junge Aras aus den Nestern und halten die gezähmten Vögel frei im Dorf. Sie rupfen ihnen oft die langen Flügel- und Schwanzfedern aus und verwenden sie als Schmuck.

Auch in Südamerika gibt es zahlreiche Sittiche. Sie brüten überwiegend in Baumlöchern oder, wie der Felsensittich, in selbstgegrabenen Höhlen in Steilwänden. Die Röhren können bis zu drei Meter lang sein und münden in einen Brutkessel, in dem die Jungvögel gut gegen Feinde geschützt sind.

Eine besonders weite Verbreitung, von Westafrika bis nach Südostasien, hat die Gruppe, zoologisch gesprochen die Gattung, der Edelsittiche. Es sind überwiegend grüne, 30 bis 55 Zentimeter lange Vögel mit auffallend langen, schmalen Schwänzen, die beim pfeilschnellen Flug als Steuerruder wirken.

Edelsittiche leben im Wäldern, offenen Baumlandschaften und Parks. In Indien und Nepal leben einige Arten wie der Kleine und der Große Alexandersittich sogar in Dörfern und Städten, wo sie in alten Häusern nisten.

Die Männchen unterscheiden sich, im Gegensatz zu vielen anderen Sittichen, von den Weibchen durch eine bunte Kopfzeichnung und oft durch einen schwarzen Halsring. In Kreisen der Vogelliebhaber erfreuen sich besonders Alexander-, aber auch Pflaumenkopfsittiche großer Beliebtheit, denn sie sind ausdauernde Pfleglinge, die keine Spezialwünsche in Bezug auf ihre Nahrung haben.

DIE VÖGEL AUS DEM PARADIES

Die Federnpracht männlicher Paradiesvögel gehört zum Allerschönsten, was die Natur hervorgebracht hat. Die Vögel wissen sich aber auch auf wundervollste Weise zur Schau zu stellen. Bei den meisten der rund 40 Arten versammeln sich in der Fortpflanzungszeit die Männchen in der ersten Morgendämmerung auf bestimmten Bäumen, bei einigen Arten auch an Balzplätzen auf dem Boden. Unter lauten Rufen, die man kaum als Gesang bezeichnen kann, beginnt das Gruppenballett. Die Großen Paradiesvögel senken den Kopf, richten ihre wallende Menge seidiger Rückenfedern auf zu einer goldglänzenden Wolke, zittern mit dem ganzen Körper und hüpfen von Ast zu Ast. Kragenhopfe spreizen ihre großen Federhauben und die leuchtend blauen Halskrausen und wirken dadurch doppelt so groß. Die Blauen Paradiesvögel sitzen rufend auf ihren Ästen, kippen dann langsam vornüber, bis sie mit dem Kopf nach unten hängen und öffnen nun plötzlich die Flügel, wobei eine zitternde Fülle rosaroter und blauschillernder Zierfedern erscheint.

Scheinbar ohne Interesse sitzen die unauffälligen Weibchen herum, obwohl dieser ganze Aufwand nur ihnen gilt. Aber schließlich sucht sich jedes von ihnen doch einen Mann aus. Von der Mühe um die Kinder wollen die Schönlinge nichts wissen. Jedes Weibchen baut allein ein Nest in einer Baumkrone, brütet selbst und zieht die Jungen ohne Hilfe auf.

Die Eingeborenen auf Neuguinea schmücken sich schon seit Jahrtausenden mit Paradiesvogelfedern. Heiratslustige Männer müssen

Großer Paradiesvogel

für ihre Bräute mit den Federn bestimmter Paradiesvogelarten bezahlen. Mit Pfeil und Bogen jagen die Leute nur voll ausgewachsene Männchen, die sich bereits fortgepflanzt haben, und zwar nur auf den Balzplätzen, die der Dorfgemeinschaft gehören. Die Vogelbestände werden dadurch nicht gefährdet. Was die Europäer anrichteten, nachdem sie die Paradiesvögel entdeckt hatten, war alles andere als lobenswert. Damenhüte mit Paradiesvogelfedern waren um die letzte Jahrhundertwende heiß begehrt. Ganze Scharen von Vogeljägern zogen in die Urwälder von Neuguinea. Hunderttausende von Vogelbälgen kamen nach Europa, bis endlich im Jahre 1924 Jagd und Fang von Paradiesvögeln streng verboten wurde. Manche Arten waren zu diesem Zeitpunkt bereits selten geworden.

VON EINER AMSEL, DIE INS WASSER TAUCHT

Dort, wo unsere Bäche und Flüsse noch einigermaßen unverbaut talwärts fließen können und in der Umgebung von Wasserfällen, läßt sich hin und wieder ein Vogel beobachten, den die meisten von uns nicht kennen: die Wasseramsel. Sie ist, vor allem wegen ihres Stummelschwänzchens, mit 18 Zentimeter Länge um einiges kürzer als die weitverbreitete eigentliche Amsel, die etwa 25 Zentimeter lang wird. Die beiden Arten sind, trotz des Namens, nicht näher miteinander verwandt, sondern gehören eigenständigen Familien an. Die Wasseramsel hat sich extrem gut an ihr Biotop angepaßt, u. a. mit einem festen Gefieder, das kein Wasser durchläßt, und mit verschließbaren Nasenöffnungen. Sie taucht in Bäche und Flüsse ein und bewegt sich unter der Wasseroberfläche schnell und geschickt fort, indem sie die Flügel und die Füße zu Hilfe nimmt. Mit offenen Augen sucht sie im Wasser ihre Nahrung, die z. B. aus verschiedenen Insekten, Köcherfliegenlarven, Asseln, Würmern, Kaulquappen und kleinen Fischen besteht. Ihre Jagd startet sie meist von einem Stein aus, fliegt eine kurze Strecke knapp über das Wasser und taucht plötzlich unter, um einige Meter davon entfernt wieder aus dem Wasser zu schießen.

Wasseramsel

Im Frühling sucht das Männchen einen geeigneten Nistplatz oder es benützt eine bereits bestehende Nistgelegenheit aus früheren Jahren. Dann lockt es ein Weibchen an, und zusammen bauen sie ein großes, kugelförmiges Moosnest, in dem vier bis fünf Eier bebrütet und die Jungen in drei Wochen aufgezogen werden. Die zunehmende Verschmutzung unserer Fließgewässer einerseits und die Zerstörung der natürlichen Ufer und Böschungen andererseits wirken sich auf die Bestände der Wasseramseln nicht gerade günstig aus.

KOLIBRIS: FLIEGENDE EDELSTEINE

„Unter allen Lebewesen ist der Kolibri das schönste der Gestalt, das prächtigste der Färbung nach. Edelsteine und Metalle lassen sich mit diesem Kleinod der Natur nicht vergleichen. Ihr Meisterstück ist dieser kleine Vogel.“ So begeistert schrieb der berühmte Naturforscher Buffon, und viele andere Zoologen sind von den Kolibris genau so hingerissen. Es ist tatsächlich ein unvergleichliches Schauspiel, die schillernden Vogelzwerge etwa in einer Urwaldlichtung im Sonnenlicht von Blüte zu Blüte schwirren zu sehen. Oft hört man das Summen ihrer Flügel zuerst, wenn sie neugierig um uns herumfliegen, bevor man die schnellen Vogelzwerge mit den Augen wahrnimmt. Das Summen entsteht durch die hohe Geschwindigkeit der Flügelschläge, genau wie bei manchen Insekten. Kleine Kolibris schlagen mit den Flügeln bis etwa achtzigmal in der Sekunde – ein Sperling bringt es gerade auf 13 Flügelschläge. Und mit einer Geschwindigkeit von über 80 Stundenkilometern sausen diese Winzlinge durch die Luft.

Grüner Dornschwanzkolibri

Kolibris können nicht nur in der Luft stehenbleiben, etwa um ihre Schnäbel in Blütenkelche zu versenken, sie können auch auf- und abwärts und seitwärts fliegen. Als einziger Vogel kann der Kolibri sogar rückwärts fliegen. Die größeren Arten sind nicht ganz so große Flugkünstler.

Das schnelle Herumfliegen bedeutet für den winzigen Vogelkörper eine ungeheure Leistung. Er verbraucht eine große Menge Energie, die er laufend durch Nahrung ersetzen muß. Ein Kolibri braucht pro Tag etwa das Doppelte seines Körpergewichts an Nahrung. Vom Morgen bis zum Abend ist er die meiste Zeit unterwegs, unterbrochen nur von ziemlich kurzen Ruhepausen. Früher glaubte man, Kolibris würden sich allein nur von Blütennektar ernähren. Als man erstmals versuchte, diese Vögel in Gefangenschaft zu halten, gab man ihnen Honigwasser in kleinen Fläschchen – doch die Vögel starben nach kurzer Zeit. Erst als man der Nahrung tierisches Eiweiß beifügte, in Form von Fleischextrakt oder als winzige Fliegen, konnte man diese Vögel über Jahre am Leben halten und sie auch in Gefangenschaft züchten. Tatsächlich saugen Kolibris bei ihren Blütenbesuchen nicht nur Nektar, sondern sie angeln mit den feinen Schnäbeln und den langen Zungen viele winzige Insekten aus den Blumen. Oft fangen sie auch kleine Fliegen in der Luft.

Manche Kolibris haben einen besonderen Trick entwickelt: Sie suchen am frühen Morgen Spinnennetze systematisch nach kleinen Insekten ab, die sich in der Nacht in den klebrigen Fäden verfangen haben. Diese Methode ist allerdings nicht ungefährlich. In den Tropen und Subtropen leben Riesennetzspinnen, die bis über einen Meter große Netze bauen. Die Fäden sind so stark, daß sich manchmal kleine Vögel darin verfangen und nicht mehr befreien können. Sicher aber fallen Kolibris nur ganz selten einem Spinnennetz zum Opfer. Auch

Kolibris

sonst haben sie wohl kaum Feinde. Sie sind ganz einfach zu schnell, um sich erwischen zu lassen.

Man schätzt, daß etwa die Hälfte der Kolibrinahrung aus Insekten besteht. Die Schnabelform der Kolibris aber ist den Blüten angepaßt. Kolibrischnäbel sind sehr unterschiedlich lang, gerade, nach unten oder sogar nach oben gebogen. Sie sind auf die Form bestimmter Blütenkelche spezialisiert.

Kolibris können nur wenige Stunden ohne Nahrung sein, ohne zu verhungern. Bei ihrer Körpertemperatur von rund 40 Grad und ihrer Lebhaftigkeit wird die Nahrung sehr schnell verbrannt. Wie schaffen sie es aber, während der Nacht zwölf Stunden ohne Nahrung zu überleben? Auch dazu haben sie eine für Vögel einmalige Methode entwickelt: Sie senken ihre Körpertemperatur ab, zum Teil bis auf etwa 14 Grad. Herzschlag und Atem werden stark verlangsamt, ähnlich wie bei manchen Tieren im Winterschlaf, so daß nur noch wenig Energie verbraucht wird. Rund 320 Kolibriarten sind bekannt. Die kleinste ist die Hummelelfe, ein nur maikäfergroßer, 1,6 Gramm leichter Zwerg. Er wiegt 93.750mal weniger als der schwerste Vogel, der Strauß. Der größte Kolibri ist der 21 Zentimeter lange Riesenkolibri. Weitaus die meisten Arten leben in den Tropenwäldern Süd- und Mittelamerikas. In den Anden besuchen gewisse Kolibris noch in weit über 4.000 Metern Höhe Blumen und überstehen hier Frost und Schneefälle. Mehrere Arten kann man auch in Nordamerika finden, zum Teil bis hinauf nach Kanada und Alaska. Diese Kolibris sind Zugvögel, die im Herbst mehrere tausend Kilometer weit in wärmere Länder ziehen – eine unglaubliche Leistung für die kleinsten aller Vögel.

HERRSCHER DER MEERE, KÜSTEN UND SEEN

LEBENSRAUM WASSER

Neueste Erkenntnisse auf dem Gebiet der Hominiden-Forschung – die Wissenschaft über die Entstehung der Menschenartigen – zeigen, daß sich unsere Vorfahren von Ostafrika aus den Küsten und großen Strömen entlang nach Arabien, Kleinasien, Europa und in den Fernen Osten ausgebreitet haben. Im Meer, an den Küsten, an den Ufern und in den Mündungsgebieten der Flüsse haben sie ein großes Angebot an pflanzlicher und tierischer Nahrung vorgefunden.

Alle lebenden Organismen sind vom Wasser abhängig; selbst in den trockensten Wüsten muß es vorhanden sein, auch wenn es nur geringste Mengen sind – Nebel, Tau, gelegentliche Niederschläge. So hat zum Beispiel eine Gruppe von Käfern der Spezies Tenebrio eine ungewöhnliche Art der Feuchtigkeitsbeschaffung „erfunden“: Sie klettern in den späten Nachtstunden auf die höchsten Dünenkämme der Namibwüste, recken das Hinterteil in die Höhe und warten auf die heraufziehenden Nebel, die vom kalten Atlantik her landeinwärts ziehen. Die winzigen Wassertröpfchen laufen über ein den ganzen Oberkörper verteiltes Rillensystem den Käfern direkt in den Mund!

Die Mehrzahl der Tiere benötigt täglich oder wenigstens in kurzen Abständen Wasser, sei es, um die Körpertemperatur zu regeln, die Nahrung zu verdauen und vor allem um die vom Körper ausgeschwitzte und verbrauchte Feuchtigkeit zu ersetzen.

VIELFÄLTIGES LEBEN AM UND IM WASSER

Wie alle Lebensräume der Erde, die Wüsten und Halbwüsten, Grasländer und Buschsavannen, Regen- und Urwälder, verlangt auch das Wasser von seinen Bewohnern und Benutzern große Anpassungsfähigkeit. Fisch- und Seeotter haben an ihren Füßen Schwimmhäute entwickelt, während bei den Robben die Extremitäten zu Flossen umgewandelt wurden.

Viele Meeressäuger haben die Fähigkeit, ihren Sauerstoffbedarf so zu reduzieren, daß sie eine Stunde und länger unter Wasser bleiben können, bis sie wieder Luft holen müssen. Auch muß ihr Körper fähig sein, ungeheure Drücke auszuhalten, die bei Tauchgängen auf 500, 600 m und tiefer auf ihnen lasten. Wieder andere, wie der Eisbär, Wale und die arktischen Robben, können sich stundenlang im eisigen Wasser aufhalten, ohne an Unterkühlung zu sterben; eine mehrere Zentimeter dicke Speckschicht isoliert sie exzellent gegen die tödliche Kälte.

Eine weitere Anpassung an das Wasser zeigt sich in der Körperform seiner Bewohner. Unabhängig davon, welcher Tierklasse die verschiedenen Arten angehören, haben sie eine – vereinfacht gesagt – langgezogene, tropfenförmige Form entwickelt, die ihnen hilft, den Widerstand des Wassers energiesparend zu überwinden. Das trifft sowohl für die Wale und Delphine zu wie für Pinguine, Panzerechsen und jene Fischarten, die große Strecken zurücklegen oder beim Beutefang hohe Geschwindigkeiten entwickeln.

Das physikalische Prinzip des Auftriebs läßt sich im Wasser bei zahlreichen Tierarten beobachten. Einzellige Meeresfauna ist oft von einer gallertartigen Masse umgeben, die das gleiche spezifische Gewicht wie das Wasser hat und bewirkt, daß die Einzeller im Wasser schweben, ohne sich bewegen zu müssen, d. h. ohne Energieeinsatz. Fische wiederum regeln ihren Auftrieb über die Schwimmblase, deren veränderbare Gasdichte für das Aufsteigen oder Absinken der Tiere sorgt.

Die Gewässer der Erde, sowohl Süß- wie Meerwasser, haben eine ungeheuer große Biomasse (Gesamtheit der lebenden pflanzlichen und tierischen Organismen), die jene des Festlandes um ein Vielfaches übertrifft und für die Ernährung der Menschen zunehmende Bedeutung erhält und die letzten Endes zu ihrem Überleben beiträgt.

RICHTIG DICKE PASCHAS

Unter der Bezeichung Wasserraubtiere sind die Familien der Ohrenrobben, der Walrosse, der Hundsrobben und der Seehunde zusammengefaßt, die im Gegensatz zu den Landraubtieren den weitaus größten Teil ihres Lebens im Wasser verbringen. Wahrscheinlich waren ihre Vorfahren bärenähnliche Landraubtiere, die an Flußmündungen oder an Meeresküsten und auf Inseln lebten. Viele Robbenarten sehen sogar ein bißchen aus wie pummelige Bären, wenn sie sich mit ihren spindelförmigen Körpern schwerfällig watschelnd an Land bewegen. Deshalb werden die Mitglieder der Pelzrobben-Gruppe oft auch Seebären genannt.

Wasserraubtiere sind fast ausschließlich Bewohner der offenen See und der Meeresküsten und -inseln, hauptsächlich der kalten und gemäßigten Zonen. Nur die Mönchsrobben bevorzugen die warmen Meere und kommen, leider nur noch in wenigen Dutzend oder Hundert Tieren, auch im Mittelmeer vor. Viele Arten haben feste Wurfplätze, zu denen die Tiere seit Generationen oft zu Tausenden kommen, um ihre Jungen zur Welt zu bringen und sich neu zu verpaaren. Einige Arten, u. a. die Seebären, wurden so stark gejagt, daß ihre Bestände bedroht sind. Dank intensiver internationaler Schutzbemühungen verzichtet die Mode heute weitgehend auf Robbenfelle, und die Schlächtereien sind stark zurückgegangen.

Zur Fortpflanzungszeit sammeln die großen Bullen einen Harem um sich, den sie energisch und in heftigen, manchmal sehr blutigen Rivalenkämpfen gegen alle Nebenbuhler verteidigen. Kurz nach der Geburt ihrer Jungen verpaaren sich die Weibchen wieder. Sie bleiben noch einige Wochen bei den Wurfplätzen, bis die Jungen so groß und selbständig sind, daß sie sich in die Weiten der Ozeane wagen können.

Nördlicher See-Elefant

Die größten Vertreter der Wasserraubtiere sind die See-Elefanten, die in zwei Arten, dem Nördlichen und dem Südlichen See-Elefanten, die nördliche und die südliche Erdhalbkugel bewohnten. Beide Arten wurden durch die Jagd in Teilen der ursprünglichen Verbreitungsgebiete ausgerottet. Der Nördliche See-Elefant kam früher von Alaska über Kalifornien bis zu den Galapagos-Inseln unter dem Äquator vor. Heute lebt er nur noch in den Gewässern rund um die Galapagos-Inseln und vor Guadeloupe, während sein südlicher Verwandter auf einigen Inseln rund um das Südpolarmeer und auf der argentinischen Halbinsel Valdez zu finden ist.

Ihren Namen tragen die See-Elefanten nicht etwa wegen ihrer Größe, sondern wegen ihrer Nase, die die Männchen, wenn sie sich aufregen, wie einen Rüssel aufblasen und verlängern können. Ein See-Elefantenbulle wird bis zu 6,5 Meter lang und kann, wohlgenährt, bis zu 3.600 Kilogramm auf die Waage bringen. Die Weibchen sind erheblich kleiner; sie werden etwa 3,5 Meter lang und wiegen höchstens 900 Kilogramm. Im Frühling, der im Süden der südlichen Erdhälfte etwa Mitte August bis Anfang September beginnt, treffen als erste die mächtigen Bullen auf den Fortpflanzungsplätzen ein. Die stärksten Bullen erkämpfen sich die besten Plätze direkt am Wasser und erwarten dort die Weibchen, die gegen Ende September eintreffen. Jeder Bulle versucht, so viele Weibchen wie möglich in sein Territorium zu locken und dort festzuhalten. Eine schwere Aufgabe für einen einzelnen Bullen, und selbst

Südlicher See-Elefant

der größte und stärkste schafft es nicht, mehr als 10 bis 15 Weibchen „unter Kontrolle“ zu halten. Jeder Bulle, der in der Nähe des Harems auftaucht, wird vom „Pascha“ angegriffen. Oft kann man beobachten, wie sich zwei Bullen hoch aufgerichtet gegenüberstehen, sich gegenseitig anbrüllen und sich schließlich mit aller Gewalt der Länge nach auf den Gegner fallen lassen.

Nur wenige Tage nach ihrer Ankunft bringen die Weibchen ihre Jungen zur Welt, die sie etwa drei Monate lang säugen. Doch bereits kurz nach der Geburt vertreiben die Mütter ihre Kinder aus ihrer unmittelbaren Nähe. Denn nun beginnt die Paarungszeit, in der die erwachsenen Tiere auf die „nur“ etwa einen Meter großen Babys wenig Rücksicht nehmen.

Etwa Ende Oktober, wenn die Kleinen bereits schwimmen können, gehen die See-Elefanten wieder ins Meer, um sich nach dem Streß von Geburt und Paarungszeit wieder einmal richtig satt zu essen. Bereits vier Wochen später sind sie aber wieder an den alten Plätzen, um die „Haarung“ durchzumachen. Dabei wechseln sie nicht nur ihren kurzen, glatten Pelz, sondern erneuern ihre gesamte Oberhaut. Erst danach kehren sie bis zum Beginn der nächsten Fortpflanzungsperiode ins offene Meer zurück.

In kleineren Trupps sind See-Elefanten vorwiegend nachts unterwegs und jagen nach Fischen von Herings- bis Dorschgröße. Wer die plumpen, unförmigen Kolosse an Land beobachtet hat, kann sich nur wundern über die Behendigkeit und die Eleganz, mit der sie sich im Wasser bewegen.

Die zweitgrößten Wasserraubtiere sind die Walrosse, die in zwei Unterarten im Nordatlantik und im Nordpazifik leben. Auch hier sind die bis 4 Meter langen und bis zu 1.500 Kilogramm schweren Bullen um einiges größer und schwerer als die Weibchen, die höchstens 3,4 Meter messen und bis zu 800 Kilogramm wiegen. Walrosse sind unverwechselbar dicke, schwere Gesellen mit faltiger, derber Haut, die an den dicksten Stellen bis zu 2,5 Zentimeter mißt. Vor allem aber sind sie an den bis zu 75 Zentimeter langen, oberen Eckzähnen zu erkennen. Mit den wurzellosen

Walroß

Hauern, die das ganze Leben lang nachwachsen, graben sie im weichen Meeresgrund nach Muscheln, Schnecken und Krebsen, verschmähen aber auch Kopffüßer wie Tintenfische und anderes Getier nicht. Walrosse leben in Kleinfamilien, die aus einem Bullen, bis zu fünf Weibchen und deren Jungen bestehen. Außerhalb der Paarungszeit schließen sich oft mehrere Familien zu größeren Herden zusammen, die gemeinsam auf Nahrungssuche gehen und auf Eisschollen oder an Land übernachten.

Außer dem Menschen haben Walrosse kaum Feinde. Die normalerweise ziemlich friedlichen Tiere können sich ihrer dicken Haut recht gut wehren und nehmen es als ausgezeichnete Schwimmer im Wasser sogar mit einem Eisbären auf. Man traut den Kolossen gar nicht zu, daß sie sehr neugierig sind. Aber wegen genau dieser Neugierde kommt es hin und wieder zu gefährlichen Begegnungen zwischen Menschen und Walrossen, wenn so ein Riese plötzlich zwischen den Kajaks der Eskimos oder anderen kleinen Booten auftaucht und „die Sache" genauer untersuchen will. Walrosse, die schlechte Erfahrungen mit Menschen hinter sich haben, greifen unter Umständen sofort an und bringen die Boote zum Kentern, indem sie mit ihren langen Zähnen über Bord fassen, einhaken und dann abtauchen!

Nach einer zwölfmonatigen Tragzeit kommen die Jungen zwischen April und Juni zur Welt. Im Gegensatz zu den fast haarlosen, erwachsenen Tieren haben die Jungen ein dichtes, rötlich- bis gelblichbraunes Fell, das sich im Laufe der Zeit verliert. Walroßkinder werden etwa eineinhalb Jahre von der Mutter gesäugt, die sich in dieser Zeit – im Gegensatz zu anderen Robben – nicht wieder verpaart. Die Bindung zwischen Mutter und Kind ist sehr eng. Solange das Kleine noch nicht ausdauernd schwimmen kann, dreht sich die Mutter auf den Rücken, drückt es mit den Vorderflossen an die Brust und hält es fest.

Einen guten Einblick in das Leben einer Robbenkolonie gibt ein Besuch bei den Südafrikanischen Seebären oder Zwergseebären am Kreuzkap an der Küste Namibias, 115 Kilometer nördlich von Swakopmund. Etwa 80.000 bis 100.000 Tiere leben hier das ganze Jahr über und finden im kalten, sauerstoffreichen Wasser des Benguela-Stromes, der aus der Antarktis kommt und an der berühmt-berüchtigten Skelettküste entlang nach Norden fließt, genügend Nahrung: Fische, Tintenfische und Krebse. In und um die Kolonie stinkt es – wenigstens nach unseren Begriffen – nach Fischen, Ausscheidungen, Salzwasser und Verwesung. Das Bellen, Husten und Kreischen der Pelzrobben und das Rauschen der Brandung, die sich donnernd an den Klippen bricht, erfüllen die Luft. Tausende von grauschwarz bis goldbraunen Leibern drängen sich an Land, räkeln sich in der Sonne und lassen

Südafrikanischer Seebär

den Pelz trocknen. Immer wieder versucht ein Neuankömmling, einen guten Platz zu ergattern, drängt sich zwischen den anderen Tieren hindurch, wirft sich einfach auf die Ruhenden, bellt, zeigt drohend die spitzen Zähne und wird von den Platzinhabern genauso drohend und lautstark verjagt. Je nach Jahreszeit rufen Junge nach ihren Müttern, und aus dem Meer zurückkehrende Mütter suchen brüllend ihre Kinder.

Noch dramatischer wird es, wenn etwa im Oktober die Brunftzeit der Pelzrobben beginnt. Dann erscheinen die mächtigen, bis zu 2,5 Meter langen und gut 300 Kilogramm schweren Bullen und besetzen mit Gebrüll und zum Teil heftigen Kämpfen ihre Reviere. Die Weibchen, die sich im Revier aufhalten, bilden den Harem, der bis zu 50 Tiere umfassen kann. Hat ein Bulle ein Revier besetzt, verläßt er es während der ganzen Brunft nicht mehr. Er geht nicht mal zum Fressen ins Meer, denn während seiner Abwesenheit würde sofort ein Nebenbuhler seine Weibchen und sein Revier für sich beanspruchen. Die nur etwa 1,8 Meter langen und lediglich 100 Kilogramm schweren Weibchen bewegen sich ungehindert am Strand oder im Wasser und wechseln auch über die Reviergrenzen hinweg.

Gegen Anfang Dezember kommen die meisten Jungen zur Welt. Wenige Tage nach der Geburt sind die Weibchen wieder empfängnisbereit. Die Tragzeit dauert fast ein Jahr, allerdings ruht der Keimling drei Monate, entwickelt sich also in dieser Zeit nicht weiter. In der ersten Lebenswoche verläßt die Mutter ihr Junges nicht, dann begibt sie sich für immer längere Zeit ins Meer zurück, um Nahrung zu suchen. Anfangs scheint das Kleine ohne die Mutter recht verloren zu sein, aber bald schwimmt es mit Gleichaltrigen im Meer und spielt am Strand oder zwischen den Felsen. Sobald es die Milchzähne verloren hat, frißt es zusätzlich zur Muttermilch Fische und Krebse, die es bereits selbst erbeutet. Trotz der scheinbar großen Selbständigkeit werden Pelzrobbenkinder fast ein Jahr lang gesäugt.

Nach vielen Jahren der rücksichtslosen Jagd auf die verschiedenen Pelzrobbenarten waren die Bestände in einigen Gegenden ausgerottet, in anderen stark bedroht. Daraufhin wurden sehr strenge Schutzbestimmungen erlassen. Als Folge des strengen Schutzes vermehrten sich etwa die Südafrikanischen Seebären in einigen Kolonien so stark, daß sie mehrere Seevogelarten verdrängten und angeblich der Fischwirtschaft schwere Schäden zufügten. Aus diesem Grunde werden jedes Jahr – unter strenger Aufsicht der Regierungen – mehrere tausend „überzählige“ Bullen und eine große Anzahl von Jungtieren getötet.

SEELÖWEN: LÖWENGEBRÜLL IM MEER

Nah verwandt mit den Seebären oder Pelzrobben sind die Seelöwen oder Haarrobben. Im Gegensatz zu den Erstgenannten hat ihr Fell keine dichte, weiche Unterwolle, darum wurden sie nicht als Pelztiere gejagt. Besondere Kennzeichen der Seelöwen sind der starke Größenunterschied zwischen Männchen und Weibchen, die mächtige Hals- und Nacken„mähne“ der Bullen und ihr löwenähnlich lautes Gebrüll. Mit 3,5 Meter Länge und 1.100 Kilogramm Gewicht der Bullen ist Stellers Seelöwe die größte Art. Richtig zierlich sehen dagegen die Weibchen aus, die höchstens 2,7 Meter lang werden und nur bis zu 350 Kilogramm auf die Waage bringen.

Trotz ihrer Größe sind Stellers Seelöwen sehr friedliche Tiere. In ihrem Verbreitungsgebiet von der Beringsee bis zur kalifornischen Küste leben die Tiere paarweise oder in kleinen Haremsfamilien. Die Paschas benehmen sich ihren kleinen Weibchen gegenüber bei weitem nicht so ruppig und grob, wie das etwa bei den Seebären oder den See-Elefanten üblich ist. Bedeutend kleiner – die Bullen werden bis zu 2,2 Meter lang, die Weibchen 1,8 Meter bei einem Gewicht von 250 Kilogramm für Männchen und 100 für Weibchen – bleiben der Kalifornische Seelöwe und seine Unterarten wie der Galapagos-Seelöwe.

Etwa 2,5 Meter lang und um die 400 Kilogramm schwer werden die Bullen der Mähnenrobbe, die an den südlichen Küsten Südamerikas und auf vorgelagerten Inseln lebt. Mit ihrer kräftigen Gestalt und den bis auf die Schultern

Mähnenrobbe

Seelöwe

reichenden Mähnen wirken die Tiere recht eindrucksvoll. Die Männchen sammeln größere Harems um sich und sind während der Paarungszeit sehr aggressiv. Sobald aber der ganze „Rummel" vorbei ist, werden sie wieder sehr friedlich und freundlich und hüten die Jungen, während die Mütter auf Nahrungssuche im Meer sind.

Der Galapagos-Seelöwe und der Kalifornische Seelöwe haben im Gegensatz zu den anderen Seelöwenarten keine stumpfe „Bulldoggenschnauze", sondern lange, schlanke Schnauzen. Sie tragen auch keine Mähne und wirken im ganzen wesentlich schlanker als ihre nächsten Verwandten. Sie bewegen sich auch an Land sehr geschickt und verständigen sich durch hundeartiges Bellen.

Beide Arten sind gesellige Tiere, die in lockeren Verbänden leben. Äußerst gewandt jagen sie nach Fischen, Tintenfischen und Krebsen, springen oft hoch aus dem Wasser heraus oder stürzen sich von hohen Klippen und Felsen in die Tiefe. Der „Kalifornier" kann 15 Minuten lang bis zu 100 Meter tief tauchen. Nach etwa einjähriger Tragzeit bringen die Weibchen ein Junges mit kastanienbraunem Pelz zur Welt. Die Kleinen können noch nicht schwimmen und haben oft Angst vor dem unbekannten, nassen Element. Zuerst ganz langsam versucht die Mutter in einer stillen Bucht, ihr Junges ins Wasser zu locken.

Erst wenn das Kleine absolut nicht will, packt sie es mit der Schnauze an einer Flosse oder im Nackenpelz und zieht es ins Wasser. Bald verliert der kleine Seelöwe seine Scheu und schwimmt munter mit den Altersgenossen im ruhigen Wasser umher.

Seehund

Das bei uns bekannteste Wasserraubtier ist sicher der Seehund, der sich in seinen Verbreitungsgebieten im nördlichen Atlantik und im nördlichen Pazifik besonders gerne in seichten Küstengewässern aufhält. Vor allem im Wattenmeer vor der holländischen, deutschen und dänischen Nordseeküste kann man Gruppen von Seehunden in den Sommermonaten, zur Zeit der Jungenaufzucht und während des Haarwechsels, auf Sandbänken oder an sandigen Küstenstreifen antreffen. Einige Tiere schwimmen auch weit in Flüsse hinein.

Kegelrobbe

Eine Unterart lebt sogar ausschließlich im Süßwasser einiger kanadischer Seen. Seehundsbullen werden bis zu 1,9 Meter, Weibchen bis zu 1,7 Meter groß. In manchen Gebieten des Wattenmeeres gehört es zu den Touristenattraktionen, mit Booten zu den Seehundsbänken hinauszufahren. Mit ihren runden Köpfen, den dunklen Kulleraugen und ihrem verspielt-neugierigen Verhalten sind die Seehunde beliebt bei Groß und Klein. Von Juni bis in den August und September hinein kann man die Tiere beobachten, wie sie sich auf den Sandbänken sonnen, herumwälzen, spielerisch auf dem Bauch ins Wasser rutschen, umherrobben und sich räkeln und strecken. Verantwortungsvolle Bootsführer fahren nur so weit an die Ruheplätze heran, daß die Tiere nicht gestört werden. Seehundsbabys werden auf den Sandbänken geboren und müssen meist schon mit Beginn der nächsten Flut ins Wasser, wo sie von ihren Müttern sorgfältig bewacht und betreut werden. Aufgeschreckte Tiere aber rutschen und schlittern eiligst auf den Bäuchen ins Wasser und flüchten schwimmend und tauchend. Wenn dabei ein Junges seine Mutter verliert, irrt es eine Zeitlang umher. Dabei stößt es immer wieder seinen „Heulschrei" aus, mit dem es nach der Mutter ruft. Sehr oft hat das Heulen Erfolg, und früher oder später finden sich Mutter und Kind wieder – wenn nicht unwissende Menschen das „arme, verlassene" Seehundsbaby mitnehmen und es in einer Heuler-Aufzuchtstation abgeben. Für diese „unechten" Heuler ist das nur der zweitbeste Weg, ein erwachsener Seehund zu werden. Daneben gibt es aber die „echten" Heuler, deren Mutter verunglückt oder krank ist. Diese Tierchen sind oft selbst krank, sind hungrig und geschwächt. Für sie ist die Aufzuchtstation die einzige und letzte Möglichkeit, am Leben zu bleiben.

Weddellrobbe

Seehunde ernähren sich ausschließlich von Fischen und werden darum von vielen Fischern als Konkurrenten betrachtet. Bis 1973/74 durften Seehunde auch im Wattenmeer noch gejagt werden.

Obwohl die Jagd seitdem verboten ist, sind die Bestände stark gefährdet. Die immer mehr zunehmende Verschmutzung des Wattenmeeres und der gesamten Nordsee macht die Tiere anfällig für Krankheiten. Ein großer Teil der

Oben: *Klappmütze*, unten: *Sattelrobbe*

Wattenmeerseehunde fiel in den letzten Jahren einer Virusinfektion zum Opfer. Seehunde werden heute in der Roten Liste als gefährdete Tierart genannt.

Weitere Seehunde oder Hundsrobbenarten sind die Kegelrobbe, die Weddellrobbe, die Klappmütze und die Sattelrobbe. Mit Ausnahme der Weddellrobbe tauchen die anderen Arten im Atlantik zwischen Skandinavien, Island und Grönland mehr oder weniger regelmäßig auf.

Die Sattelrobbe hat ihres seidenweichen, schneeweißen Pelzes wegen traurige Berühmtheit

erlangt. Sie wird, wenn auch nicht mehr in solchen Massen wie früher, trotz weltweiter Proteste noch immer gejagt und getötet.

Die Weddellrobbe gilt unter ihresgleichen als Weltrekordhalter im Tieftauchen. Man hat festgestellt, daß sie bis zu 600 Meter unter die Meeresoberfläche taucht und über eine Stunde unter Wasser bleiben kann, ohne Luft zu holen. Das sind ungeheure Leistungen, die man bis heute nur ungenügend erklären kann.

FISCHOTTER UND SEEOTTER

Wie die meisten Marder haben auch die Otter langgestreckte, schlanke, fast walzenförmige Körper und einen langen, kräftigen, spitz zulaufenden Schwanz. Mit ihren kurzen Beinen und den Schwimmhäuten zwischen den fünf Zehen der Vorder- und Hinterfüße und dem glänzenden, völlig wasserundurchlässigen Fell mit der seidenweichen Unterwolle sind sie hervorragend für das Leben im Wasser ausgestattet. Darum werden sie auch Wassermarder genannt. In dem platten, breiten Kopf mit der stumpfen Schnauze glänzen kleine, schwarze Augen. Die kleinen, runden Ohren können unter Wasser verschlossen werden, so daß kein Wasser in die Gehörgänge kommt. Mit elf Arten sind die Fischotter in Nord- und Südamerika, Europa, Asien und einigen Teilen Afrikas verbreitet. Je nach Art und Lebensraum werden sie 65 bis 85 Zentimeter lang und wiegen zwischen 7 und 16 Kilogramm.

Ursprünglich waren Fischotter wohl vorwiegend während des Tages und in den Dämmerungsstunden aktiv. Da sie aber fast überall stark verfolgt wurden, kommen sie oft nur noch nachts aus ihrem Bau heraus. Als Lebensraum lieben sie bewaldete, buschbestandene oder verschilfte Ufer von Seen oder leicht fließenden Flüssen. Einige leben auch im Brackwasser von Flußmündungen und durchschwimmen schmale Meeresarme. Fischotter fressen nicht nur Fische.

Allerdings sind sie wegen eines typischen Marderverhaltens bei den Fischzüchtern verhaßt: Wenn sich ein Otter über einen Fischteich hermacht, holt er sich nicht nur einen Fisch zum Fressen, sondern er tötet alle Fische, die er erwischen kann und schleppt sie an Land, bevor er mit dem Fressen beginnt. Fischotter machen sich aber auch über

Fischotter

Wasser- und Bodenvögel und ihre Gelege her und fressen Bisamratten, Schermäuse und andere Tiere, die dem Menschen Schaden zufügen. Sie sind also nicht nur Schädlinge, wie viele Menschen glauben.

Fischotter graben sich ihre Baue in Uferböschungen, wobei der Eingang stets unter der

Wasseroberfläche liegt. Da die Tiere ohne Probleme mehrere Minuten lang tauchen können, erreichen sie ihre Schlupflöcher unbemerkt von Feinden. Im Bau bringt das Weibchen nach gut zweimonatiger Tragzeit zwei bis vier Junge zur Welt. Die Mutter betreut die blinden, hilflosen Jungen allein. Mit etwa fünf bis sechs Wochen verlassen die Kleinen erstmals das Nest und beginnen sehr bald, neugierig ihre Umgebung zu erkunden. Otter sind sehr verspielte Tiere, die sich aus bloßem Spaß an der Freude bewegen. Beim Schwimmen legen sie die Füße fest an den Körper und schlängeln sich mit kräftigen Schwanzschlägen durchs Wasser, drehen sich um die eigene Achse, schlagen Purzelbäume, schießen hierhin und dorthin, hinauf und hinunter. Auch an Land geht es nicht viel ruhiger zu. Schlamm- oder Eisflächen werden zu Rutschbahnen, Felsen oder Baumstämme zu „Burgen“, die gegen andere verteidigt werden, und Blätter, Steine und Äste werden untersucht.

Fischotter dürfen in Deutschland überhaupt nicht mehr gejagt werden, da sie fast ausgerottet sind. Ob sie trotzdem bei uns überleben können, ist noch fraglich, da ihre Lebensräume immer mehr zerstört werden. Alle Otterarten sind nach dem Washingtoner Artenschutzabkommen geschützt.

Mit einer Gesamtlänge von der Nasen- bis zur Schwanzspitze von 1,6 Meter ist der Seeotter, Meerotter oder Kalan wesentlich größer als der Fischotter. In seinem ursprünglichen Verbreitungsgebiet auf den Inseln und an den Küsten der Beringsee und des Stillen Ozeans wurde er wegen seines wertvollen Pelzes so stark verfolgt, daß nur noch einige, sehr versteckte Gruppen überleben konnten. Seit 1911 haben die USA, Kanada, Rußland, England und Japan den Fang weitgehend verboten, so daß sich einige Bestände wieder erholen konnten. Kalane ernähren sich hauptsächlich von Seeigeln, die sie aus 20 bis 40 Meter Tiefe heraufholen. Da es selbst für die hervorragenden Taucher zu mühsam wäre, nach jedem Seeigel einzeln zu tauchen, werden bei jedem Tauchgang zehn bis zwölf Stachelhäuter gesammelt und an die Wasseroberfläche gebracht.

Seeotter

Mit seinem Vorrat legt sich der Seeotter auf den Rücken, verstaut die Seeigel in den Hautfalten seines sehr locker sitzenden Pelzes, läßt sich im Wasser treiben und nimmt sich einen Leckerbissen nach dem anderen vor. Zuerst dreht er den Seeigel ein paarmal in den Händen, um die Stacheln zu entfernen. Dann beißt er den oberen Rand ab und schlürft den Inhalt aus. Neben Seeigeln frißt der Kalan auch Muscheln, Schnecken, Krebse, Fische sowie hin und wieder auch Seetang. Harte Muschelschalen knackt er, rücklings im Wasser liegend, mit einem Stein. Überhaupt scheint das Rücklings-im-Wasser-Liegen eine der Lieblingsbeschäftigungen der Seeotter zu sein. Oft sieht man mehrere Tiere nebeneinander im Wasser treiben und den Bauch an die Sonne halten. Seeotter leben in Familiengruppen zusammen, die den Tag meist gemeinsam im Wasser, die Nächte und stürmische Tage in einer geschützten Mulde verbringen.

Das einzige Junge kommt nach einer Tragzeit von acht bis neun Monaten zur Welt. Es ist schon weit entwickelt und wird von der Mutter sofort mit ins Wasser genommen. Da es aber noch nicht selbst schwimmen kann, hält es die Mutter mit den Vorderpfoten auf der Brust fest. Sobald sie in Rückenlage treibt, beginnt das Kleine auf ihrer Brust umherzutollen und unternimmt bald kurze Ausflüge ins Wasser.

SEEKÜHE – DAS MÄRCHEN VON DEN SIRENEN

Obwohl Seekühe auf den ersten Blick aussehen wie eine Mischung zwischen Robben und Walen, sind sie weder mit den einen noch mit den anderen näher verwandt. Aufgrund bestimmter gemeinsamer Eigenarten zählen die Wissenschaftler sie mit den Elefanten und den Schliefern zu den Fast-Huftieren. Durch ihre Anpassung an das Wasserleben verwandelte sich ihr Körper im Laufe der Zeit und nahm die Form an, die dem Leben und der Fortbewegung im Wasser am besten dient. Ihre Gliedmaßen sind zu schwach, als daß sich die riesigen, schweren Tiere damit auf dem Land fortbewegen könnten. Mit den zu Flossen umgewandelten Vorderarmen und der Schwanzflosse stützen sie sich beim Weiden von Seegras und Tang im flachen Wasser ab und stützen sich manchmal so auf, daß Kopf und Oberkörper aus dem Wasser herausragen. Mit ihrem runden Kopf können sie aus einiger Entfernung für Menschen gehalten werden. Wahrscheinlich waren die sogenannten Sirenen,

also die wunderschönen Frauen, von denen die alten Seefahrer immer wieder berichteten, Seekühe. Sogar der große Entdecker Christoph Kolumbus glaubte an die Sirenen, war aber ganz enttäuscht, als er sie in der Karibik erstmals erblickte: „Sie waren längst nicht so schön“, wie er es erwartet hatte. Nach menschlichen Begriffen schön sind die massigen Tiere

Seekühe

sicher nicht. Die verschiedenen Arten sind zwischen 2,5 und 4 Meter lang und wiegen bis zu 380 Kilogramm. Die wahrscheinlich ausgerottete Stellersche Seekuh maß gar 7,5 Meter und wog bis zu 4 Tonnen. Seekühe sind friedliche, gemächliche Tiere, die gerne in Gesellschaft von Artgenossen weiden. Sie leben in dicht bewachsenen Küstengewässern oder Flüssen. Entsprechend ihrer harten Nahrung haben sie in jeder Kieferhälfte drei bis zehn wurzellose Backenzähne, die ständig von hinten nachwachsen. Die „abgekauten" Zähne fallen einfach heraus. Nach ihrer Schwanzform werden die Manatis oder Rundschwanzseekühe von den Dugongs oder Gabelschwanzseekühen unterschieden. Bis auf den Amazonas-Manati, der nur noch in dem gleichnamigen Fluß in Südamerika vorkommt, leben die Manatis sowohl in Küstengewässern als auch in Flüssen. Sie lieben ruhiges Wasser, sandige Flußufer und Sandbänke, auf denen sie ungestört sonnenbaden können. Über das Freileben der Manatis weiß man noch nicht allzuviel. Innerhalb der Gruppen halten die Paare wahrscheinlich eng zusammen. Die Weibchen bringen, nach etwa einjähriger Tragzeit, stets nur ein Junges zur Welt, das sie liebevoll betreuen, beim Säugen mit den Flossen an die Brust halten und gelegentlich auf dem Nacken reiten lassen. Schon sehr früh nehmen die Kleinen neben der Muttermilch auch Pflanzennahrung zu sich. Sie könnten sogar schon überleben, wenn der Mutter etwas zustoßen sollte.

Der bevorzugte Lebensraum der Dugongs sind die großen Seegraswiesen vor den Küsten des Indischen Ozeans, des Pazifiks und des Roten Meeres, wo sie nachts auf Nahrungssuche gehen. Auch Dugongs leben paarweise in größeren Familienverbänden. Bei Gefahr helfen die Familienmitglieder einander, vor allem Junge werden tapfer verteidigt. Leider wurden alle Seekühe in den letzten Jahrhunderten stark verfolgt. Die Stellersche Seekuh wurde von Robbenschlägern, Walfängern und Fleischjägern innerhalb weniger Jahrzehnte ausgerottet. Alle Bestände der Seekühe gelten als bedroht und sind geschützt.

DIE SINGENDEN RIESEN: WALE UND DELPHINE

Obwohl schon die alten Griechen wußten, daß Wale lebende Junge zur Welt bringen, die sie mit Muttermilch ernähren, hielten sie sie für Fische. Viele hundert Jahre lang teilte man die Tiere nach der Art ihrer Umweltanpassung und den Lebensräumen ein. Erst Ende des 17. Jahrhunderts ordnete ein Naturforscher die Waltiere den Säugetieren zu, und erst 1758 erkannte man den Unterschied zwischen Zahn- und Bartenwalen. Aber auch heute passiert es noch hin und wieder, daß jemand von „Walfischen" spricht. Hier sei noch einmal ganz ausdrücklich festgehalten, daß Wale keine Fische, sondern Säugetiere sind wie Elefanten, Löwen, Kaninchen, Spitzmäuse und Robben. Nur: Anders als zum Beispiel die vorher besprochenen Wasserraubtiere gehen die Waltiere niemals an Land, auch nicht zur Geburt ihrer Jungen. Der Waltiernachwuchs kommt unter Wasser zur Welt und muß sofort nach dem Durchreißen der Nabelschnur seine erste Großtat vollbringen: Mit Händen und Füßen beziehungsweise Flossen an die Wasseroberfläche schwimmen, ganz tief Luft holen und die Lungen vollpumpen. Manchmal helfen ältere Geschwister oder Tanten einem durch die Mühen der Geburt allzusehr erschöpften neuen Erdenbürger. Die zweite große Tat eines Walbabys besteht darin, wieder unter Wasser zu tauchen, die mütterlichen Zitzen zu suchen und die ersten paar Schlucke der außerordentlich nahrhaften und fettreichen Muttermilch zu trinken.

Die Urvorfahren der Waltiere waren Landbewohner und hatten wie jedes „normale" Säugetier Vorder- und Hinterbeine, Hals und Schwanz. Wahrscheinlich gingen diese Vorfahren immer mehr zum Wasserleben über und veränderten in Anpassung an das nasse Element ihre Körperform. Daß die Wale heute so aussehen wie Fische, liegt daran, daß die Körperform, die beide gemeinsam haben, der Fortbewegung im Wasser optimal angepaßt ist. Man spricht von einer konvergenten Entwicklung, wenn zwei total unterschiedliche Tiergruppen unabhängig voneinander die gleichen äußeren Kennzeichen oder Verhaltensmerkmale entwickeln, die die beste Anpassung an bestimmte Umweltbedingungen darstellen – wie eben Fische und Waltiere.

Letztere haben sich, im Gegensatz zu allen anderen Säugetieren, dem Lebenselement Wasser so sehr angepaßt, daß sie außerhalb gar nicht mehr leben können. Zwar sind alle Wale, Delphine und Tümmler Lungenatmer; sie können also nicht, wie die Fische, mit Kiemen im Wasser atmen, sondern müssen zum Luftholen immer an die Wasseroberfläche kommen. Aber Lungen und Kreislauf einiger Arten sind so gebaut, daß die Tiere sehr lange in große Tiefen tauchen können. Tiere, die sich – wie es leider immer wieder vorkommt – in

Buckelwal

Fischernetzen verfangen und nicht rechtzeitig auftauchen können, müssen ertrinken. Die Haut der Wale ist sehr empfindlich. Freiwillige Helfer, die keine Mühe scheuen, irrtümlich gestrandeten Tieren zu helfen, können ein Lied davon singen. Denn die Haut trocknet an der Luft sehr schnell aus und bekommt bei intensiver Sonneneinstrahlung Risse. Mit Eimern und Schläuchen versuchen die Helfer, die Wal- oder Delphinhaut feucht zu halten, bis die gestrandeten Riesen aus eigener Kraft, wenn die Flut kommt oder mit dem Traktor in tieferes Wasser gebracht werden können. Oft genug ist leider alle Mühe vergebens, und die gestrandeten Tiere verenden kläglich.

Ein weiterer Grund schließlich, warum zumindest einige Walarten überhaupt nicht mehr außerhalb des Wassers leben können, ist ihr enormes Gewicht. Der Blauwal ist der Allergrößte! Nicht nur der größte Wal, sondern das größte Tier, das überhaupt je auf der Erde gelebt hat. Männchen werden bis zu 28 Meter, Weibchen sogar bis über 30 Meter lang. Im Durchschnitt wiegt so ein Koloß 130 bis 150 Tonnen, das sind 130.000 bis 150.000 Kilogramm! Das entspricht dem Gewicht von 25 bis 30 Elefanten, 150 bis 180 Rindern oder 1.600 bis 1.900 Menschen!

Selbst die riesigen Dinosaurier, die vor Urzeiten die Erde bevölkerten, waren Leichtgewichte im Vergleich zum Blauwal. Vier Brontosaurier, wie die größten bekannten Saurier heißen, wären nötig, um einen Blauwal aufzuwiegen. Mit seinem ungeheuren Gewicht

Beluga-Wal

würde der Blauwal an Land in kurzer Zeit von seinen eigenen Massen erdrückt und müßte jämmerlich ersticken.

Wale sind sehr soziale Tiere, die in Herden zusammenleben. Diese Herden bestehen entweder aus Kühen mit ihren Kälbern und heranwachsenden Jungtieren oder aus Junggesellen. Nur die ausgewachsenen Männer unternehmen als Einzelgänger oft weite Wanderungen und suchen zur Paarungszeit die Herden der Kühe und Kälber auf. Jeder Bulle versucht, sich einen Harem mit mehreren Weibchen zuzulegen und verteidigt „seine" Frauen gegen jeden Nebenbuhler. Derartige Rivalenkämpfe verlaufen meist friedlich.

Überhaupt gehen Wale so höflich und liebevoll miteinander um, daß sie vielen Menschen als Vorbild dienen könnten. Zur Verständigung untereinander verfügen die verschiedenen Walarten über artspezifische Schnalz-, Schmatz-, Klick-, Pfeif-, Brumm- und Summlaute, sogar über regelrechte Gesänge, die unter Wasser über Hunderte von Kilometern weit zu hören sind.

Berühmt sind die Gesänge der männlichen Buckelwale, die 1969 zum ersten Mal von Wissenschaftlern unter Wasser aufgezeichnet werden konnten. Die eigenartigen, bis zu 35 Minuten dauernden Melodien dienen wahrscheinlich der Partnersuche und der Behauptung von Gebietsansprüchen.

Zahn- und Bartenwale unterscheiden sich in erster Linie dadurch, was sie fressen und wie sie fressen. Bartenwale ernähren sich von im Meer schwimmenden Planktonorganismen. In den Sommermonaten besteht das Plankton in den arktischen und antarktischen Gewässern hauptsächlich aus Krill, wenige Zentimeter großen Krebschen, die in unvorstellbar riesigen Mengen vorkommen. Das größte Lebewesen aller Zeiten, der Blauwal, kann natürlich – ebensowenig wie die anderen Bartenwale – nicht jedem einzelnen Krebschen hinterherjagen, denn so würde er verhungern. Bartenwale haben eigenartige und einzigartige „Fangvorrichtungen" entwickelt, die es ihnen erlauben, so richtig aus dem vollen zu schöpfen. Sie haben keine Zähne im Mund, sondern Barten. Je nach Art sind das mehrere hundert, 20 bis 450 Zentimeter lange Platten aus Horn, die von beiden Seiten des Oberkiefers wie ein Vorhang herunterhängen. Ein hungriger Bartenwal nimmt in einem Krillschwarm einfach einen ganzen Mund voll Wasser mit Krebschen, schließt dann seine gewaltige Futterluke und drückt mit der Zunge das Wasser durch die Barten heraus. Alles, was in den Barten hängenbleibt, wird geschluckt – und es ist so viel, daß selbst die Riesentiere mit der Zeit davon satt werden.

Einige Bartenwale wie zum Beispiel die Blauwale haben bis zum Bauchnabel reichende, dehnbare Kehlfurchen. Durch diese Furchen wird der Schlund gewaltig ausgedehnt. Ein Blauwal kann so mit einem „Schluck" bis zu 100.000 Liter Wasser mit Krill aufnehmen. Experten haben errechnet, daß ein Blauwal auf diese Weise während der „Schlemmersaison"

Grauwale

„Whale-watching"

Pottwal

im Eismeer pro Tag 3 bis 4 Tonnen Krill verzehrt. Alle Bartenwale ähneln sich in Körperbau und Ernährungsgewohnheiten. Die kleinste Art wird „nur“ 6 Meter lang. Die Weibchen sind in der Regel größer als die Männchen.

Neben den riesigen Blauwalen sind die Grauwale mit einer durchschnittlichen Länge von „nur“ 14 bis 15 Metern und einem Gewicht bis etwa 35.000 Kilogramm verhältnismäßig „klein“ und „leicht“. Wer zu den Glücklichen gehört, die Grauwale einmal auf dem Meer beobachten zu können, wird die übermütigen Spielereien der Tiere nie vergessen. Zur Paarungszeit schließen sie sich zu großen Gruppen zusammen. Stundenlang spielen die Tiere und ziehen im Winter von den Futtergründen im Beringmeer bis hinunter nach Baja California (Mexiko), wo sie ihre Kälber zur Welt bringen und Hochzeit feiern. Das Junge kommt nach einer Tragzeit von einem Jahr mit einem Geburtsgewicht von rund 1.000 Kilogramm zur Welt und wird etwa acht Monate lang gesäugt. In den letzten Jahren ist das sogenannte „Whale-watching“, das Beobachten von Walen, in Baja California sehr beliebt geworden. In kleinen Booten fahren Besucher aus aller Welt in die Buchten hinaus, in denen sich Dutzende und Hunderte von Grauwalen zur Hochzeit treffen. Die Tiere sind ebenso

Orca/Schwertwal

breit. Auf der Jagd nach Krill und Fischen gerät der Grönländer gelegentlich unter eine Eisdecke. Bis zu 1 Meter dickes Eis ist für den „dickköpfigen“ Gesellen kein Problem: Er durchstößt es einfach mit dem Kopf.

In der Gruppe der Zahnwale finden wir so unterschiedliche Arten wie den mächtigen Pottwal, die Süßwasserdelphine, die als einzige Waltiere das Meer als Lebensraum verlassen haben und im Brack- und Süßwasser großer Ströme leben, weiter die eigenartigen Narwale, deren einziger langer, gedrehter Zahn zur Legende vom Einhorn beitrug – und natürlich alle Delphine. Als Delphine werden grundsätzlich die kleineren Zahnwalarten bezeichnet, allerdings ist der Name oft irreführend. So gehört der Schwert- oder Killerwal oder Orca ebenso zu den Delphinen wie der Tümmler. Alle Zahnwale haben Zähne, die allerdings bei einigen Arten so weit zurückgebildet sind, daß von ihnen nichts mehr zu sehen ist. Alle Zahnwale ernähren sich von den

vertraut wie neugierig und tauchen oft so nah an einem Boot auf, daß man sie berühren kann – ein überaus eindrückliches Erlebnis, das kein Besucher mehr vergißt!

Ein früher weit verbreiteter Wal der nördlichen Meere ist der Grönlandwal, jahrhundertelang beliebte Beute der Walfänger. Mitte des letzten Jahrhunderts waren die Bestände so weit zurückgegangen, daß sich der Fang nicht mehr lohnte und die Walfänger auf andere Arten auswichen. Hauptgrund für die Jagd waren die Barten. Mehr als 300 Hornplatten von 3 bis 4,5 Meter Länge trägt jeder „Grönländer“ im Mund. Derart viele große Barten haben natürlich nur in einem riesigen Mund Platz. Bei ausgewachsenen Tieren nimmt der Kopf zwei Fünftel der Gesamtlänge ein, das heißt, bei einem 17 Meter langen Tier mißt allein der Kopf 6 bis 7 Meter! Der Unterkiefer ist 5 bis 6 Meter lang und bis zu 3,5 Meter

Delphin

gleichen Beutetieren wie Haifische: von Fischen, Tintenfischen und Kraken. Wale finden ihre Beute durch Echoortung. Das heißt, sie senden Klicklaute, zum Teil auch Ultraschalltöne aus, die von den Beutetieren als Echo zurückgeworfen werden. Diese Signale informieren den Wal selbst in der tiefsten Dunkelheit der Tiefsee oder im trüben Wasser, wo er welche Beute finden kann. Als einzige Ausnahme der

Schwanzflosse des Pottwals

ganzen Ordnung frißt der Schwertwal auch warmblütige Tiere wie Robben, Vögel und alle anderen Wale. Die ausgezeichneten, schnellen Jäger jagen oft in Gruppen oder Herden, wobei jedes Mitglied seine besondere Aufgabe hat. Selbst ein großer Blau- oder ein wehrhafter Pottwal hat gegen eine hungrige Orcaherde kaum eine Chance. Was die 44 kräftigen, spitz zulaufenden Zähne eines Orcas einmal gepackt haben, lassen sie nicht mehr los – was den untereinander sehr geselligen, verspielten, schwarzweißen Tieren den Beinamen „Killerwal“ eingetragen hat. Wer allerdings einmal gesehen hat, wie freundlich die Orcas, die in Gruppen von 3 bis 20, manchmal bis zu 50 Tieren leben, miteinander umgehen, wird lieber den Namen Orca oder Schwertwal benutzen. Dieser Name bezieht sich auf die bis zu zwei Meter lange, schwertähnliche Rückenflosse der männlichen Tiere.

Während Orcas, wie einige andere Delphine und Tümmler, hin und wieder in Delphinarien und zoologischen Gärten gehalten und gezeigt werden und dort zu den großen Attraktionen gehören, findet man kaum jemals Vertreter der großen Walarten in menschlicher Obhut. Abgesehen von dem riesigen Platz- und Nahrungsbedarf der Großwale, kann man es sich kaum vorstellen, einen dieser wahren Könige der Meere in einem Delphinarium nach Fischen springen und Kunststückchen vollführen zu sehen.

Vor allem der Pottwal, der legendäre Moby Dick, ist ein Tier der Weiten der Ozeane. Weibliche Pottwale werden 11 bis 13 Meter, männliche Tiere 15 bis fast 20 Meter lang. Ein Drittel davon mißt allein der Kopf, das Gehirn ist etwa 20 Kilogramm schwer (ein Menschenhirn wiegt dagegen 1,5 Kilogramm). Der größte Teil des Kopfes aber ist mit Walrat gefüllt, einer eigenartigen, wachsähnlichen Masse, die wie ein dickes Polster auf den Knochen des Oberkiefers liegt und den für den Pottwal typischen „Dickkopf“ mit der vorgewölbten Stirn bildet. Besondere Eigenschaften des Walrats erlauben es den Pottwalen, sehr tief, bis zu 1.000 Meter – einige Wissenschaftler sprechen sogar von bis zu 3.000 Metern – tief zu tauchen. Vor einem Tieftauchgang liegt ein Wal längere Zeit ruhig auf dem Wasser und tankt Organe, Muskeln und die dicke Speckschicht, den „Blubber“, voll mit Sauerstoff. Ist er „aufgetankt“, kann er bis zu anderthalb Stunden unter Wasser bleiben. Nach dem Auftauchen, muß jeder Wal durch das Blasloch, das oben auf dem Kopf liegt, erst ein paarmal ganz tief ein- und ausatmen.
Die beim Ausatmen entstehende Luft- und

Blasfontäne des Grauwals

Wasserfontäne, der „Blas", sieht bei jeder Walart anders aus. Erfahrene Walbeobachter können daran schon auf große Distanz erkennen, wer sich da vor ihnen im Wasser tummelt.

Da Wale relativ alt werden können – Pottwale bis zu 80 Jahre – und kaum natürliche Feinde haben, vermehren sie sich sehr langsam. Ein Pottwalweibchen bringt, nach einer Tragzeit von 16 Monaten, nur alle fünf bis zehn Jahre ein Junges zur Welt, bei den kleinen Arten ist der Abstand etwas kürzer. Ein Pottwal wiegt bei der Geburt rund eine Tonne und ist mehr als vier Meter lang. Weibchen und Junge bleiben das ganze Jahr über in warmen Gewässern, während Junggesellen und große Bullen zu bestimmten Jahreszeiten die nahrungsreichen, kalten Polargewässer aufsuchen.

Der „Blubber", die unwahrscheinlich dicke Speckschicht, die den Walkörper wie ein isolierendes Kissen umhüllt, hilft den Tieren, ihre Körpertemperatur selbst in den eisigen Polargewässern immer auf 37 Grad zu halten.

Seit dem 12. Jahrhundert werden Wale planmäßig gejagt. Begehrteste Beute war zunächst der Nordkaper, ab dem 16. Jahrhundert auch der Grönlandwal.

Der Bedarf an Walprodukten stieg ständig an. Längst war nicht mehr nur das Fleisch gefragt. Öl, Seife und Margarine wurden gebraucht, die Damenmode schrieb Korsettstangen aus den Barten vor, und die Parfüm- und Kosmetikindustrie verlangte nach Ambra. Rücksichtslos wurden die Meere leergefischt; war eine Walart selten geworden, nahm man sich eine andere vor.

Oft hatten die Fänger leichtes Spiel: Bekanntlich leben Wale in Herden und Familienverbänden. Wird ein Tier verletzt, so fliehen die anderen nicht, sondern versuchen, dem Verletzten zu Hilfe zu kommen. Die Fänger verletzten also ein Tier und konnten dann die ganze Herde abschlachten.

Seit 1946 bestehen weltweit Bemühungen, die Wale zu schützen und den Fang zu verbieten. Leider aber gibt es immer noch Länder, die sich allen Empfehlungen und Verboten widersetzen.

Im Jahre 1994 beschloß die Internationale Walfangkommission IWC die Einrichtung eines Schutzgebietes in der Antarktis. 21 Millionen Quadratkilometer sollen zum Reservat erklärt werden, in dem 50 Jahre lang keine Wale mehr gejagt werden dürfen. Wir können nur hoffen, daß diese Maßnahme nicht für einige Arten schon zu spät kommt.

DER EISBÄR – WANDERER IM EWIGEN EIS

Eisbären sind in den Schnee- und Eisregionen des nördlichen Polarkreises zu Hause, wo sie sich vorwiegend an den südlichen Rändern des Packeises aufhalten. Als unermüdliche Wanderer legen sie im Laufe des Jahres, der Packeisgrenze folgend, weite Strecken zurück. „Nomaden im ewigen Eis“ werden sie deshalb auch genannt.

Eisbären gehören zu den größten Landraubtieren. Der größte erlegte Eisbär war 3,65 Meter lang und wog mehr als 1.000 Kilogramm. Auf den ersten Blick unterscheiden sich Eisbären stark von allen anderen Bären, sind aber doch so nahe mit den Braunbären verwandt, daß es sogar Kreuzungen zwischen Eis- und Braunbären gegeben hat. Allein der cremeweiße Pelz hat nichts zu sagen, schließlich gibt es auch sehr helle Braunbären. Außerdem ist es für eine Tierart, die seit mehr als 100.000 Jahren nur in Schnee und Eis lebt, ziemlich vorteilhaft, wenn sie sich auch in der Färbung ihrer Umgebung anpaßt.

Der Eisbär ernährt sich, mehr als andere Bären, zu einem großen Teil von Fleisch, etwa von Robben, Karibus (wilde Rentiere), Fischen, Lemmingen usw. In den Sommermonaten ist er ein Allesfresser und nimmt neben tierischer Nahrung auch Beeren, Früchte, Flechten, Moose und Kräuter zu sich. Mit einem einzigen Schlag der mächtigen Pranke kann ein Eisbär einer Robbe den Schädel einschlagen, er kann im eisigen Wasser bis zu 100 Kilometer weit schwimmen, hervorragend tauchen und auf der Jagd nach einem Karibu bis zu 50 Stundenkilometer schnell rennen.

Eisbären sind noch mehr als die anderen Großbären Einzelgänger. Wird aber im Spätsommer oder Frühherbst, wenn sich die Tiere den nötigen Fettvorrat für den Winter anfuttern müssen, irgendwo ein toter Wal gesichtet, können sich manchmal bis zu 20 Bären an dem Kadaver versammeln. Sie haben einen so feinen Geruchssinn, daß sie einen toten Wal auf 30 Kilometer Entfernung riechen können und aus allen Himmelsrichtungen herbeiströmen. Im Oktober oder November graben sich die Eisbären eine Höhle in den schon gefrorenen Boden und ziehen sich zum Winterschlaf zurück. Selbst bei eisigster Kälte und tage- und wochenlang anhaltenden Schneestürmen ist es in einer Eisbärenwinterhöhle immer noch „mollig“ warm. Dank der Körperwärme des Bären bleibt die Temperatur stets um den Gefrierpunkt. Junge Eisbären kommen in dieser Winterhöhle zur Welt und verbringen die ersten Lebenswochen in völliger Abgeschiedenheit mit ihrer Mutter. Bei der Geburt sind die ein bis zwei Jungen etwas mehr als rattengroß, nackt, blind,völlig hilflos und lediglich ein gutes Pfund schwer. Sie werden von der Mutter, die den ganzen Winter über von ihren Fettvorräten zehrt, drei bis vier Monate lang gesäugt, bevor die Familie im März oder April

Eisbären

das Winterquartier verläßt und ihre Wanderung rund um die nordpolaren Gebiete beginnt. Drei Jahre bleiben die Jungen mit der Mutter zusammen, dann beginnen sie ein eigenständiges Leben.

ROTGESICHTSMAKAKEN ÜBERLEBEN DANK SAUNA

Eine ganz andere Abhängigkeit vom Wasser als bei den bisher beschriebenen Tierarten besteht bei den Japan- oder Rotgesichtsmakaken. In zwei Unterarten bewohnen diese Makaken einige japanische Inseln bis hinauf nach Honshu, dem nördlichsten Punkt der Erde, an dem Affen leben.

Auf über 3.000 Meter sind die Winter in dieser Region außerordentlich hart, und nicht selten sind die Weide- und Jagdgründe der Makaken mit einer mehr als vier Meter hohen Schneedecke bedeckt. Wochenlang besteht die Nahrung nur noch aus Baumrinde. Einige der „Schneeaffen" überleben die eisigen Temperaturen nur mit Hilfe der heißen Quellen, die in ihrem Lebensraum aus der Erde hervorsprudeln. In den natürlichen Becken verharren die Affen oft stundenlang, bis zum Hals im warmen Wasser sitzend und sich aufwärmend. Erst wenn der Hunger zu groß wird, verlassen die Makaken ihren angenehmen Pool und begeben sich auf Nahrungssuche. Zwischen den Küstenregionen und dem Hochgebirge bewohnen die Japanmakaken alle Vegetationstypen der japanischen Inseln.

Je nach Verbreitungsgebiet baden die in Familiensippen lebenden Tiere in Bergflüssen oder im Meer, wobei sie unterschiedliche Bade- und Nahrungsgewohnheiten entwickelten. Seit Menschen die Japanmakaken beobachten, konnten verschiedene neue Verhaltensweisen sowie der Gebrauch von Werkzeugen festgestellt werden, die sich über Generationen weiter vererbten. Interessanterweise übernahmen vor allem Jungtiere und Weibchen neue Verhaltensweisen, während ältere Tiere und vor allem Männchen nicht in der Lage waren, neue Verhaltensmuster zu erlernen.

Japanmakake

DIE HERRSCHER DER ANTARKTIS

Eigentlich sind Vögel, neben den Insekten, die Lebewesen, die den Luftraum erobert haben. Es gibt aber einige Vögel, die ihre Flugfähigkeit verloren haben und sich dafür einen anderen Lebensraum erobern konnten: die Pinguine, die meisterhaften Schwimmer der antarktischen

Rechte Seite: ***Königspinguine***

Kaiserpinguin

Meere. Die größte Art, der Kaiserpinguin, kann auf der Jagd nach Fischen, Tintenfischen oder Krill eine Geschwindigkeit von fast 40 Stundenkilometern erreichen und 20 Minuten lang bis zu 265 Meter tief tauchen. Alle Pinguine leben auf der südlichen Hälfte der Erde und die allermeisten Arten im Gebiet um den Südpol. Dort sind die Jahreszeiten „umgekehrt". Das heißt, wenn es auf der nördlichen Erdhalbkugel Sommer ist, also Juli oder August, dann herrscht in der Antarktis bitterkalter Winter mit Temperaturen, die schon einmal bis auf minus 50 Grad oder gar noch tiefer fallen können.

Einige Wochen vorher, in dem für menschliche Verhältnisse reichlich unfreundlichen antarktischen Winter, treffen die Kaiserpinguine in ihren Brutgebieten ein. Sie kommen aus den Weiten des Südpolarmeeres und versammeln sich zu Hunderten und Tausenden auf dem Packeis. Pinguine allgemein und Kaiserpinguine im besonderen brüten in mehr oder weniger kopfstarken Kolonien. Viele Vögel versammeln sich an einem günstigen Ort auf engem Raum, brüten dort und ziehen ihr einziges Junges hoch. In großen Brutkolonien der Kaiserpinguine wurden schon mehr als 6.000 Vögel gezählt! Von der Schnabel- bis zur Schwanzspitze mißt ein ausgewachsener Kaiserpinguin etwa 115 Zentimeter und wiegt zwischen 20 und 40 Kilogramm. Die Kaiserpinguine sind die Könige des südlichen Eismeeres und mit ihrer dicken Speckschicht, die sie sich vor Beginn der Brutzeit anfressen, den sehr unfreundlichen Lebensumständen so hervorragend angepaßt, daß sie in gemäßigteren Breiten gar nicht mehr existieren könnten!

Etwa Ende Juni legt das Weibchen ein einziges, etwa 500 Gramm schweres Ei, das der Vater sofort auf seine Füße nimmt und in seiner warmen Bauchfalte birgt. Zwei Monate lang brütet der Pinguinmann das Ei aus. Dabei darf die Bruttemperatur von 30 Grad – bei minus 30 Grad Außentemperatur – nie unterschritten werden. Das bedeutet einen Unterschied von 60 Grad! Wenn das Weibchen nach zwei Monaten endlich aus den Weiten des Eismeeres zurückkehrt, ist das Junge meist schon geschlüpft und erwartet die Mutter, die ihm die erste Fischmahlzeit seines Lebens bringt. In den nächsten Wochen bleibt sie bei dem Jungen, während sich der Vater im Eismeer von seiner Hungerkur erholt. Mutter und Vater wechseln sich in größeren Abständen so lange ab, bis das Junge selbst den weiten Weg bis zum Meer laufen und sich in den nahrungsreichen antarktischen Gewässern selbständig ernähren kann. Weil das Meer rings um die Antarktis ständig durch Wind und Wetter aufgewühlt und bewegt wird, ist es sehr sauerstoffreich und enthält viele Mineralstoffe, die im Wasser schweben. Sauerstoffreiches Wasser und Schwebestoffe sind ideale Voraussetzungen für ein reiches Leben im Meer. 150 verschiedene Fischarten und Krill, ein fingerlanges

Adeliepinguin

Galapagos-Pinguin

Krebstier, das in riesigen Mengen vorkommt, sind die Ernährungsgrundlage für die großen Wale und zahlreiche Vogelarten. Königspinguine werden mit einer Gesamtlänge von 95 Zentimetern nur wenig kleiner als die „Kaiser", sind aber mit einem Höchstgewicht von etwa 15 Kilogramm nur halb so schwer.

Sie brauchen keine dicke Speckschicht, da sie in großen Kolonien in den gemäßigt kalten Zonen am Rande der Antarktis leben und in den südlichen Sommermonaten brüten, wenn es sogar rund um den Südpol etwas wärmer ist. Männchen und Weibchen wechseln einander regelmäßig beim Brüten und dem Füttern der Jungen ab, müssen also nie wochen- und monatelange Fastenzeiten überstehen wie die Kaiserpinguine.

Eine der bekanntesten, am weitesten verbreiteten und am besten erforschten Arten ist der Adeliepinguin. Die Balz- und Brutsaison der 70 Zentimeter kleinen, nur etwa fünf Kilogramm schweren Adelies beginnt im Oktober. Da das Land und viele Inseln zu dieser Zeit noch von einem dicken Eispanzer bedeckt sind, müssen die kleinen Kerle weite Strecken übers Eis zu ihren Brutplätzen wandern. Sie tun das nicht besonders gerne und benutzen jede Gelegenheit, auf dem Bauch übers Eis zu rutschen.

Die Männchen treffen zuerst im Brutgebiet ein und besetzen die vorjährigen Brutplätze. Die später eintreffenden Weibchen suchen sich ihre Partner aus, legen nach einer kurzen Balz zwei Eier in ein Nest aus Kieselsteinen und kehren ins Meer zurück. Beide Eltern brüten und füttern die Jungen mit Krill. Mit der Zeit schließen sich die Jungen zu Kindergärten zusammen, und oft erwarten mehr als hundert hungrige Schnäbel die aus dem Meer zurückkehrenden Eltern. Aber keinem Adelie würde es einfallen, ein fremdes Junges zu füttern, der im Kropf mitgebrachte Krill ist ausschließlich für die eigene Brut bestimmt! Der Galapagos-Pinguin ist die einzige Pinguinart, die in einer heißen Gegend, nämlich direkt unter dem Äquator, lebt. Das dichte Federkleid und die Fettschicht, die die anderen Arten zum Überleben in der Kälte brauchen, helfen dem kleinen Galapagos-Pinguin, mit der Hitze fertig zu werden. Ist es zu heiß, dann werden das Fettgewebe und die Unterseite der Flügel sehr stark durchblutet, so daß überschüssige Körperwärme abgegeben werden kann.

Basstölpel

TÖLPEL SIND GAR NICHT DUMM!

Angeblich heißen die neun Arten der Tölpel-Familie so, weil sie – nach unseren Begriffen – zu dumm sind, um sich gegen Menschen zu wehren, die sie gefangennehmen oder ihre Eier stehlen wollen. Dabei sehen die großen Vögel mit Flügelspannweiten zwischen eineinhalb und fast zwei Metern und den kräftigen, spitzen Schnäbeln ganz und gar nicht wehrlos aus. Tropische Arten sitzen gerne auf Schiffsaufbauten und schauen von dort stundenlang den fliegenden Fischen zu. Früher wurden sie von hungrigen Matrosen oft als willkommene Bereicherung des Speisezettels ergriffen.

Die meisten Tölpel sind Koloniebrüter, die ihre Nester oft zu Tausenden dicht an dicht nebeneinander auf dem Boden, auf schmalen Felsbändern oder Plateaus errichten. Eine der größten Basstölpel-Kolonien Europas befindet sich auf dem sturmumtosten Bass-Rock vor der schottischen Ostküste, nach dem die Vögel ihren Namen tragen. Zur Brutzeit halten sich angeblich bis zu 70.000 Vögel auf der Insel auf, errichten ihre Nester aus einigen Tangpflanzen und bebrüten abwechselnd ihr einziges Ei, bis nach etwas mehr als 40 Tagen das einzige Junge schlüpft. Da Tölpel keinen Brutfleck haben, entwickelten sie eine besondere Methode, um dem Ei die benötigte Wärme zuzuführen. Sie bedecken es mit den gut durchbluteten Schwimmhäuten der Füße und hocken praktisch auf den Fersen im Nest. Die dunkle Haut der Küken bedeckt sich nach etwa einer Woche mit dicken, weißen Daunen. Beide Eltern füttern das Kleine, daß nach etwa drei Monaten groß, fett und ausgewachsen ist. Eines Tages kehren die Eltern nicht mehr zu ihrem Küken zurück, das etwa eine Woche von seinen Fettvorräten zehrt, bevor es sich mit den anderen Alters- und Leidensgenossen ins Meer stürzt. Erst dort lernen die meisten Basstölpelküken fliegen. Im Winter ziehen die Tölpel aus den nördlichen Regionen Europas und Amerikas in den warmen Süden, während die Arten aus den antarktischen Regionen nach Norden ziehen. Jungvögel ziehen am weitesten, während die erwachsenen Tiere gerne in der Nähe ihrer Brutplätze bleiben. Auf der Wanderung oder auch beim Fischfang kann man ganze Tölpeltrupps beobachten, wie sie dicht über der Wasseroberfläche oder auch in 10 bis 30 Meter Höhe ziehen. Beim Fischen stürzen sie oft mit mehr oder weniger angelegten Flügeln ins Wasser. Wenn ein Tölpeltrupp einen Fischschwarm aufspürt, klatschen die Vögel wie dicke, weiße Regentropfen auf das Wasser auf. Tölpel sind gute Stoßtaucher, die mit Hilfe ihrer Füße und der halbgeöffneten Flügel auch unter Wasser schwimmen können. An der Westküste des tropischen Amerikas und den vorgelagerten Inseln brütet der Blaufußtölpel, dessen leuchtend hellblau gefärbte Füße bei der Balz eine wichtige Rolle spielen. Auch der Rotfußtölpel ist ein Brutvogel der tropischen Küsten und Inseln. Er ist eine der beiden Tölpelarten, die nicht auf dem Boden nisten, sondern ihr einziges Ei in einem sicheren Nest in Büschen oder Bäumen ausbrüten.

Rotfußtölpel

Blaufußtölpel

WASSERVÖGEL MIT NASSEN FEDERN

Mit etwa 30 Arten sind Kormorane und Scharben fast auf der ganzen Erde verbreitet. Als Vögel der Küstenregionen, der Seen und Flüsse sieht man sie hin und wieder auch auf dem Festland fliegen, über dem Wasser meist tief, über Land und längere Strecken auch in größerer Höhe, oft in Formation. In ihren nördlichen Verbreitungsgebieten sind die Kormorane Zugvögel und im allgemeinen, bis auf den flugunfähigen Galapagos-Kormoran, hervorragende Flieger. Jedes Jahr überwintern einige hundert Kormorane auf dem Bodensee und machen sich als angebliche Fischschädlinge bei Anglern und Berufsfischern unbeliebt.

Die Größe schwankt zwischen der einer kleinen Ente und der einer großen Gans, wobei die kleineren Arten meist längere Schwänze haben als die großen. Die meisten Kormorane haben dunkelbraunes bis schwarzes Gefieder wie der Atlantik-Kormoran, meist mit schönem, metallischem Glanz, einige Arten haben leuchtend gefärbte, nackte Kehl- oder Wangenflecken, andere weiße Kinn-, Hals- oder Bauchpartien.

Kormorane sind Fischesser, die ihre Beute unter Wasser jagen. Ihnen fehlen die luftgefüllten Knochen und Hautsäcke, die beispielsweise Pelikane und andere Fischesser haben. Darum liegen Kormorane sehr tief im Wasser

Kormoran

Schlangenhalsvogel

und sind hervorragende Taucher. Beim Fangen und Festhalten der schlüpfrigen Fischbeute leistet der lange, schmale, am Ende hakenförmig gekrümmte Schnabel hervorragende Dienste.

Seit Jahrhunderten halten sich chinesische, japanische und indische Fischer Kormorane als „Jagdvögel". Die Kormorane haben einen dünnen Ring um den Hals und sind an langen, dünnen Lederriemen am Boot angebunden. Sie stürzen sich ins Wasser und packen die Fische, die sie wegen des Ringes nicht herunterschlucken können.

Der Fischer nimmt dem Vogel die Beute ab und entläßt ihn wieder ins Wasser. Am Schluß der „Jagd" bekommt jeder Kormoran seinen Fisch als Belohnung.

Fast alle Kormorane brüten in Kolonien, oft auch zusammen mit anderen Vögeln. Je nach Lebensraum bauen sie ihre Nester auf dem Boden oder in Felsenklippen, oft auch in Bäumen und Sträuchern. In einigen Gegenden, unter anderem an der Westküste Südamerikas, brütet der Guanokormoran in so großer Zahl, daß der Kot der Vögel als wertvoller Guanodünger in alle Welt verkauft wird.

Die Paare errichten gemeinsam ihr Nest aus Knüppeln, Ästen und Reisig, am Meer aus Tang. Die drei bis sechs bläulichweißen Eier werden von beiden Eltern gut drei Wochen bebrütet. Beim Schlüpfen sind die Jungen nackt und blind und werden von den Eltern mit halbverdauter Nahrung von Schnabel zu Schnabel gefüttert.

Nach wenigen Tagen aber klettern die Kleinen schon im Nest herum und recken den futterbringenden Eltern den Schnabel entgegen. Bald holen sie sich selbst das Futter aus dem Kehlsack. Mit fünf bis sechs Wochen verlassen die Jungen das Nest und gehen oft auch schon ins Wasser. Nach etwa zwei Monaten können sie fliegen, werden aber noch lange von den Eltern gefüttert.

Noch eleganter als die Kormorane sind die schlanken Schlangenhalsvögel, die in kleinen Kolonien, oft mit Reihern oder Ibissen, brüten. Sie leben an den Waldrändern subtropischer und tropischer Seen, Flüsse und Sümpfe.

Genau wie die Kormorane lieben sie es, mit ausgebreiteten Flügeln in der Sonne oder im warmen Wind zu stehen und ihr Gefieder trocknen zu lassen. Bei Gefahr stürzen sich junge Schlangenhalsvögel schon im zarten Alter von zwei Wochen über den Nestrand ins Wasser und klettern, nachdem die Gefahr vorüber ist, mit Hilfe der Füße, der Flügel, des langen Halses und des Schnabels wieder ins Nest zurück.

HERRSCHER IM WASSER UND IN DER LUFT

Beeindruckende Vögel sind die Skuas oder Raubmöwen, richtige Piraten der Meere. Sie sind mit den Möwen verwandt, aber noch kraftvollere und kühnere Flieger und noch größere Draufgänger. Oft jagen sie Möwen und anderen Seevögeln hinterher, die von der Nahrungssuche auf See zurückkehren. Im Flug bedrängen sie diese so lange, bis sie ihre Beute herauswürgen und fallen lassen. Im Sturzflug saust dann die Skua hinterher und fängt die Beute auf, noch bevor sie ins Meer fällt. Die vier Skuaarten fischen aber auch selbst, sie suchen nach Aas und Abfällen oder stehlen in Vogelkolonien Eier und Küken. Die größte, dunkelste und am weitesten verbreitete Art ist die eigentliche Skua, die als einzige Vogelart sowohl in den Meeren rund um den Nordpol als auch um den Südpol brütet.

Skua

Skuas legen meist zwei Eier im Abstand von einigen Tagen in eine einfache Bodenmulde. Die Brut beginnt nach dem ersten Ei und dauert etwa 30 Tage. Oft wird das zuerst geschlüpfte Junge getötet, manchmal auch an den Nachkömmling verfüttert.

Die drei anderen Skuaarten, die Schmarotzer-, die Mittlere und die Kleine Raubmöwe, sind kleiner als die Skua. Sie brüten in den Tundragebieten des nördlichen Polarkreises und verbringen die Wintermonate in den Meeren um den Äquator.

Papageitaucher

DER VOGEL MIT DEM CLOWNSGESICHT

Mit ihrem großen, bunten Schnabel, der eigenartigen Augenmaske, dem schönen, schwarzweißen Gefieder und den leuchtend roten Füßen gehören die 30 bis 35 Zentimeter großen Papageitaucher zu den schönsten Vögeln des Nordatlantik.

Jedes Jahr kommen sie zu Beginn der Brutsaison zu ihren angestammten Brutplätzen auf grasbewachsenen Inseln oder Klippen oder an Steilküsten zurück und beginnen mit dem Bau der Bruthöhle. Mit den dicken Schnäbeln lockern sie die Erde und kratzen sie mit den Zehen fort, bis sie einen metertiefen Gang gegraben haben, der in einer flachen Mulde endet. Ist kein geeignetes Erdreich da, wird das Nest auch in Felsspalten und -ritzen gebaut.

In ein Bett aus Federn und Pflanzenfasern legt das Weibchen sein einziges (selten zwei) fast weißes, rundes Ei. Fünf bis sechs Wochen lang brütet sie, nur manchmal vom Männchen abgelöst, bis das Junge schlüpft. Beide Eltern tragen Futter heran, vorwiegend kleine Fische, die sie reihenweise hintereinander im Schnabel „verpacken". 40 Tage lang wird das Küken gefüttert. Dann verlassen die Eltern das Junge und das Brutgebiet und begeben sich aufs offene Meer, wo sie mit der Mauser beginnen. Bei der Mauser wird nicht nur das Federkleid gewechselt, auch die farbige Hornschicht des Schnabels wird abgestoßen.

Was aber geschieht mit dem verlassenen Jungen? Es bleibt noch etwa eine Woche in der Höhle, zehrt von seinen Fettreserven und wechselt sein braunweißes Dunenkleid gegen ein richtiges Gefieder. Sobald die Schwungfedern die richtige Größe haben, verlassen die Kleinen ihre Höhlen und hüpfen und flattern im Schutze der Nacht zum Meer.

Außerhalb der Brutzeit sind Papageitaucher richtige Meeresbewohner, die fast nie an Land kommen. Oft werden sie und die anderen Arten der Alkenfamilie als „Pinguine des Nordens“ bezeichnet. Das stimmt nicht ganz. Denn anders als die Pinguine können Alken nicht nur hervorragend tauchen, sondern sind außerdem oft sehr gute Flieger. Vor allem Papageitaucher bewegen sich auch an Land sehr geschickt und können mit ihren roten Beinen recht gut und schnell laufen.

VÖGEL IN EIS UND STURM

Er sieht fast aus wie eine Möwe, der etwa 48 Zentimeter lange Eissturmvogel aus der Familie der Röhrennasen, die alle die typischen Röhrennasen auf dem Schnabel tragen. In zwei Arten brütet er rund um den Südpol und auf den Inseln und dem Festland rund um die Arktis. Normalerweise bleiben Röhrennasen das ganze Jahr über auf dem offenen Meer und kommen nur zur Brut und Jungenaufzucht an Land. Die Brutplätze des Antarktischen Eissturmvogels liegen mitten im ewigen Schnee und Eis des Südpols. Wo er nicht genügend Abfälle findet – und die sind in der Antarktis noch selten – holt er seine Nahrung aus dem eisigen Wasser. Gelegentlich wandert er über den Äquator bis in den Norden hinauf.

Der Atlantische Eissturmvogel aber bleibt das ganze Jahr über in den heimatlichen Meeren und in der Nähe der Brutplätze. In den letzten Jahrzehnten hat er sein Verbreitungsgebiet vom Norden Schottlands bis nach Südengland und Nordfrankreich ausgedehnt. Er hat seinen ursprünglichen Speisezettel – Tintenfische, Garnelen, Fische und die Exkremente von Robben und Walen – umgestellt und ernährt sich nun hauptsächlich von Abfällen der Fischerei und findet dabei immer reichere Nahrungsgründe.

Mit seinen schmalen, spitzen Flügeln ist er ein außerordentlich gewandter Flieger, der immer gerne dicht über der Wasseroberfläche fliegt. Selbst bei starkem Wellengang und Sturm fliegt er geschickt neben Schiffen her und schnappt sich im Flug Abfälle aus dem Wasser.

Eissturmvögel brüten gerne an zerklüfteten Steilküsten oder Klippen, wo ihnen der Wind den Abflug vom Boden erleichtert. Seltener sind sie an flachen Stränden zu finden, da sie vom Boden nur schlecht hochkommen.

Eissturmvogel

Das einzige Ei wird im Mai in eine kleine Bodenmulde auf Felsabsätzen oder Grasbändern gelegt und von beiden Eltern abwechselnd sechs bis acht Wochen lang bebrütet. Noch einmal so lange wird das Junge gefüttert, bis es, groß und fett, von den Eltern verlassen wird. Wenn das Küken mit etwa sieben Wochen aufs Meer hinausgeht, kann es noch kaum fliegen.

TIERE AUS DER URZEIT DER ERDE – DIE KROKODILE

Wer glaubt, die Großsaurier seien ausgestorben, der irrt, denn die Krokodile oder Panzerechsen sind die einzigen heute noch lebenden Vertreter dieser urweltlichen Giganten. So seltsam es erscheint: aus der gleichen Gruppe haben sich auch die Vögel entwickelt, so daß die Krokodile eigentlich näher mit den Vögeln verwandt sind als mit allen anderen Echsen. Trotzdem sind sie an das Wasser als Lebensraum gebunden, obwohl sie von landbewohnenden Vorfahren abstammen.

Wie Tiere aus grauer Vorzeit sehen sie auch aus, mit der echsenartigen Gestalt, den dicken Panzern, den langen Schnauzen mit den spitzen Zähnen und den seltsam starren Augen. Einige Krokodilarten können bis zu sieben und mehr Meter lang, 1.000 Kilogramm schwer und wahrscheinlich mehr als hundert Jahre alt werden. Da Krokodile aber lange rücksichtslos verfolgt und abgeschossen wurden – einerseits wegen ihrer Haut, andererseits als „Feind" des Menschen – sind so große, alte Tiere in freier Wildbahn kaum noch zu finden.

Wir unterscheiden heute drei Krokodilfamilien: die Alligatoren, die bis auf eine Art, den China-Alligator, in Nord-, Mittel- und Südamerika leben; die Gaviale aus Indien und Hinterindien und schließlich die Echten Krokodile, die in den Flüssen, Seen und Sümpfen der tropischen Regionen vorkommen. Nur das Leistenkrokodil, das sogar bis zu achteinhalb Meter lang werden kann, bewohnt die Brackwasserzonen und Mangrovensümpfe von Südasien bis nach Ozeanien und ernährt sich von Fischen, Seeschlangen, Vögeln, großen Säugetieren und Aas.

Wesentlich kleiner, höchstens drei Meter lang, wird das Australien-Krokodil, das in den Süßwassern Nordaustraliens lebt. Mit seiner langen, schmalen Schnauze läßt es sich gut von seinem größeren Vetter unterscheiden.

Die bekannteste Panzerechse ist das Nil-Krokodil, das nicht nur im Oberlauf des Nils, sondern in vielen afrikanischen Gewässern zu finden ist. Es wird fünf bis sechs Meter lang. Obwohl die großen Echsen oft stundenlang regungslos im Wasser treiben oder auf Sandbänken dösen können, sind sie alles andere als faul oder träge. Mehr als andere Krokodile

Australisches Süßwasserkrokodil

halten sie sich gerne in Gemeinschaft von Artgenossen auf und jagen oft auch gemeinsam. Die großen Echsen fressen alles, was sie erwischen oder erbeuten können, angefangen von Aas über Fische und Wasserschildkröten bis zu Vögeln und größeren oder kleineren Säugetieren, die zum Trinken ans Wasser kommen.

Junge Krokodile fressen Insekten, Würmer und winzige Fische, später größere Fische und Wasserschildkröten.In einigen Gebieten Afrikas töten Krokodile angeblich mehr Menschen als alle anderen Raubtiere zusammen. Solche Angaben stimmen allerdings längst nicht immer.

Nilkrokodil

Oft sind sie ein Vorwand, um auf die angeblich menschenfressenden Krokodile Jagd machen zu können. Es steht auf jeden Fall fest, daß vor allem in den letzten hundert Jahren mehr Krokodile von Menschen getötet wurden als umgekehrt. Insbesondere, als Taschen, Gürtel, Schuhe und andere Gegenstände aus Krokodilleder noch als schick galten, wurden die großen Echsen überall auf der Welt rücksichtslos abgeknallt.

Wer die großen Echsen nur träge am oder im Wasser herumliegen sieht, traut ihnen gar nicht zu, daß sie sich an Land, vor allem aber im Wasser, schnell, geschickt und kraftvoll bewegen können. Die „normale" Fortbewegungsweise an Land ist eine Art schwerfälliges Kriechen, wobei der Bauch über den Boden geschleift wird. Ein Krokodil, das es eilig hat, stemmt den schweren Körper auf den kurzen Beinen in die Höhe und stelzt, in einer Art Galopp, eilends davon. Im Wasser aber zeigen die Tiere ihre ganze Eleganz. Sie legen die Beine eng an den Körper und bewegen sich schlängelnd, mit Hilfe des kräftigen Schwanzes. Durch heftige Schläge mit Schwanz und Hinterbeinen können sich Krokodile so weit aus dem Wasser herauskatapultieren, daß sie auch große Tiere wie Kaffernbüffel, Giraffen oder sogar Flußpferde, die in einiger Entfernung vom Ufer stehen, niederreißen und ins Wasser ziehen können. Während sie kleinere Beute-

Alligator

tiere verschlingen, sind Krokodile nicht in der Lage, große Beutetiere zu zerreißen. Diese zerren sie ins Wasser und verkeilen sie irgendwo am Ufer, so daß sie nicht von der Strömung abgetrieben werden. Sobald die Verwesung beginnt, können sie Fleischstücke abreißen, indem sie „eine Portion" in die Schnauze nehmen und sich mehrmals um die eigene Achse drehen.

Lange Zeit war es uns Menschen unbekannt, daß Krokodile sehr zärtliche und fürsorgliche Eltern sind. Das weibliche Nilkrokodil legt seine bis zu 80 Eier jedes Jahr möglichst am gleichen Platz ab. Mit den Beinen gräbt es eine flache Grube in den weichen Ufersand, die es nach der Eiablage wieder zuschüttet. 11 bis 14 Wochen wacht die Krokodilmutter neben dem Gelege, bis die Jungen schlüpfen. Sie verläßt es höchstens kurz, wenn sie auf Nahrungssuche geht oder um sich abzukühlen. Diese kurze Zeit genügt den Nesträubern, vor allem dem Nilwaran, um sich über das Gelege herzumachen. Kurz vor dem Schlüpfen beginnen die Jungen, sich durch quäkende Laute mit der Mutter zu verständigen. Diese beginnt nun, die mittlerweile steinhart gewordene Erde, mit der sie das Gelege zudeckte, wegzuräumen.

Oft nimmt die Krokodilmutter ihre etwa 30 Zentimeter langen Kinder in die Schnauze und trägt sie zum Wasser. Junge Krokodile haben sehr viele Feinde, unter anderen eigene Artgenossen, große Fische, Wasserschildkröten und Vögel, gegen die die Mutter ihre Kinder verteidigt. Wie eine Entenmutter führt sie ihre quäkende, grunzende und umherquirlende Brut. Trotzdem sind die Verluste sehr groß, wahrscheinlich erreichen nur etwa zwei bis fünf Prozent der Jungen die Geschlechtsreife.

Ganges-Gavial

Eine ähnlich fürsorgliche Brutpflege betreibt der Mississippi-Alligator, der in den Seen und Flüssen im Südosten der USA lebt. Das Weibchen baut in unmittelbarer Nähe des Wassers einen bis zu einem Meter hohen und zwei Meter breiten Bruthügel aus Pflanzenfasern und Schlamm, in den es seine bis zu 70 Eier legt. Wenn die 30 Zentimeter langen Jungen nach neun bis zehn Wochen schlüpfen, verteidigt die Mutter ihre Kinder gegen die zahlreichen Feinde. Sobald sie selbständig sind, verstecken sich die jungen Krokodile und Alligatoren in der dichten Ufervegetation. Oft schließen sie sich zu Gruppen zusammen und ernähren sich von Schnecken, Insektenlarven und winzigen Fischen, später von Krabben, Amphibien, Vögeln und kleinen Nagetieren.

Der Ganges-Gavial unterscheidet sich von allen anderen Krokodilen vor allem durch seine sehr lange, spitze Schnauze. Heute kommt er fast nur noch in den indischen und hinterindischen Flüssen Indus, Ganges und Brahmaputra vor. Er wird drei bis viereinhalb Meter lang, aber es gab auch schon Tiere, die sieben Meter maßen.

DIE SCHWARZEN DRACHEN DER GALAPAGOSINSELN

Eine einzige Echsenart hat es geschafft, sich dem Leben im, am und vom Meer so sehr anzupassen, daß sie nirgendwo sonst mehr leben könnte. Auf den Galapagosinseln vor der Westküste Südamerikas, genau unter dem Äquator, leben zwei Leguanarten: der etwas über einen Meter lang werdende Landleguan oder Drusenkopf und die bis zu 1,75 Meter messende Meerechse, bei der allein der abgeplattete Ruderschwanz mehr als einen Meter lang ist. Beide Arten stammen wahrscheinlich von einem gemeinsamen Vorfahren ab, der vor langer, langer Zeit auf uns unbekannten Wegen auf die Inseln verschlagen wurde. Mit ihrer schwarzen, bei manchen Arten zur Paarungszeit rot gefleckten Haut, dem höckerigen Kopf und dem hohen Rückenkamm sehen die Meerechsen wirklich wie furchterregende Drachen aus, sind aber völlig harmlos.

Bei hohem Wasserstand liegen sie, dicht an dicht gedrängt, zu Hunderten auf den schwarzen Lavafelsen. Sobald das Wasser bei Ebbe zu sinken beginnt und die Klippen freilegt, gleiten sie, eine nach der anderen, langsam ins Wasser und beginnen, Tang und Algen von den Felsen abzuweiden. Mit langsamen Schlägen des Ruderschwanzes halten sie sich im Wasser und steuern mit den Hinterbeinen. Das mit

Meerechse

Nahrung und Meerwasser aufgenommene Salz, das für jeden „normalen“ Organismus tödlich wäre, scheiden sie über besondere Drüsen durch die Nasenhöhlen aus. Auf den weit im Meer verstreuten Galapagosinseln haben sich sieben Unterarten der Meerechsen entwickelt. Zur Paarungszeit besetzen die Männchen einen erhöhten Felsblock und sammeln einen Harem von mehreren Weibchen um sich. Mit anderen Männchen, die ihnen ihren hervorragenden Stammplatz und ihre Weibchen streitig machen wollen, messen sie sich, indem sie versuchen, den Gegner, Kopf an Kopf, aus ihrem Revier herauszuschieben. Die Weibchen legen ihre zwei bis drei Eier in sandigen Boden und bedecken sie sorgfältig. Die Jungen schlüpfen nach etwa dreieinhalb Monaten. Leider nehmen die Bestände der Meerechsen in der Nähe menschlicher Siedlungen immer mehr ab, weil eingeführte, teilweise verwilderte Haustiere wie Hunde und Katzen, aber auch Ratten und Mäuse sich an den Gelegen vergreifen und auch die frisch geschlüpften Meerechsen verfolgen.

WASSER- UND MEERESSCHILDKRÖTEN: EIN PANZER FÜR ALLE FÄLLE

Komischerweise sind Schildkröten die einzigen Reptilien, vor denen die meisten Menschen keine Angst haben. Vielleicht hängt das damit zusammen, daß sie sich nur verhältnismäßig langsam bewegen und darum ganz und gar nicht unheimlich oder beängstigend wirken. Alle Schildkröten lassen sich leicht als solche

Rotwangen-Schmuckschildkröte

erkennen und können eigentlich kaum mit einem anderen Tier verwechselt werden.

Ihre Gestalt muß wohl kaum beschrieben werden; sie ist allgemein bekannt und sehr einheitlich: Hauptmerkmal ist der Panzer, der aus zwei Teilen besteht, dem Rücken- und dem Bauchpanzer, die mit Hornschilden oder einer lederartigen Haut bedeckt sind. Aquarien- und Terrarienfreunde kennen die hübschen Schmuckschildkröten aus den warmen Regionen Amerikas.

Die kleinen, bis zu 40 Zentimeter langen Schildkröten zeigen an Kopf und Hals lebhaft gefärbte Bänder und oft auffallende Zeichnungen auf dem flachen Panzer. Mit ihren gut ausgebildeten Schwimmhäuten sind sie völlig an das Leben im Wasser angepaßt und ernähren sich von Wasserpflanzen und Kleingetier.

Die „niedlichen“ Baby-Schildkröten, die oft in den Tierhandlungen zu kaufen sind, wachsen schnell und werden im Aquarium zur Plage, wenn sie zu groß werden und sich über die Bepflanzung und die Jungfische hermachen.

Meeresschildkröten sind hervorragend dem Leben in den Weiten der Meere angepaßt. Die Vorderbeine sind zu starken Flossen umgebildet, die kürzeren Hinterbeine dienen als „Steuer“ und können nicht in den Panzer zurückgezogen werden. Die flachen Panzer sind stromlinien-, fast herzförmig, vorne abgerundet und nach hinten spitz zulaufend. Alle Meeresschildkröten leben in tropischen

und subtropischen Meeren, verirren sich gelegentlich aber auch in die gemäßigten Breiten und tauchen hin und wieder vor den europäischen oder nordamerikanischen Atlantikküsten auf. Meeresschildkröten verbringen fast ihr ganzes Leben auf dem offenen Meer und suchen das Land, vorwiegend Inseln, nur zur Eiablage auf.

Die Suppenschildkröte ist zwar oft auf hoher See zu finden, hält sich aber am liebsten in Landnähe und in den Mündungen großer Ströme auf. Sie lebt gesellig, und oft sieht man mehrere Tiere gemeinsam im flachen Wasser umherpaddeln oder sonnenbadend auf Sandbänken und Riffen ruhen. Bei der geringsten Störung tauchen die Tiere sofort weg.

Suppenschildkröten ernähren sich hauptsächlich von Tang, nehmen aber auch Kleintiere, Würmer, Schnecken und anderes zu sich. Es ist ein eindrucksvolles Schauspiel, wenn die Suppenschildkröten zur Eiablage an Land gehen. Nachts, im Licht des Mondes, kommen die bis zu 200 Kilogramm schweren Kolosse in Scharen mit der Flut an den Strand.

Mühsam schleppen sie ihr Gewicht auf Beinen, die zum Laufen denkbar ungeeignet sind, über den Sand, bis sie oberhalb der Flutzone ankommen. Schritt für Schritt schieben sie sich über den weichen Untergrund, richten sich hin und wieder auf, füllen stöhnend die Lungen mit Luft und schieben sich weiter.

Ebenso mühevoll gräbt das Weibchen eine Grube in den Sand, legt ihre 50 bis 200 Eier hinein, deckt das Gelege zu und beeilt sich, ihr wahres Lebenselement, das Meer, wieder zu erreichen. Die Eier werden durch die Bodenwärme ausgebrütet, die Brutdauer hängt daher stark von der Außentemperatur und der Stärke der Sonneneinstrahlung ab und kann deshalb einige Wochen bis Monate dauern.

Meeresschildkröte

Suppenschildkröte

Leider ist es heute immer noch an vielen Küsten und auf Inseln üblich, daß Menschen die Schildkrötengelege als beliebte Leckerbissen einsammeln. Aber auch, wenn die Jungen dann endlich schlüpfen, heißt das noch lange nicht, daß alle Gefahren überstanden sind. Die Jungschildkröten durchbrechen nachts ihre Eischalen und buddeln sich durch den Sand an die Oberfläche – wo sie meist schon von speziellen „Liebhabern“ erwartet werden, vor allem von Seevögeln, Schleichkatzen und anderen Räubern. Eilends versuchen die Kleinen, im Schutze der Dunkelheit das Meer zu erreichen.

Im nassen Element beginnen sie ihre große Reise durch die warmen Meere der Welt, bis sie nach Jahren, als geschlechtsreife Tiere, wieder an den Strand zurückkehren, an dem sie einst das Licht des Mondes erblickt haben. Die Sterblichkeitsrate bleibt auch unter den jungen Schildkröten noch sehr groß, und man rechnet, daß nur etwa ein bis drei von hundert Tieren jemals wieder an den heimatlichen Strand zur Fortpflanzung zurückkehren.

GIFTIGE SCHÖNHEIT IM WASSER

Schlangen gehören mit zu den faszinierendsten Tiergruppen. Schon immer haben sie die Phantasie der Menschen beschäftigt – wenn auch meist im negativen Sinn. Eine Schlange war, angeblich, für den Sündenfall im Paradies verantwortlich, und Schlangen sollen ebenso listig wie heimtückisch sein.

Sie werden wegen ihres Giftes gefürchtet, und viele Menschen graust es vor ihren „glitschigen" und „feuchten" Körpern (in Wirklichkeit haben weitaus die meisten Arten eine trockene und angenehm glatte Haut). Kurzum: Schlangen genießen wenig Sympathien und werden in der ganzen Welt erbittert verfolgt. Andererseits fesseln und faszinieren sie viele Menschen.

Zusammen mit den Kobras, Mambas und Korallenschlangen gehören die Seeschlangen zu den Giftnattern. Seeschlangen gibt es tatsächlich. Zwar sind sie keine Märchenungeheuer, sondern werden höchstens 2,75 Meter lang, aber unter ihnen finden sich einige der giftigsten Schlangenarten. Das Gift einiger Arten, das besonders auf die Nerven wirkt, ist sogar für Menschen tödlich.

Seeschlange

Fast alle der über 50 Seeschlangenarten leben im Meer, einige Arten in Flüssen und Seen. Ihr Verbreitungsgebiet erstreckt sich über die tropischen und subtropischen Regionen des Indopazifik. Oft leben sie gesellig in den Küstenregionen und ernähren sich, je nach Art, von aalförmigen und anderen Fischen und Fischlaich. Der verhältnismäßig kleine Kopf trägt im Oberkiefer die nicht zurückklappbaren Giftzähne. Das stark durchblutete Zahnfleisch übernimmt teilweise die Funktion von Kiemen, wahrscheinlich nehmen die Schlangen, die bis zu einer Stunde unter Wasser bleiben können, damit auch im Wasser Sauerstoff auf. Andererseits ist meist der rechte Lungenflügel so weit vergrößert, daß er bis zum After reicht und in einer Kammer endet, die als Luftspeicher dient. Mit den seitlich abgeplatteten Schwänzen bewegen sich die Seeschlangen außerordentlich schnell und geschickt im Wasser, auch zwischen Pflanzen und Felsen hindurch. Um im salzigen Wasser überleben zu können, haben Seeschlangen Salzdrüsen im Kopf, mit denen sie das „Zuviel" an Salz ausscheiden.

DIE FRÖSCHE: HALB WASSER-, HALB LANDTIERE

In der Tierklasse der Amphibien (das Wort kommt aus der griechischen Sprache und bedeutet, daß ein Tier sowohl im Wasser wie auf dem Land lebt) finden wir so unterschiedliche Lebewesen wie Frösche, Kröten und Unken, Molche und Salamander, die in gut 3000 verschiedenen Arten in der ganzen Welt vorkommen. Allein von den Froschlurchen gibt es 2600 Arten. Wie alle Lurche besitzen die Frösche weder Schuppen, wie die Reptilien, noch Federn wie die Vögel oder Haare wie die Säugetiere, sondern eine mehr oder weniger glatte Haut, die über und über mit Poren versehen ist wie beim Zipfelfrosch.

Diese Art ist der größte Vertreter der Krötenfrösche. Er lebt in Südostasien und wird bis zu zwölf Zentimeter lang. Seinen Namen hat er von den drei „Zipfeln" über den Augen und auf der Nase. Der Zipfelfrosch erbeutet auch kleine Wirbeltiere und kann, wenn er angegriffen wird und selbst als Beute dienen soll, recht heftig beißen und sich wehren. Die Froschhaut ist feucht und oft von einem Schleim bedeckt, der die Tiere gegen Austrocknung schützt. Viele Arten haben zahlreiche Giftdrüsen auf und in der Haut und sondern z. T. überaus starke Nervengifte ab. Diese schützen das Tier selbst vor Freßfeinden und die empfindliche Haut vor Krankheitserregern.

Zipfelfrosch

Alle Frösche sind mehr oder weniger stark vom Wasser oder zumindest von Feuchtigkeit abhängig. Sie trinken nicht, sondern nehmen die über die Haut verdunstete Feuchtigkeit auch durch die Haut wieder auf.

Ihre Eier haben keine feste Schale und brauchen zu ihrer Entwicklung eine feuchte oder gar nasse Umgebung. Die Jungen schlüpfen als Kaulquappen im Wasser. Sie haben noch keine Vorder- und Hinterbeine und atmen durch Kiemen. Erst im Laufe von Wochen oder Monaten entwickeln sie sich zu fertigen Fröschen: Vorder- und Hinterbeine wachsen, die Lungen übernehmen die Atmung, und der Schwanz fällt ab. Diese Entwicklung nennt man Metamorphose.

Die meisten erwachsenen Lurche ernähren sich, soviel man heute weiß, ausschließlich von tierischer Nahrung, vom winzigen Wasserfloh bis zu jungen Wasservögeln, Mäusen und kleinen Echsen, nur ganz wenige Arten leben überwiegend vegetarisch. Im Larvenstadium besteht das Futter indessen häufig aus Pflanzen aller Art, aber auch aus kleinen, toten Tieren.

Das Hauptverbreitungsgebiet der Frösche liegt im Tropengürtel und dort überwiegend in den feuchtheißen Zonen. Wegen ihrer Abhängigkeit von Süßwasser oder zumindest von hoher Luftfeuchtigkeit leben weitaus die meisten Arten in Wäldern und Feuchtgebieten, während Trockenregionen eine sehr viel geringere Artenzahl aufweisen. Allerdings gibt es auch Frösche, die sogar in Wüsten und Halbwüsten vorkommen – vorausgesetzt, daß gelegentlich Regen fällt bzw. Feuchtigkeit in

Grabfrosch

Form von Nebel oder Tau vorhanden ist. Frösche leben in Sümpfen und Teichen, in Flüssen und Seen, auf Bäumen – und sogar zeitweise unter der Erde, wie der Grabfrosch, der seine Eier in selbstgegrabene Erdhöhlen legt.

Ganz verschiedene Lebensräume, vom Wasser über den Boden bis in die Bäume, besiedeln die auf der ganzen Welt verbreiteten Laubfrösche. Der etwa zehn Zentimeter lange Korallenfinger aus Australien ist sogar auf den Terrassen der Häuser zu finden. Zur Fortpflanzung aber ist immer Wasser notwendig. Die Eier werden von den meisten Weibchen zu Dutzenden und Hunderten, manchmal sogar zu Tausenden in Tümpel und andere stehende Gewässer abgesetzt (gelaicht) und anschließend von den Männchen besamt.

Die südamerikanischen Makifrösche sind Baumbewohner. Eine Art legt ihre Eier in Blätter, die sie zu beiderseits offenen Tüten formt, so daß die Kaulquappen nach dem Schlüpfen in das darunter liegende Wasser fallen, wo sie sich weiter entwickeln können.

Die meisten Frösche verlassen ihre Gelege nach dem Ablaichen und kümmern sich nicht mehr darum. Anders ist es bei einigen mittel- und südamerikanischen Froschlurchen. Die Farb- oder Pfeilgiftfrösche mit den Gattungen Baum- und Blattsteigerfrösche leben ausschließlich in den tropischen Urwäldern Mittel- und Südamerikas. Einige Arten sind ausgesprochen selten, andere sind zwar sehr zahlreich, aber alle Arten sind in ihrer Verbreitung auf größere oder lokal eng begrenzte Urwaldregionen angewiesen, die immer mehr abgeholzt werden. Mit der Rodung der Wälder besteht die Gefahr, daß Arten ausgerottet werden, die man heute noch nicht einmal kennt. Wie viele Spezies bereits ausgerottet worden sind weiß man nicht, da diese vielleicht noch gar nicht entdeckt waren.

Die kleinen, nur zwischen 1,5 und 4,5 Zentimeter großen Frösche sind außerordentlich interessante Tiere. Nicht nur wegen der leuchtenden Warnfarben, die anzeigen, daß die Träger z. T. hochgiftig sind, sondern auch wegen ihrer Lebensweise und des Fortpflanzungsverhaltens. Wie alle Froschlurche sind auch die Färberfrösche zumindest zur Eiablage und während der Kaulquappenentwicklung auf Wasser angewiesen. Da aber einige Arten, wie z. B. die leuchtend roten Erdbeerfröschchen, auf Bäumen leben, ist die Suche nach dem

Korallenfinger

Makifrosch

zur Umwandlung der Kaulquappen in fertige Fröschchen in der Nähe und legt den lieben Kleinen hin und wieder ein Ei – als Zusatzfutter. Bei einigen Pfeilgiftfröschen wie dem Goldbaumsteiger und anderen Arten übernimmt der Vater die Versorgung der Kleinen. Dank einer besonderen klebrigen Hautausscheidung haften die Kaulquappen auf dem Rücken des Vaters, der sie mit sich herumschleppt, bis er sie nach einigen Tagen in einem Wasserloch absetzt.

Das Hautgift einiger der kleinen Pfeilgiftfrösche ist unglaublich stark. Die Menge, die ein Tier über die Haut ausscheiden kann, reicht theoretisch aus, um zehn bis fünfzehn Menschen zu töten! Es ist damit um ein Vielfaches stärker als jedes Schlangengift.

lebensspendenden Naß nicht immer einfach. Das Weibchen legt seine Eier in ein Bromelienblatt. Nach dem Schlüpfen der Kaulquappen nimmt es jede einzelne auf den Rücken und trägt sie in einen der kleinen Wassertümpel, die in den Blattachseln der Bromelien stehen. Jeder angehende Frosch bekommt seine eigene Pfütze, denn die Kaulquappen sind Kannibalen und würden sofort übereinander herfallen. Da in den Wasserpfützchen nur wenig Nährstoffe enthalten sind, bleibt das Weibchen bis

Um einen Menschen umzubringen, müßte es ihm allerdings direkt eingespritzt werden. Manche Indianerstämme Mittel- und Südamerikas kennen die Wirkung des Giftes genau. Sie bestreichen damit ihre Blasrohrpfeile und jagen Affen und Vögel, die in ganz kurzer Zeit an Atem- oder Muskellähmung sterben. Wenn die Indios anschließend ihre Beute braten und essen, kann ihnen das Gift keinen Schaden mehr zufügen.

Erdbeerfröschchen

Goldbaumsteiger

WIE DER FISCH IM WASSER...

Die ungekrönten Könige der Gewässer sind zweifellos die Fische. Diese Tiere sind dem Leben und Überleben im nassen Element so vollkommen angepaßt, daß es im Laufe ihrer Entwicklung keine Art gegeben hat, die außerhalb des Wassers leben und sich fortpflanzen konnte.

Eine „Fast-Ausnahme" bilden die Lungenfische, die sowohl Kiemen wie jeder „normale" Fisch als auch Lungen haben. Sie gehören in die nähere Verwandtschaft der Quastenflosser, von denen alle vierfüßigen Wirbeltiere abstammen. Der Australische Lungenfisch ist mit seinen groben Schuppen und den großen Flossen ein richtiger Fisch. Er kann auch in schlechtem, wenig sauerstoffhaltigem Wasser leben, doch geht er zugrunde, wenn seine Wasserstelle austrocknet.

Anders dagegen die afrikanischen und südamerikanischen Arten der Lungenfische. Ihre Haut und ihr Körperbau erinnern mehr an Molche als an Fische. Der „Südamerikaner" gräbt sich zu Beginn der Trockenzeit tief in die Erde ein, bis er eine wasserundurchläßige Erdschicht erreicht. Hier rollt er sich in einem kleinen Wasserrest zusammen und wartet darauf, daß der Wasserstand wieder steigt.

Die afrikanischen Lungenfische ziehen sich in eine Art Trockenschlafhöhle zurück, in der sich Wasser, gelöster Lehm und Körperschleim vermischen und schließlich zu einem harten, wasser- und luftdichten Klumpen eintrocknen, in dem das Tier ein bis zwei Jahre überleben kann.

Die Atlantischen und Pazifischen Lachse gehören zu den wenigen Fischarten, die sowohl im Süß- als auch im Salzwasser leben können. Junglachse, auch „Sälmlinge" genannt, schlüpfen im klaren, kühlen Wasser der Laichflüsse und ernähren sich von Kleingetier wie Insekten, Schnecken und Kerbtieren. Wie lange der Junglachs in seinem Heimatfluß bleibt, hängt vom Nahrungsangebot und der Temperatur ab.

Lungenfisch

In warmen, nahrungsreichen Gewässern ist er schon im ersten Lebensjahr so weit entwickelt, daß er sich auf die große Wanderung ins Meer begibt. In kälteren, ungünstigeren Regionen kann es wesentlich länger dauern, bis er die erforderliche Größe erreicht hat.

Mit etwa 13 Zentimeter Länge erreicht der olivfarbene Junglachs mit den dunklen Flossen und den dunklen Körperflecken das Meer. Hier verändert er sich schnell, nimmt eine

silbrige Färbung an und heißt nun Blanklachs. Er lebt räuberisch und jagt nach Sandaalen, jungen Heringen und anderen Fischen. Etwa sechs bis acht Jahre verbringt er im offenen Meer, vorwiegend in den nahrungsreichen Gewässern des Nordens, er frißt und wächst, bis er ausgewachsen, d. h. zwischen 40 und 90 Zentimeter lang ist. Sehr große Exemplare erreichen bis zu 150 Zentimeter Länge und wiegen bis zu 36 Kilogramm. Ausgewachsene Tiere begeben sich auf die Rückreise in die Gewässer, in denen sie einst selbst das Licht der Welt erblickten. Wie die Lachse sich orientieren und wie sie ihren Rückweg finden, weiß man noch nicht. Gegen Ende der Reise scheint er die Mündung seines Heimatflusses am Geruch zu erkennen. In großen Schwärmen sammeln sich die Lachse vor den Mündungen und lassen sich von der Flut ein Stück flußaufwärts tragen. Dann schwimmen sie aus eigener Kraft weiter. Obwohl sie während der ganzen „Heimreise" keine Nahrung zu sich nehmen, zeigen sie erstaunliche Leistungen. Sie überwinden Stromschnellen und Wasserfälle und legen etwa 40 Kilometer pro Tag zurück. Zwischen November und Februar kommen die Tiere, die die Reise überstanden und alle Gefahren überwunden haben, völlig erschöpft in den Laichgewässern an. Mit dem Schwanz gräbt das Weibchen für seine Eier ein Nest, eine 30 Zentimeter tiefe Mulde, in den Boden. Männchen und Weibchen schwimmen nebeneinander, deponieren Eier und Samen in der Vertiefung und decken den Laich wieder zu. Dieser Vorgang wiederholt sich mehrere Male, bis das Weibchen seine 10.000 bis 40.000 fünf

Seestern

bis sieben Millimeter langen Eier abgelaicht hat. Die meisten Lachse sind nach der Wanderung und dem Ablaichen so erschöpft, daß sie sterben, nur die allerwenigsten Tiere finden den Weg ins Meer zurück.

Wenn die winzigen Lachse nach 70 bis 160 Tagen schlüpfen, hat jedes von ihnen einen Dottersack, der es einen Monat lang mit Nährstoffen versorgt. Erst wenn dieser Notvorrat aufgebraucht ist, verlassen die Sälmlinge ihr Kiesnest und beginnen, sich selbständig zu ernähren.

Seit Jahrhunderten sind die großen, fetten Lachse begehrte Leckerbissen, nicht nur bei Menschen, sondern auch bei Tieren. In einigen Gegenden Nordamerikas scheint es sich bei den Grizzly- und Braunbären herumzusprechen, wenn die Lachse kommen. Nie sieht man mehr Bären auf so kleinem Raum wie an den Lachsflüssen, wenn sich die Petze ihre Fettschicht für den Winterschlaf anfuttern.

KORALLENFISCHE UND FISCHE IM KORALLENRIFF

Nirgendwo sonst kann man die ganze Wunderwelt des Unterwasserlebens auf so engem Raum erleben wie in einem Korallenriff. Schon allein das Riff selbst ist ein Wunder, das unendlich vielen Tieren Lebensraum, Nahrung und Schutz bietet. Neben den niederen Tieren, wie man die Wirbellosen nennt, z. B. Schnecken, Muscheln, Seeanemonen, -lilien und -rosen, Seesterne und -gurken, Schwämme

Königsmakrelen

und zahllose andere, leben in den Riffen der Erde eine ganze Reihe der schönsten, farbigsten und seltsamsten Fische, die man sich nur denken kann.

Korallenfische nennt man sie einfach zusammengefaßt, und jeder Kenner weiß, daß dazu die verschiedenen Korallenbarsche, Rotfeuerfische, Muränen, kleine Haiarten, Igel- und Kofferfische, Drücker, Doktor- und Pinzettfische, Falterfische, Papageifische u. a. gezählt werden.

Korallenbarsche sind sehr lebhafte, kleine, bis zu zwölf Zentimeter große Fische mit oft auffallenden Farben. Sie leben in kleinen Revieren, die sie gegen jeden Artgenossen verteidigen. Kommt jedoch ein größerer Gegner vorbei, so verschwinden sie blitzschnell in Felsspalten oder -höhlen, aus denen sie nach kurzer Zeit wieder hevorschauen, um zu sehen, ob die Gefahr vorbei ist. Korallenbarsche sind Allesfresser.

Die Anemonen- oder Clownfische leben meist in sehr enger Gemeinschaft mit Seeanemonen. Diese sind keine Blumen, sondern Blumentiere, die ihre Beute, vorwiegend kleine Fische, durch das Nesselgift ihrer Fangarme lähmen. Den lebhaft orange-schwarz-weiß gefärbten Anemonenfischen aber passiert gar nichts. Sie leben nicht nur in allernächster Nähe der Anemonen, sie „kuscheln“ sich sogar richtig in

Rotfeuerfisch

ihre Fangarme hinein und wohnen und ruhen dort, sicher geschützt vor Feinden. Die Anemone profitiert von ihrem „Untermieter“, indem sie die Nahrungsreste des Fisches vertilgt.

Zu den größten Räubern des Riffs gehören die Muränen, schlangenähnliche, oft lebhaft gefärbte Fische, die meist verborgen in Spalten und Höhlen auf vorüberschwimmende Beute warten.

Viele Fische des Riffs leben in größeren oder kleineren Schwärmen. Man nimmt an, daß solche „Schulen“ dem Einzeltier einen größeren

Clownfisch

Schutz bieten. Die wahren Herrscher, nicht nur des Riffs, sondern der Meere überhaupt, sind die Haie und Rochen. Im Gegensatz zu den bisher besprochenen Fischen gehören diese Arten zu den Knorpelfischen, bei denen das Skelett nicht verknöchert ist, sondern aus Knorpeln besteht. Trotzdem haben auch Haie und Rochen Knochen, aber nicht im Inneren des Körpers, sondern auf der schuppenlosen Haut. Wer einmal die Haut eines Haies oder

Rochens anfaßt, spürt zahllose kleine, spitze Zähnchen. Diese bestehen aus Zahnbein, sind mit Zahnschmelz überzogen und mit Knochen in der Haut verankert.

Auch die richtigen Zähne der Knorpelfische sind wie die Hautzähne gebaut. Alle Arten sind sogenannte „Vielzähner“. Wer einmal ein Haigebiß gesehen hat, weiß, daß dieser Fisch wirklich den ganzen Mund voller Zähne hat, eine Reihe hinter der anderen, zurückgeklappt und immer kleiner werdend. Fällt ein Zahn aus, rückt einfach der nächste von hinten nach. Knorpelfische kennen keine Zahnlücken.

Haie und Rochen leben seit 450 Millionen Jahren auf der Erde und haben sich in ihrer Form seither wenig verändert. Mit ihrer wunderbar eleganten Form, ihrer Schnelligkeit, ihrer Stärke und ihrer Fähigkeit, in allen Weltmeeren zu überleben, waren sie von Anfang an die

Muräne

Herren der Ozeane. Haie und Rochen haben wenige Feinde. Sie haben es darum nicht nötig, die Erhaltung der Arten durch riesengroße Gelege zu sichern.

Die meisten legen nur wenige Eier, die durch harte Hornkapseln geschützt sind und sich mit spiraligen Fäden im Tang oder Korallengewirr anheften. Einige Arten bringen sogar lebende Junge zur Welt. Die Kleinen werden allerdings nicht gesäugt, sondern leben als winzige Ausgaben ihrer Eltern von Anfang an räuberisch.

Junge Rochen ähneln viel mehr einem Hai als den abgeplatteten Eltern. Rochen halten sich gerne auf dem Boden auf und decken sich mit Sand zu.

Stechrochen haben einen oder mehrere Widerhaken am Schwanz, mit denen sie sich sehr gut zu verteidigen wissen. Menschen, die versehentlich auf einen ruhenden Rochen treten, bekommen das sehr schmerzhaft zu spüren. Der Zitterrochen hat zwar keine Haken und Stacheln, kann sich aber durch empfindliche Stromstöße wehren.

Hai

Einige Rochenarten schwimmen sehr gut, und eine Schule von schwimmenden Rochen, die lautlos wie große Vögel durchs Wasser gleiten, ist ein beeindruckender Anblick.

Rochen und Haie können dem Menschen gefährlich werden – umgekehrt sind die Gefahren, die den Knorpelfischen durch den Menschen drohen, wesentlich größer, denn in vielen Ländern gilt das Fleisch der Tiere als begehrter Leckerbissen.

Kleines Foto: ***Rochen***

Ausgerechnet die größten Haiarten, der bis zu 15 Meter lange Riesenhai und der bis zu 18 Meter messende Walhai, leben, wie die Bartenwale, von kleinen Planktontieren. Die Geschichten über die Gefährlichkeit dieser Arten sind also frei erfunden. Von den insgesamt 250 Haiarten werden nur etwa 25 dem Menschen wirklich gefährlich, vor allem der berüchtigte Weiße Hai, der Hammerhai und der Tigerhai.

Wenn man bedenkt, daß ein „nur“ etwa drei Meter großer Hai einen Menschen mit einem Biß in der Mitte durchteilen und ein sechs Meter langer Hai einen Menschen ganz verschlingen kann, versteht man allerdings die Angst von Badenden, von (Perlen-) Tauchern und Surfern.

KLEINE, STARKE ÜBERLEBENSKÜNSTLER

Die Herren und Herrscher der Meere und Seen, der Flüsse und Teiche sind nicht nur in fernen Meeren und Ländern oder auf exotischen Inseln zu finden. In den Seen und Teichen, Flüssen und Bächen unserer Heimat leben Tiere, die sich – so klein sie sind – durchaus zu behaupten wissen und überleben können. Wer kennt sie nicht, die etwa einen Zentimeter großen Tiere mit den langen Beinen, die oft in großer Zahl bei Sonnenschein auf dem Wasser umherflitzen. Es sind Wasserläufer, auch Wasserautos, Wasserreiter, Schlittschuhläufer oder Wasserschneider genannt. Sie sehen zwar aus wie langbeinige Spinnentiere, gehören aber zu den Wanzen. Wasserläufer sind mit mehreren Arten in Nordamerika, Europa und Asien verbreitet. Eine Gattung konnte sogar die tropischen Regionen des Atlantischen und Pazifischen Ozeans erobern; sie sind die einzigen Insekten, die auf dem

Wasserläufer

Gelbrandkäfer

offenen Meer leben. Wenn sie über das Wasser sausen, dient das mittlere Beinpaar als kräftiges Ruder, während die Hinterbeine bei voller Fahrt als Steuer benutzt werden.

In Ruhestellung stützen sie sich auf Vorder- und Hinterbeine. Mit den Vorderbeinen werden Beutetiere ergriffen und festgehalten. Wenn z. B. eine Blattlaus ins Wasser fällt, dann erzeugt das zappelnde Tier kleinste Wasserwellen, die der Wasserläufer wahrnimmt. Aus etwa 20 Zentimeter Entfernung kann er seine Beute mit den Augen erkennen. Er gleitet langsam auf sie zu, packt sie mit den Vorderbeinen und sticht sie mit dem Saugrüssel. Im Speichel enthaltene Stoffe töten das Tier und lösen es so weit auf, daß der Wasserläufer die vorverdaute Nahrung mit dem Rüssel aufsaugen kann.

Wer einen Wasserläufer ganz nah betrachtet, erkennt, daß Beine und Körper mit dichten, filzigen, goldschimmernden Haaren bedeckt sind. Der regelmäßig eingefettete „Pelz“ und die Oberflächenspannung des Wassers sorgen dafür, daß der Wasserläufer nicht untergeht, sondern sich auf dem Wasser wie auf einer festen Oberfläche bewegen kann.

Die schwarzen, glänzenden Taumelkäfer werden nur etwa 5 Millimeter lang. Auf stillen Gewässern kann man sie in ganzen Gruppen beobachten, wie sie mit ihren zu Rudern umgeformten Mittel- und Hinterbeinen in Schlangenlinien oder Spiralen auf dem Wasser „umhertaumeln“. Bei der geringsten Störung taucht die ganze Gesellschaft einfach weg. Wer darauf wartet, daß in dem „Taumel“ einmal zwei Käfer zusammenstoßen, wird enttäuscht.

Durch besondere Sinnesorgane an den Fühlern können Taumelkäfer das „Echo“ empfangen, das ein Gegenstand zurückwirft. Wahrscheinlich können sie dabei ganz gut zwischen Artgenossen und Beute unterscheiden, denn wie die Wasserläufer leben Taumelkäfer von kleinen Insekten, die sie auf der Wasseroberfläche erbeuten. Besonders interessant sind die Augen der Taumelkäfer, sie sind nämlich zweigeteilt. Mit der oberen Hälfte können sie auf und über der Wasserfläche sehen, die untere Hälfte ist zum Sehen unter Wasser bestimmt.

Ein richtiger Räuber ist der drei bis vier Zentimeter lange Gelbrandkäfer aus der Familie der Schwimmkäfer. Sowohl die Larven als auch die erwachsenen Käfer erbeuten alles, was sie überwältigen können und richten in Fischbrutteichen oft große Schäden an.

Zum Atmen müssen die Schwimmkäfer regelmäßig auftauchen. Sie durchstoßen die Wasseroberfläche mit dem Hinterkörper und lüften die Flügeldecken ein wenig, wobei die verbrauchte Luft gegen Frischluft eingetauscht wird. Gelbrandkäfer nehmen unter den Flügeldecken immer noch eine kleine Luftblase mit nach unten.

Diese Blase ist nicht nur eine „stille Reserve", sondern gibt dem Käfer Auftrieb, wenn er wieder auftauchen will. Ohne diese Luftblase können die Gelbrandkäfer nicht mehr an die Wasseroberfläche schwimmen.

Zu den mehr als 4.000 Arten der Wasserlungenschnecken gehört die Posthornschnecke, die vor allem durch ihr flach gedrehtes, fast kreisrundes, bis zu 3,5 Zentimeter großes, gold- bis dunkelbraunes Schneckenhaus auffällt.

Im Gegensatz zu vielen anderen Arten enthält das Blut der Posthornschnecke Hämoglobin, das ist der rote Blutfarbstoff, der auch das Menschenblut rot färbt. Fühlt sich die Schnecke gestört, dann kann sie einen Tropfen dieser Blutflüssigkeit ausscheiden. Früher wurde sie deswegen auch „Purpurschnecke des Süßwassers" genannt.

Posthornschnecken sind weit verbreitet und können auch in Gewässern mit verschmutztem Wasser leben. Sogar das zeitweise Austrocknen ihres heimischen Gewässers überstehen sie gut, wenn die Trockenheit nicht zu lange anhält. Sie sind nämlich in der Lage, sozusagen „zweigleisig" zu atmen: über die Lunge in der Mantelhöhle und über die Haut und durch Kiemen.

Wie viele Schnecken sind die Posthornschnecken Zwitter, das heißt, sie besitzen männliche und weibliche Fortpflanzungsorgane.

VERTEIDIGUNG MIT PANZERN UND SCHEREN, SCHALEN UND KALKGERÜSTEN

Krebse und Krabben gehören zur Ordnung der Zehnfüßer. Während man bei Krebsen meist deutlich die Unterteilung in Kopf, Brustteil und Hinterleib erkennt, sehen die Krabben wie zusammengestaucht aus, da der verkleinerte Hinterleib völlig unter den Vorderkörper, den Kopf- und Brustteil, geklappt ist. Dieser ist von einem zusammenhängenden Chitinpanzer geschützt, der auf der Bauchseite unterteilt ist. Da die Chitinhaut verhärtet und nicht mitwächst, muß der Panzer regelmäßig gewechselt werden.

Das vordere der insgesamt fünf Beinpaare ist zu Scheren umgewandelt, mit denen sich einige Arten sehr gut verteidigen können. Die restlichen acht Beine dienen der Fortbewegung, wobei Krabben oft seitwärts laufen.

Statt der langen Fühler der Krebse haben Krabben nur kurze Antennen. Dafür haben sie richtige „Stielaugen", wie die Klippen- und die Rotaugenkrabbe. Die meisten Arten leben im

Klippenkrabbe

Meer, oft in selbst gegrabenen Sand- oder Schlicklöchern, die sie nur verlassen, um selbst auf die Jagd zu gehen oder um einen Partner zu finden.

Winker-, Strand-, Sand- und andere Krabben können mit ihren Facettenaugen Bewegungen aus großer Entfernung wahrnehmen und verschwinden bei der kleinsten Störung in ihren Löchern. Trotz des gepanzerten Äußeren haben Krabben zahlreiche Feinde.

Vor allem die Arten, die in der Gezeitenzone der Meere dem ständigen Wechsel von Ebbe und Flut ausgesetzt sind, müssen sich nicht nur der sich ständig verändernden Umwelt anpassen, sondern werden von Möwen, Reihern und anderen Vögeln, von großen Fischen – und von Menschen, Katzen und Hunden gefangen und gegessen.

Eine andere Art des Schutzes haben die Muscheln entwickelt. Muscheln sind Weichtiere, das heißt, sie haben einen Körper, der keine inneren Knochen hat, sondern nur aus Organen und Muskeln besteht. Dafür haben sie ein Außenskelett aus Kalk, zwei Schalen, die sie

Sandkrabbe

Miesmuscheln

öffnen und schließen können. Ein äußerst starker Schließmuskel hilft ihnen, die Schalen auch bei brachialer Gewaltanwendung von außen geschlossen zu halten. Viele Arten, wie die Miesmuscheln, scheiden die sogenannten Byssusfäden aus, mit denen sie sich fest am Boden verankern. Miesmuscheln trifft man oft in großen Mengen an. Sie sind beliebte Speisemuscheln und werden in Muschelbänken regelrecht gezüchtet.

Auch die Riesen- oder Mördermuschel aus den Korallenriffen des Indischen Ozeans bindet sich, solange sie noch jung und klein ist, durch Byssusfäden an den Untergrund. Später wird sie allein durch ihr Gewicht von bis zu 200 Kilo festgehalten und wächst in das Riff hinein. Bei Störungen können sich die gewellten Schalen so fest schließen, daß alles, was zwischen sie gerät, nicht so schnell wieder loskommt. Diese Erfahrung müssen hin und wieder Taucher machen, die versuchen, die

Korallenpolypen

seltenen, aber sehr großen Perlen der Riesenmuschel zu erbeuten.

Eine wiederum ganz andere Art des Schutzes haben die riffbildenden Korallenpolypen entwickelt. In den tropischen Meeren haben sie ungeheuer große Bauwerke, die Korallenriffe, errichtet, die im Fall des australischen Barrier-Riffs eine Fläche von etwa 200.000 Quadratkilometer bedecken! Das sind die größten Bauwerke, die je von lebenden Wesen geschaffen wurden.

Die Polypen scheiden Kalk aus, der im Meerwasser erstarrt und die nur wenige Millimeter langen Tiere vor Feinden schützt. Im Laufe von Millionen von Jahren entstanden so die riesigen Riffe, die unzähligen anderen Tieren Lebensraum bieten. Zugleich haben Riffe, die vor den Küsten liegen, die Aufgabe, das Festland vor andonnernden Meereswogen abzuschirmen. Sie funktionieren als natürliche Wellenbrecher und garantieren vielen Küstengebieten ruhige und sichere Badestrände. Korallenriffe der tropischen Meere gehören neben den tropischen Regenwäldern zu den reichsten biologischen Systemen der Erde. Das ist eigentlich erstaunlich, denn im Gegensatz etwa zum küstennahen Wattenmeer oder zu den nahrungsreichen, kalten Polargewässern ist das warme, kristallklare Wasser der tropischen Meere ausgesprochen arm an Nährstoffen. Damit ein Riff überhaupt entstehen kann, müssen die winzigen Polypen ganz besondere, ihnen zusagende Umweltbedingungen vorfinden. Das Wasser muß das ganze Jahr über eine durchschnittliche Temperatur von mindestens 20 Grad haben, es muß sauerstoffreich und lichtdurchflutet sein und einen gleichbleibenden Salzgehalt aufweisen. Außerdem muß der Gezeitenwechsel, also Ebbe und Flut, so regel- und gleichmäßig stattfinden, daß auch die obersten Riffbereiche genügend lange überflutet sind.

Riesenmuschel

TIERE FERNER LÄNDER

DIE UNGEHEURE ARTENFÜLLE DER TROPEN

Jeder Naturfreund, der durch die Tropen und Subtropen reist, ist von der ungeheuren Artenfülle der Tierwelt dieser Regionen begeistert. Länder, die kaum größer sind als Deutschland beherbergen drei- bis viermal mehr Säugetier- und Vogelarten, von den Reptilien und Amphibien ganz zu schweigen, als unser Land. Dieser Reichtum hängt damit zusammen, daß die Lebensbedingungen, vor allem Klima, Vegetation und Nahrung sehr viel günstiger sind als bei uns. Es fehlen z. B. die starken jahreszeitlichen Temperaturschwankungen, die zahlreiche einheimische Tiere entweder zum Winterschlaf nötigen oder aber zum Wegziehen. Kein anderer geographischer Raum ist auch nur annähernd so artenreich wie der Tropengürtel, der sich 30° nördlich und südlich des Äquators erstreckt. Auf rund einem Viertel der Festlandfläche leben etwa 80 % aller Tier- und Pflanzenarten.

ÖKOLOGISCHE NISCHEN IN GROSSER ZAHL

Ganz so einfach, wie es auf den ersten Blick scheinen mag, ist das Leben aber auch in den tropischen und subtropischen Regionen für die Flora und Fauna nicht. Der Konkurrenzdruck ist für viele Tierarten ganz enorm. Sie müssen sich sowohl gegen arteigene wie artfremde Mitbewohner ihres Lebensraumes durchsetzen und sich sogenannte ökologische Nischen suchen. Damit meint der Fachmann Lebenssituationen, die für eine bestimmte Tierart besonders günstig sind bzw. an die sich diese Tiere speziell anpassen. Wenn sich beispielsweise in den ostafrikanischen Savannen alle Huftiere von den gleichen Gräsern oder Blättern ernähren würden, käme es bald zu einem Verdrängungswettbewerb, der dem physisch Schwächeren keine Chancen ließe. So aber ernähren sich die Zebras von langen, harten Gräsern, die Gnus und andere Antilopen dagegen von frischeren, kleineren, die oft erst gedeihen, wenn die Zebras ein Gebiet abgegrast haben. Andere Huftiere wie der Große und der Kleine Kudu sind Blattesser und weitere, wie etwa die Impala-Antilope, äsen Gräser und Blätter. Man trifft sie sowohl in Gras- wie in Buschländern und in Baumsavannen an. Sie haben deshalb ein riesiges Verbreitungsgebiet, das vom östlichen bis weit ins südliche und südwestliche Afrika reicht.

An vielen afrikanischen Seen läßt sich bei den Vögeln eine friedliche Koexistenz beobachten, die daher rührt, daß sich die verschiedenen Arten unterschiedlich ernähren. Manche Sodaseen des Rift Valleys beherbergen eine ungeheuer große Arten- und Individuenfülle: Große und Zwergflamingos ernähren sich von Plankton und Kleinstkrebschen, Rosa- und Rötelpelikane jagen nach Fischen. Ebenfalls Fische erbeuten die Weißbrustkormorane, die Riedscharben und der Schlangenhalsvogel.

Mehrere Reiherarten erbeuten Wasserinsekten, Jungfische und kleine Amphibien, während der mächtige Marabu einerseits Aas verzehrt und anderseits nicht davor zurückschreckt, Jagd auf Flamingos, junge Enten und Gänse zu machen. Greife wie Schreisee-, Fisch- und Steppenadler holen sich aus dem Heer des Wassergeflügels ebenfalls ihren Tribut, der jedoch nie so groß ist, daß die Bestände einer Art darunter leiden.

Das ökologische Gleichgewicht ist allerdings auch in vielen Gebieten Afrikas mehr oder weniger stark gestört. Der einst weltberühmte Nakurusee in Kenia ist durch die Einleitung von Industrie- und Haushaltsabwässern inzwischen so verschmutzt, daß er kaum noch nennenswerte Vogelmassen beherbergt; diese sind an andere, weniger belastete Gewässer ausgewichen und die Ufer des Nakurusees sind heute weitgehend vogelleer und verödet.

AFFEN, UNSERE NÄCHSTEN VERWANDTEN

Nicht jeder von uns ist glücklich, wenn er mit einem Affen verglichen oder gar als solcher bezeichnet wird. Dabei ist es keineswegs ehrenrührig, ein Affe zu sein! Immerhin sind Affen unsere nächsten Verwandten. Vor weniger als sieben Millionen Jahren hatten zum Beispiel die Urmenschen und die Schimpansen aus Afrika denselben Vorfahren. Erst später entwickelte sich aus diesem einerseits unsere Art und andererseits das nach dem Menschen intelligenteste Tier, der Schimpanse. Die Fachleute haben denn auch die am höchsten entwickelten Primaten, wie die Mitglieder der Affengruppe genannt werden, unter dem Begriff „Menschenaffen“ zusammengefaßt.

Die etwa 200 verschiedenen Affenarten haben ihre Heimat überwiegend in den warmen Gebieten Südamerikas, Afrikas und Asiens.

Die Heimat der Menschenaffen liegt in Afrika (Schimpanse, Bonobo oder Zwergschimpanse und Gorilla), hauptsächlich in den zentral- und westafrikanischen Wäldern, und in Südostasien, wo der Orang-Utan vorkommt, der ebenfalls ein ausgesprochener Waldbewohner ist und sehr viel seltener auf den Boden hinun-

Schimpanse

Orang-Utan

tersteigt als z. B. Schimpanse und Bonobo; er ist unter den Menschenaffen der einzige, der sich überwiegend auf Bäumen aufhält.

Selbst wenn er aus einem Fluß Wasser trinken will, steigt er nicht auf die Erde, sondern sucht sich einen starken Baum, dessen Äste oder die am Baum wachsenden Schlingpflanzen bis zum Wasser hinunterreichen. Von dort aus trinkt er vorsichtig und mit spitzen Lippen aus dem Bach. Manchmal hält er sich mit beiden Beinen und der anderen Hand am Baum fest, füllt die freie Hand mit Wasser und schlürft es genußvoll.

Sämtliche Menschenaffen sind in ihren Beständen sehr stark gefährdet. Sie werden von Einheimischen gefangen und entweder getötet oder, wenn es sich um Jungtiere handelt, an Tierhändler verkauft, die sie – als Schmuggelware, da nahezu alle Länder ihre Einfuhr verboten haben, nach Asien, Nordamerika und Europa bringen.

In manchen Gebieten Afrikas werden Schimpansen und Gorillas gegessen. Noch immer werden Gorillahäute, -hände und -köpfe als Souvenirs gehandelt. Berggorillas leben in einem Gebiet, das immer von Bürgerkriegen heimgesucht wird und leider auch den Rodungsfeuern und Buschmessern der einheimischen Bauern zum Opfer fällt.

Auch die anderen Menschenaffen sind durch die Zerstörung der Urwälder bedroht, und es gibt von ihnen nur noch einige wenige hundert Tiere. Naturschützer in aller Welt versuchen deshalb, die letzten großen Waldgebiete zu erhalten, aber leider haben sie viel zu wenig Geld, um über viele Jahre erfolgreich arbeiten zu können. Im Hochland Nordostafrikas und in den Grassavannen und -steppen des östlichen und südlichen Afrikas trifft man auf verschiedene Arten von Pavianen. In Äthiopien

Gorilla

lebt der Mantelpavian, in Ostafrika der Anubispavian und in Südafrika der Bärenpavian.

Wie wir bereits erwähnt haben, leben die Affen, von wenigen Ausnahmen abgesehen, in den Ur- und Buschwäldern Mittel- und Südamerikas, Afrikas und Asiens. Nur gerade eine einzige Art mit mehreren Unterarten ist den gleichen Weg wie der Urmensch gegangen, von den Bäumen gestiegen und in die offene Savanne gewandert: der Pavian. Er ist deshalb seit über zwanzig Jahren ein beliebtes Studienobjekt und -ziel von Verhaltensforschern.

Zwei Arbeiten von Wissenschaftlern sind besonders spannend. Die Forscher studierten die Anubispaviane Kenias und die Mantelpaviane Äthiopiens. Die beiden Unterarten sind so nah miteinander verwandt, daß sie sich in Grenzgebieten, die sie gemeinsam bewohnen, kreuzen.

Anubispaviane leben in dreißig- bis hundertköpfigen Banden zusammen, mit einem festen Kern aus erwachsenen Weibchen mit Kindern verschiedenster Altersstufen. Die erwachsenen Männchen halten sich mehr oder weniger am Rande der Mutter-Kind-Gesellschaft auf. Sie gehen keine enge Partnerbeziehung ein und wechseln meist nach drei, vier Jahren die Bande.

Bei den Mantelpavianen hingegen sind Kleinfamilien die vorherrschende Gesellschaftsform. Sie bestehen aus einem starken Männchen mit einigen Weibchen und deren Kindern. Mehrere Familien bilden einen Clan und mehrere Clans eine Herde. Der Kern eines Clans und einer Herde wird, anders als bei den Savannenpavianen, von Männchen gebildet, die miteinander verwandt sind. Hier verlassen die Weibchen ihre Familie und wechseln zu fremden Clans über. Die Männchen der Mantelpaviane schließen sich zu Bündnissen zusammen und sind so in der Lage, fremde Clans und Herden gemeinsam und vereint zu bekämpfen sowie Raubtieren erfolgreich gegenüber zu treten.

Wieso haben zwei nah miteinander verwandte Unterarten völlig verschiedene Verhaltensweisen entwickelt? Die meisten Forscher, die sich mit dieser Frage befassen, sind der Ansicht, daß Umweltbedingungen die beschriebenen Gesellschaftsformen geschaffen haben. Aufgrund des großen Futterangebots in den Savannen können Anubis-, Bären- und Gelber Pavian große Herden bilden. Mantelpaviane hingegen leben in äußerst kargen Halbwüsten und Felsengebieten mit geringen Nahrungsreserven. Lebensräume von zehn bis dreißig

Anubispavian

Quadratkilometern können lediglich kleine Familien ernähren, und diese wiederum müssen unter der Obhut eines starken und selbstbewußten Männchens stehen, das aufgrund seiner Körpermasse und dank der mächtigen Eckzähne in der Lage ist, Weibchen und Kinder gegen Raubtiere und Artgenossen zu verteidigen.

Gelber Pavian

Eine andere, sehr vielfältige Affengruppe sind die Meerkatzen. Mit Katzen haben sie allerdings nicht viel zu tun. Ihr Name stammt aus einer weit zurückliegenden Zeit, als Matrosen, die aus Afrika zurückkamen, kleine Affen mit nach Hause brachten und weil sie noch keinen Namen hatten, als „Katzen, die über das Meer kamen“ bezeichneten.

Grüne Meerkatze

Es gibt etwa 14 Arten, die alle in Afrika südlich der Sahara leben. In ihrer Heimat trifft man sie – je nach Art – im Wald oder in der Baumsavanne an und zwar in teilweise großen Trupps und Gesellschaften, die 50 und mehr Tiere zählen können. Die meisten von ihnen halten sich einen beträchtlichen Teil ihres Lebens in den Baumkronen der Wälder auf.

Die in Ostafrika weit verbreitete Grüne Meerkatze und die im zentralen und östlichen Afrika lebende, schön gefärbte Diadem-Meerkatze sind öfter auf dem Boden anzutreffen, wenn sie sich auch selten weit von schutzbringenden Bäumen entfernen. Alle Meerkatzen sind vorzügliche Kletterer und auch in der Lage, meterweit von Baum zu Baum zu springen.

Die Meerkatzen sind überwiegend Pflanzenfresser und ernähren sich von Blättern, Trieben, Knospen, Blüten, Früchten und dergleichen. Dort, wo sich Arten wie die Grüne Meerkatze an Menschen gewöhnt haben, können sie in Getreide-, Gemüse- und Fruchtgärten eindringen und große Schäden anrichten. Sie werden deshalb an vielen Orten stark verfolgt und vertrieben. In manchen ostafrikanischen Nationalparks haben sie sich so an Besucher gewöhnt, daß sie in die Hotelgärten kommen und den Touristen beim Frühstück oder Mittagessen das Brot und Früchte klauen!

VON LÖWEN, TIGERN UND GEPARDEN

Ohne Zweifel gehören die großen Katzen ferner Länder zu jenen Tieren, die bei Menschen das meiste Interesse wecken. Vor mehr als zehntausend Jahren, in der Eiszeit, lebten auch in unserer Heimat Großkatzen, nämlich der Säbelzahntiger und der Höhlenlöwe. Sie sind schon lange ausgestorben. In Afrika und Asien gibt es aber noch immer mächtige Katzentiere, die 200 Kilogramm und mehr wiegen und, mit Schwanz, fast vier Meter lang werden können! Die Rekordlänge eines Tigers liegt bei rund 390 Zentimeter. Davon entfallen etwa 280 Zentimeter auf Kopf und Körper. Diese riesigen Katzen, die Sibirischen Tiger, können bis zu 280 Kilogramm schwer werden.

Auch die Löwen erreichen beeindruckende Masse. Alte Männchen werden fast 3 Meter lang und wiegen bis zu 250 Kilogramm. Die Weibchen sind sowohl beim Tiger wie beim Löwen bedeutend kleiner und leichter. Sie werden selten schwerer als 175 bis 180 Kilogramm. Das ist aber auch noch eine ganze Menge. Mit diesem Gewicht können sie die meisten ihrer Beutetiere beim Sprung zu Boden werfen und dann durch einen Biß in die Kehle oder den Nacken töten.

Kaum ein anderes Tier hat die Phantasie der Menschen, ihre Gefühle und Wünsche, aber auch Ängste seit jeher so beschäftigt wie die neben dem Tiger bekannteste aller Katzen.

Löwen sind keineswegs „Wüstenkönige“, denn in Gebieten wie der zentralen Sahara haben sie nie gelebt, sondern bewohnen hauptsächlich busch- und deckungsreiche Savannen im östlichen, west- und südwestlichen sowie südlichen Afrika – und hier vorzugsweise in Jagdschutzgebieten und Nationalparks. Bei Löwen lassen sich Männchen und Weibchen

Löwe

leichter unterscheiden als bei allen anderen Katzen: Der Pascha trägt nämlich eine mehr oder weniger gut entwickelte Mähne, die ihm ein majestätisches Aussehen verleiht.

Seit Beginn unseres Jahrhunderts wurde der Tiger überall, selbst in der Baum-Taiga Sibiriens und im Inneren der Mongolei, heftig verfolgt. Besonders stark gefährdet waren die verschiedenen Inselrassen.

Der Bali-Tiger, die kleinste Unterart, wurde vollständig, der Java-Tiger bis auf wenige Dutzend Exemplare und der Sumatra-Tiger bis auf rund zweihundert Tiere ausgerottet. Auch heute wird er noch rücksichtslos gejagt.

Die Chinesen schreiben den zu Pulver zerstoßenen Knochen der Katze wundertätige Kraft zu und zahlen fast jeden Preis für eine Messerspitze Knochenpulver (das übrigens völlig wirkungslos ist).

Der Tiger ist tagsüber und in der Dämmerung, in der heißen Jahreszeit oft auch nachts, unterwegs, und wenn er Hunger hat, ist kein Tier, Elefanten und Nashörner ausgenommen, vor ihm sicher.

Bedeutend kleiner und leichter als Tiger und Löwe sind zwei andere Großkatzen, der Leopard und der Irbis oder Schneeleopard. Den schön gefleckten Leopard kennt sicher jedes

Tiger

Kind, den Irbis aber kaum, denn er gehört zu den seltensten Katzen der Welt. Wahrscheinlich gibt es nur noch etwa 2.000 von ihnen, und sie leben in den unwirtlichsten Hochgebirgen der Mongolei, Nepals und des nördlichen Indiens. Der Deutsche Fritz Pölking ist einer der ersten Tierfotografen, dem es gelang, Bilder von freilebenden Schneeleoparden zu machen.

Gepard

Dazu mußte er im Februar, bei minus 30 Grad, mit einem einheimischen Führer auf die Suche gehen und sehr viel Geduld aufbringen, bis er den Irbis endlich auf den Film bannen konnte.

Leoparden gibt es noch häufiger. Ihre Heimat ist Afrika, der Nahe Osten und große Teile Asiens. Durch starke menschliche Verfolgung ist er an vielen Orten zu einem sehr zurückgezogen lebenden Tier geworden, das erst in der Dunkelheit auf Jagd geht und dabei versucht, seinem Hauptfeind, dem Menschen, aus dem Weg zu gehen.

Als letzte der großen Katzen soll noch der Gepard erwähnt werden. Er gilt als das schnellste Säugetier und kann über kurze Strecken eine Geschwindigkeit von etwa 100 Stundenkilometer erreichen! Das ist rund dreimal schneller, als der schnellste Mensch laufen kann. In nur knapp zwei Sekunden soll er von 0 auf über 70 Stundenkilometer beschleunigen können – schneller als jeder Ferrari oder Porsche. Allerdings ist er nach wenigen hundert Metern völlig erschöpft und muß sich dann längere Zeit von der großen Anstrengung erholen. In den afrikanischen Savannen – und früher auch in den asiatischen Steppen, wo er nahezu ausgerottet wurde – jagt er flinke Gazellen und Antilopen. Nur etwa jeder zehnte Versuch verläuft erfolgreich. Und dann kann es dem Geparden noch passieren, daß ihm ein Löwe, ein Leopard oder eine Hyäne die Beute wegnimmt.

MEISTER PETZ, DER BÄR, ALS WELTBÜRGER

Bären haben große Teile der kalten, gemäßigten, warmen und heißen Gebiete der Erde besiedelt, u. a. die Arktis, Nord- und Südamerika, Nordafrika, Europa und Asien. Eine Art, der Braunbär, ist besonders weit verbreitet. Er lebt in Nordamerika, in Europa und in den nördlichen Teilen Asiens, vor allem Rußlands.

Vom Braunbär gibt es, was bei der Größe seines Lebensraumes nicht verwundert, zahlreiche Unterarten, die sich bezüglich Körpermasse, Gestalt und Farbe stark voneinander unterscheiden. Die bekanntesten Rassen sind der Europäische Braunbär, der nordamerikanische Grizzlybär, der auf der Insel Kodiak lebende Kodiakbär und der russische Kamtschatkabär. Der Kodiakbär gilt als größtes Landraubtier der Welt. Erwachsene Männchen können eine Länge von 300 Zentimeter, eine Schulterhöhe von 120 Zentimeter und ein

Grizzlybär

Gewicht von mehr als 700 Kilogramm erreichen! Damit sind sie noch um einiges schwerer als der mächtige Eisbär. Bären haben die Phantasie der Menschen seit Jahrhunderten, wenn nicht Jahrtausenden angeregt. Sie waren schon immer ein begehrtes, obwohl gefährliches Jagdwild und haben schon vor zweitausend Jahren in den römischen Arenen und

Braunbär

Amphitheatern gegen Gladiatoren, Kampfhunde, Stiere und Großkatzen gekämpft. Bis vor wenigen Jahrzehnten tauchte in unseren Dörfern ab und zu fahrendes Volk auf, das oft einen „Tanzbär" mit sich führte und dem staunenden Publikum zeigte, wie der Bär aufrechtstehend tanzte. Das tat er allerdings nicht freiwillig, sondern nur, weil ihm der Nasenring starke Schmerzen verursachte, wenn der Bärenführer am Strick, der durch diesen Nasenring lief, zog und zerrte. Zum Glück sind diese widerlichen Schauspiele bei uns verschwunden; im Nahen Osten gibt es aber noch viele „Tanzbären", die nicht gerade ein schönes Dasein führen.

Zahlreiche Unterarten sind heute in ihren Beständen stark bedroht, ja stellenweise der Ausrottung nahe. Das trifft für den Europäischen Braunbär ebenso zu, wie für den mächtigen Grizzly, der in keiner Indianer- und Trappergeschichte fehlen durfte.

Das Weibchen trägt 210 bis 240 Tage lang und bringt im Durchschnitt zwei bis drei, seltener bis fünf Junge zur Welt, die bei der Geburt 300 bis 400 Gramm leicht sind und erst nach rund 30 Tagen ihre Augen öffnen. Mit zweieinhalb bis drei Monaten gehen sie dazu über, feste Kost zu sich zu nehmen, trinken aber noch mehrere Monate lang bei der Mutter. In freier Wildbahn sind Braun- und andere Bären überwiegend Einzelgänger, die sich lediglich zur Paarungszeit mit Artgenossen treffen oder aber an einem großen Aas. Braunbären sind Allesfresser, doch überwiegt die Pflanzenkost die tierische Kost bei weitem. Sie ernähren sich von Wurzeln, Zweigen, Blättern, Gräsern, Kräutern, Moosen, Flechten und im Herbst mit Vorliebe von Beeren und Früchten. Sie verschmähen aber Fleisch, Fische und Vogeleier keineswegs. In Alaska kann man sie während der Laichzüge der Lachse beobachten, wie sie bis zum Bauch im Wasser stehen und die wohlschmeckenden Fische fangen und verzehren.

EINES DER SELTENSTEN GROSSTIERE DER WELT: DER RIESENPANDA

Mit den echten Bären verwandt ist einerseits der schwarzweiß gefärbte Bambusbär (Riesenpanda) und andererseits der viel kleinere, rotbraun gefärbte Katzenbär (Kleiner Panda). Die beiden asiatischen Pandaarten stammen mit großer Wahrscheinlichkeit von neuweltlichen Vorfahren ab. Der Katzenbär lebt in Regen- und Bambuswäldern an den Südhängen des Himalajagebirges in Höhen zwischen etwa 2.000 bis 4.000 Meter, der Große Panda oder Bambusbär in China in einem winzigen Gebiet an der Grenze zu Tibet. Auch er hält sich in

Bambusbär

sich von Bambusstauden. Der Große Panda nimmt, soviel man bis heute weiß, kaum etwas anderes zu sich, der Kleine hingegen verschmäht auch Blattknospen, Früchte, Beeren und sogar Vogelgelege oder -junge nicht.

Katzenbär

Bambuswäldern auf, die ihm sein bevorzugtes Futter, Bambus in allen Entwicklungsstadien, vom Sprößling bis zur meterhohen Stange, liefern. Der Große Panda ist eines der seltensten Tiere der Welt, und zwar sowohl in Tiergärten wie in Freiheit, wo er einerseits noch immer gewildert wird und andererseits unter der Zerstörung seines natürlichen Lebensraumes leidet. Man schätzt, daß es kaum noch 1.000 wildlebende Riesenpandas gibt. Einige wenige leben in westlichen zoologischen Gärten, unter anderem im Berliner Zoo. Der Kleine Panda hingegen scheint in seinem Bestand (noch) nicht gefährdet zu sein. Beide Arten, der (mit Schwanz) bis zu 110 Zentimeter lange und drei bis vier Kilogramm schwere Katzenbär, und der 140 bis 150 Zentimeter lange und etwa 120 Kilogramm schwere Bambusbär, ernähren

Über sein Leben in freier Wildbahn weiß man noch wenig. Er ist in den Bambuswäldern seines Lebensraumes sehr schwierig zu beobachten. Zudem ist er ein ausgesprochener Einzelgänger, der sich nur in der Paarungszeit mit seinesgleichen trifft. Die Jungen, eines oder zwei, kommen nach einer Tragzeit von etwa vier Monaten in einer geschützten Felshöhle oder unter einem umgestürzten Baum zur Welt; sie sind völlig hilflos, blind, fast nackt und wiegen nur 100 Gramm. In den ersten Tagen bleibt die Mutter ständig bei ihnen, wärmt und säugt sie und läßt sie nicht aus den Augen. Etwa ein halbes Jahr lang bekommen sie Muttermilch; dann müssen sie sich auf

Pflanzennahrung umstellen und nach einem weiteren Jahr ihre eigenen Wege gehen. Die chinesische Regierung hat ein Dutzend Reservate eingerichtet, in denen die Großen Pandas hoffentlich überleben werden.

DIE GROSSE WELT DER HUNDE

Hundeartige Raubtiere haben im Laufe der Jahrtausende eine große Artenvielfalt entwickelt. Zur Familie der Hunde zählen heute fast drei Dutzend verschiedene Arten, die auf allen Kontinenten – mit Ausnahme der Antarktis – vorkommen und alle denkbaren Lebensräume besiedeln – von der trockensten australischen Wüste bis zum ständig regennassen Urwald Südamerikas. Wölfe und Polarfüchse haben den Hohen Norden erobert und sind in der Lage, Temperaturen von minus 40 Grad zu überleben. Polarfüchse lassen sich z. B. einschneien oder graben sich in den Schnee ein, der sehr gut gegen die Kälte isoliert. Außerdem haben sie, wie Wölfe auch, ein außerordentlich dichtes, langhaariges Winterfell, in dem die Luft vom Körper erwärmt wird und wie ein Schutzmantel wirkt.

Polarfuchs

Das Gegenteil der im Hohen Norden lebenden Wölfe und Polarfüchse treffen wir im heißen Nord-, Ost- und Südafrika an. In den Randgebieten der Sahara lebt der kleinste Hund, der Wüstenfuchs (Fennek). Er wird nur 50 Zentimeter lang, 16 bis 18 davon entfallen auf den buschigen Schwanz. Etwas größer als der heimische Rotfuchs werden die Schakale. Sie leben, je nach Art, in Afrika, in Südosteuropa, im Nahen Osten und in weiten Teilen Asiens. In den Savannen Kenias und Tansanias, also in Ostafrika, sieht man am häufigsten den Schabrackenschakal; man erkennt ihn leicht an seinem silberfarben-dunklen Rücken und dem schwarzen Seitenstreifen. Schakale graben Höhlen oder sie übernehmen die Baue von Erdferkeln, Stachelschweinen und Warzenschweinen. Die heiße Tageszeit verbringen sie häufig unter der Erde, wo die Temperaturen kaum je über 20 Grad steigen, oder im Schatten von Büschen und Bäumen. Sobald irgendwo Löwen Beute gemacht haben, finden sich Schabracken- und manchmal auch Goldschakale ein, die sich gerne vom „gedeckten" Tisch bedienen würden. Solange die Löwen noch nicht satt sind, lassen sie keine anderen Tiere an ihre Beute. Erst wenn sie sich mit vollen Bäuchen entfernen, nähern sich die Schakale dem Riß und treten in Wettstreit mit anderen Aasfressern. Zum Beispiel mit den Tüpfelhyänen, die ihnen natürlich körperlich weit überlegen sind. Also heißt es, vorsichtig sein und einen Augenblick erwischen, in dem die Hyänen nicht besonders aufmerksam oder mit Streitereien untereinander beschäftigt sind.

Dann können sie vielleicht einen Fetzen Haut oder ein Stück Innereien erwischen und sich

Schabrackenschakal

Tüpfelhyäne

damit in Sicherheit bringen. Hyänen sind berühmt für die unglaubliche Kraft ihrer Kiefer und Zähne. Sie können mit Leichtigkeit einen armdicken Schenkelknochen einer Antilope oder eines Zebras zerknacken, um an das Mark heranzukommen. Sie sind auch als einzige Aasfresser in der Lage, die Haut eines Elefanten, Nashorns, Büffels oder Flußpferdes aufzuschneiden. Erst dann können sich auch die anderen „Gesundheitspolizisten" an dem Mahl beteiligen, z. B. verschiedene Geierarten, Marabus und, meist erst ganz am Schluß, Rabenvögel. Eine weitere sehr interessante Hundeart, der Wild- oder Hyänenhund, ist ebenfalls in Afrika zu Hause. Er ist ein ausgesprochener Hetzjäger und erlegt deshalb seine Beute im Rudel. Mehrere Hunde wechseln sich bei der Jagd auf ein Gnu oder eine Gazelle ab und treiben das Tier so lange vor sich her, bis es nicht mehr weiter kann.

Wildhunde haben einen sehr ausgeprägten Familiensinn und ziehen z. B. die Jungen der ranghöchsten Hündin gemeinsam auf! Sie sind ausgesprochene Nomaden, die jedes Jahr mehr als sechs Monate lang kreuz und quer durch die Savannen laufen. Nur für die Jungenaufzucht werden sie für eine Weile seßhaft und unternehmen ihre Jagdzüge von der Wurfhöhle aus. Leider werden sie von den Farmern in ganz Afrika heftig verfolgt und fallen zudem zu Hunderten der Hundestaupe und der Tollwut, die von Haushunden übertragen werden, zum Opfer.

Im eurasischen (Eurasien = Europa + Asien) Raum zu Hause ist der Marderhund. Von seiner Stammesgeschichte her ist er einer der urtümlichsten Hundearten. In manchem – etwa in seiner Kopfform und der Gesichtszeichnung – erinnert er an einen Waschbären; man nennt ihn deshalb auch Waschbärhund, obwohl er mit dem Waschbär nicht näher verwandt ist. Seine Heimat waren einst die Wald- und Feuchtgebiete, die Auwälder und Umgebung von Seen und Flüssen des östlichen und nordöstlichen Asiens, eingeschlossen Sibirien. Vor 70 Jahren wurden Marderhunde im europäischen Teil Rußlands ausgesetzt oder sie entkamen aus Pelztierfarmen. Seither breiten sie sich stetig nach Osten aus und haben inzwischen Rumänien erreicht, wo sich im Überflutungsgebiet der Donau eine große Population (Bevölkerung) entwickelt hat. Marderhunde sind sehr fruchtbar und bringen nach einer Tragzeit von nur 60 Tagen bis zu acht Welpen zur Welt, die schon nach einem Jahr ausgewachsen sind und sich fortpflanzen.

DIE SANFTEN RIESEN

Elefanten sind die mit Abstand größten noch lebenden Landsäugetiere. Der Afrikanische Steppenelefant, das mächtigste Lebewesen, welches über unsere Erde wandert, kann eine Schulterhöhe von bis zu 400 Zentimeter und eine Kopf-/Körperlänge von mehr als

600 Zentimeter erreichen. Die schwersten Bullen, die man je gewogen hat – geschossene Tiere – hatten ein Gewicht von annähernd 5.000 Kilogramm, nach anderen Quellen sogar 6.000 Kilogramm.

Elefanten gehören mit zu den faszinierendsten Tiergestalten der Gegenwart – vergleichbar nur noch mit den Menschenaffen und den Delphinen.

Ihr soziales Verhalten zeigt viele menschliche Züge, ihre Kraft ist sprichwörtlich, die Sanftheit bemerkenswert und die Intelligenz erstaunlich. Ihr Gemüt widerspricht dem ungeschlachten Äußeren: Elefanten sind sensibel und empfindsam, vorsichtig, ja ängstlich, rücksichtsvoll gegen Artgenossen und fast immer friedfertig gegenüber anderen Tieren ihres Lebensraumes. Sie können lachen und fröhlich sein, um Herdenmitglieder trauern und sich über verschmutztes Wasser ärgern. Elefanten sind Persönlichkeiten und jeder unterscheidet sich psychisch und physisch mehr oder weniger deutlich von seinem Nachbarn.

Die Herden haben keine feste Größe, sondern sind jahreszeitlich bedingten Schwankungen unterworfen. Das heißt, ihre Zusammensetzung hängt weitgehend vom Futter- und Wasserangebot ab. Die kleinste Einheit besteht aus einer Kuh mit zwei bis drei Kälbern, die altersmäßig vier bis fünf Jahre auseinander sind. Das kleinste ist ein bis etwa drei Jahre alt, das mittlere fünf bis sieben und das größte neun bis elf – und damit kurz vor der Geschlechtsreife. Mehrere blutsverwandte Familien bilden einen Clan und diese wiederum Sippenverbände, Unterherden und Herden. In der Trockenheit, wenn Futter und Wasser in ihren Lebensräumen knapp werden, beginnen sich die Unterherden zu kopfstarken Herden zusammenzuschließen. In der Regenzeit zerstreuen sich die großen Ansammlungen – die noch im letzten Jahrhundert 800 bis 1.000 Tiere umfaßt haben! – in alle Himmelsrichtungen, denn es gibt überall Wasser und Nahrung im Überfluß.

Die männlichen Tiere verlassen Mutter und Familie im Alter von zwölf bis fünfzehn Jahren, beim Eintritt ihrer Geschlechtsreife. Sie schließen sich zu kleineren Herden zusammen, in denen eine klare Rangordnung herrscht, die eng mit dem Alter der Gruppenmitglieder zusammenhängt.

Von Zeit zu Zeit nähern sich die mächtigen Männchen den Kuh- und Kälberherden, um nach heiratswilligen Weibchen Ausschau zu halten bzw. diese geruchlich zu prüfen. Elefanten haben, im Gegensatz zu vielen anderen

Afrikanischer Steppenelefant

Säugetieren, keine feste Paarungszeit. Nach der Hochzeit dauert es volle 22 Monate, bis das Kalb geboren wird und keine Stunde, bis dieses zum ersten Mal auf seinen noch wackligen Beinen steht und nach der mütterlichen Nahrungsquelle zu suchen beginnt.

Elefanten werden nicht, wie vielfach noch immer behauptet wird, 100 Jahre oder älter, sondern bestenfalls 60. Meistens dauert ihr Leben aber nicht länger als 45 bis 50 Jahre.

Klippschliefer

SCHLIEFER SIND MIT DEN ELEFANTEN VERWANDT

In Afrika lebt ein Tier, das entfernte Ähnlichkeiten mit einem besonders großen Meerschweinchen hat. Es ist der Schliefer. Man findet südlich der Sahara drei verschiedene Arten, von denen der Klippschliefer die weiteste Verbreitung hat, die von Ost-, Zentral- und West- bis nach Südafrika hinunter reicht. Klippschliefer leben mit Vorliebe in Gebieten mit Felsen, in denen sie sich mit unglaublicher Behendigkeit fortbewegen. Ihre Füße haben eine Art „Gummisohle", die selbst auf steilen Felsen haftet. Klippschliefer sind sehr gesellige Tiere, und man sieht sie oft zu Dutzenden auf einem Felsen an der Sonne liegen oder gemeinsam Blätter und Gräser fressen. Da sie zahlreiche Feinde haben, u. a. Greifvögel, Schleichkatzen, Schakale und große Schlangen, sind sie sehr aufmerksam und beim geringsten Anzeichen von Gefahr flitzen sie in enge Felsspalten. Meist dauert es dann eine geraume Weile, bis sie wieder zum Vorschein kommen.

Das Weibchen bringt nach einer für die kleinen Tiere erstaunlich langen Tragzeit von sieben bis acht Monaten zwei bis drei Junge zur Welt, die bereits voll entwickelt sind und die Mutter vom ersten Tag an begleiten können. Schon bald beginnen sie damit, Grünfutter zu sich zu nehmen, gehen aber drei, vier Monate lang regelmäßig zu ihrer Mutter, um Milch zu trinken. Im Alter von eineinhalb Jahren können sie sich bereits selbst fortpflanzen. Bemerkenswert an den Schliefern ist, daß ihre nächsten Verwandten bei den Seekühen und den Elefanten zu finden sind! Diese Ähnlichkeit läßt sich allerdings äußerlich kaum feststellen, sondern zeigt sich in erster Linie im Skelett und im Gebiß. Die Verwandtschaft ist denn auch nicht sehr eng, sondern beschränkt sich auf gemeinsame Vorfahren, die vor schätzungsweise 30 Millionen Jahren gelebt haben!

NASHÖRNER GIBT ES SEIT 60 MILLIONEN JAHREN

Tiere, die sich über sehr lange Zeiträume kaum oder gar nicht verändert haben, sind die Nashörner. Fossilien (versteinerte Knochen), die gefunden wurden, zeigen, daß schon vor 40 Millionen Jahren Nashörner lebten, die unseren heutigen sehr ähnlich waren. Verändert hat sich lediglich die Anzahl der Arten. Früher gab es viele Dutzende, vom schäferhundkleinen Tier bis zum Riesen mit einer Schulterhöhe von vier Metern (mehr als der größte Elefant). Fast alle sind im Laufe der Jahrmillionen ausgestorben. Übrig geblieben sind lediglich fünf Arten. Drei davon – Panzer-, Java- und Sumatranashorn – kommen in Asien vor, die restlichen zwei in Afrika südlich der Sahara. Davon heißt das eine Spitzmaulnashorn und das andere Breitmaulnashorn. Die Namen weisen auf körperliche Merkmale dieser Tiere hin. Das Spitzmaul- oder Schwarze Nashorn hat einen spitzen Mund mit einer langen, beweglichen Oberlippe. Damit kann es seine Lieblingsnahrung, die Blätter von rund 100 verschiedenen Strauch-, Busch- und Baumarten, fassen und abreißen. Das Breitmaul- oder Weiße Nashorn hingegen hat ein sehr breites, gerades Maul, das zum Abäsen von Gräsern und Kräutern ideal ist. Die beiden Arten leben vor allem im trockenen Busch und in der strauchbewachsenen Savanne.

Das indische Panzernashorn hingegen zieht als Lebensraum die sumpfigen Niederungen von Flußläufen vor und benötigt für sein Wohlbefinden das tägliche Bad oder eine lehmige Suhle (eine nasse Mulde im Boden, in der sich das Nashorn wälzen kann). Auch das Breitmaulnashorn nimmt gern ein Schlammbad, während das Spitzmaulnashorn es vorzieht, im trockenen Sand zu „baden“. Alle Nashornarten unserer Erde sind sehr stark in ihren Beständen bedroht; vom Java- und Sumatra-

Nashörner

nashorn gibt es kaum noch 100 bzw. 300 Tiere, vom Panzernashorn vielleicht 2.000, vom Breitmaulnashorn 4.000 bis 5.000 und vom Spitzmaulnashorn höchstens 10.000.

Der Grund des Verschwindens dieser urtümlichen Tiere ist zum einen die Zerstörung ihrer Lebensräume durch die Menschen und zum anderen die Wilderei. Die Nashörner tragen bekanntlich Hörner und diese sind in Asien äußerst begehrt. Dort werden sie nämlich zu Pulver zerstoßen und in winzigen Mengen verschiedenen Arzneien beigemischt. Die Chinesen z. B. glauben, Nashornpulver helfe gegen alle möglichen Krankheiten und gegen hohes Fieber. Das ist natürlich Unsinn, denn das Nasenhorn der Nashörner besteht aus Material, das z. B. jenem unserer Haare oder Fingernägel entspricht und deshalb keine medizinische Wirkung hat.

Das hilft den Nashörnern allerdings wenig; sie werden noch immer bedenkenlos umgebracht und ihrer Hörner beraubt, die auf dem Schwarzmarkt drei- bis fünfmal wertvoller sind als Gold! Der Schutz aller Nashörner ist deshalb außerordentlich wichtig, denn sonst dauert es nicht mehr lange, bis diese uralten Tiere ausgerottet und vom Erdboden verschwunden sind.

DAS HÄSSLICHSTE SCHWEIN DER WELT

In den Savannenlandschaften des östlichen bis hinunter ins südliche und südwestliche Afrika lebt ein wildes Schwein, das von vielen Beobachtern als „abgrundtief häßlich“ bezeichnet wird: das Warzenschwein. Im Gesicht trägt es drei Warzenpaare, die aus verdickter und verhornter Haut bestehen und beim Keiler

Warzenschwein

(Männchen) 15 Zentimeter lang werden können. Ausgewachsene Männchen haben sehr lange Eckzähne – bis 50 Zentimeter und darüber –, die sie als Waffen im Kampf gegen Raubtiere einsetzen. Verwundete oder bedrängte Warzenschweine sind, wie andere Wildschweine auch, sehr mutige und entschlossene Gegner, die sich ihrer Schwarte (Haut) gut zu wehren wissen.

Obwohl erwachsene Tiere sich mit ihren unteren, messerscharf geschliffenen Waffen gegen jeden Angreifer zur Wehr setzen, haben sie zahlreiche Feinde: Löwen, Leoparden, Geparde, Hyänen, Wildhunde, Schabrackenschakale und die großen Adler reißen und schlagen manches, vor allem junge und unerfahrene Schweine. Bei Gefahr suchen sie deshalb so schnell wie möglich den nächstgelegenen Bau auf. Das letzte Tier, meist ein Keiler mit großen Eckzähnen, geht rückwärts in die Röhre, und kaum eine Raubkatze oder Hyäne hat dann noch eine Chance, eines der Schweine zu erbeuten.

Warzenschweine leben in kleineren Familienverbänden zusammen; meist handelt es sich dabei um mehrere Weibchen mit Jungen verschiedenen Alters. Im Vergleich mit anderen Schweinen hat das Warzenschwein nur kleine Würfe (Anzahl der Jungen). Oft werden nur ein bis zwei, nie aber mehr als vier Frischlinge geboren – und zwar in einem Bau, den z. B. Erdferkel gegraben haben.

Man hat festgestellt, daß im Kessel eine gleichbleibende Temperatur von knapp über 30 Grad und eine Luftfeuchtigkeit von ungefähr 90 Prozent herrscht. Beides ist vor allem für die Jungtiere lebenswichtig, denn bei kühleren Temperaturen gehen sie schnell zugrunde.

Wenn Warzenschweine durch die Savannen ziehen, folgen sie einander oft im Gänsemarsch, und jedes Tier streckt sein dünnes, am Ende mit einer kleinen Quaste versehenes Schwänzchen in die Höhe. Es dient den hinteren Artgenossen als gut sichtbares Signal, das besonders im hohen Gras für den Zusammenhalt der Rotte wichtig ist.

BÜFFEL, BISON, WISENT UND ANDERE WILDRINDER

Alle unsere Hauskühe, die schwarzweißen Friesen wie die rotweißen Simmentaler und die braunen Eringer, stammen von einem Wildrind ab, das vor mehr als 300 Jahren ausgerottet wurde: der Ur oder Auerochse. Er lebte in den eurasischen Urwäldern und war eine sehr imposante Erscheinung mit einer Schulterhöhe von fast 200 Zentimetern! Zum Glück ist es anderen Wildrindern besser ergangen.

Der nordamerikanische Bison oder Indianerbüffel hat allerdings um ein Haar das Schicksal des Auerochsen erlitten; noch vor etwa 150 Jahren zogen zwischen 60 und 80 Millionen Bisons durch die Prärien. Sie gehörten zu den Lebensgrundlagen der Indianer und lieferten ihnen Fleisch, Häute, Felle, Sehnen, Knochen und vieles mehr. Anfang des 19. Jahrhunderts begannen die weißen Farmer und zahllose „Sportjäger“, darunter der berühmt-berüchtigte Buffalo Bill, die Bisons massenhaft abzuknallen – und in der Prärie verfaulen zu lassen. Ende des letzten Jahrhunderts hatten nur noch wenige Hundert die unsinnigen Massaker überlebt. In letzter Minute wurden sie unter Schutz gestellt und erholten sich bis heute wieder auf einen Gesamtbestand von 30.000 bis 40.000 Tieren.

Das häufigste aller Wildrinder ist der afrikanische Kaffernbüffel, ein sehr starker und kraftvoller Kerl, der außer dem Löwen – und auch dieser nur im Rudel – keinen natürlichen Feind kennt. Bullen im besten Mannesalter können ein Gewicht von nahezu einer Tonne erreichen – und das meiste davon sind harte Knochen und Muskelberge. Kühe und Kälber

Kaffernbüffel

leben in großen, bis tausendköpfigen Herden zusammen, während erwachsene Bullen einzeln oder in Junggesellengruppen durch die Savannen ziehen. Die einheimische Bevölkerung hat einen außerordentlichen Respekt vor den Büffeln. Wenn sie sich bedroht fühlen oder im Schlaf gestört werden, dann zögern sie keinen Moment, den wirklichen oder tatsächlichen Feind anzunehmen, über den Haufen zu laufen oder auf die Hörner zu nehmen und in Grund und Boden zu stampfen. Deshalb rechneten früher die weißen Berufsjäger den Kaffernbüffel zu den Großen Fünf, d. h. zu den fünf gefährlichsten Jagdwildarten. Die anderen waren Elefant, Nashorn, Löwe und Leopard. Manche Kenner behaupten, daß kein afrikanisches Tier mehr weiße Jäger umgebracht hat als der schwarze, mutige Büffel (dazu ist allerdings zu sagen, daß Jäger unvergleichbar mehr Büffel töteten als umgekehrt ...).

Nicht allzuviele Menschen wissen, daß es auch heute noch in Europa ein Wildrind gibt, den Wisent. Auch er wurde beinahe ausgerottet und in allerletzter Sekunde gerettet. Zahlreiche Tiergärten züchten ihn erfolgreich, und vor einigen Jahren hat man einige Wisente im polnischen Urwald von Bialowieza ausgesetzt, wo sie sich gut vermehrten und absolut „wild" leben können.

Asien hat gleich mehrere Wildrind-Arten. Das größte überhaupt ist der indische Gaur. Der dunkelbraune, fast schwarze Bulle mit den weißen „Kniestrümpfen" hat auf dem Nacken einen mächtigen Buckel, einen Muskelberg, der die ungestüme Kraft dieses Riesen sichtbar macht. An der höchsten Stelle dieses Buckels ist der Gaur nahezu zwei Meter groß. Die Kühe sind allerdings bedeutend kleiner und leichter, wie das bei fast allen wilden Rindern der Fall ist. Gaurs leben in kleineren Herden zusammen und lieben den dichten bis lichten Baumwald und den trockenen Busch. Abends kommen sie auf die grasreicheren Waldwiesen und äsen bis zum Morgengrauen. Dann ziehen sie sich wieder in die Sicherheit des Waldes zurück, legen sich nieder und käuen die Nahrung stundenlang wieder.

In den letzten Jahrzehnten sind die Gaurs im sehr stark bevölkerten Indien gewaltig dezimiert worden und zwar einerseits, weil die Waldgebiete immer kleiner werden und andererseits durch die von Hausrindern übertragene Krankheit Rinderpest, die in manchen Gebieten 90 Prozent der Gaurs getötet hat.

DAS FLUSS- ODER NILPFERD WIRD SCHON IN DER BIBEL ERWÄHNT

An einigen Stellen in der Bibel taucht ein Tier auf, das als „Behemont" bezeichnet wird. Unter diesem Namen verbirgt sich das Flußpferd, das früher auch im Heiligen Land, in Israel und den umliegenden Staaten, vorkam. In den Arenen der alten Römer mußte es gegen Gladiatoren, Bären und Löwen kämpfen! Zu nachchristlicher Zeit wurde es im Nahen Osten jedoch ausgerottet und lebt heute nur noch in Afrika südlich der Sahara. Im Kongourwald und im südlichsten Gebiet des Erdteils fehlt es jedoch. Früher bewohnte es u. a. den ganzen Nil bis ins Delta bei Alexandria. Deshalb haben die ersten Weißen das Tier Nilpferd genannt, obwohl es auch in zahllosen anderen afrikanischen Flüssen, Seen und Sümpfen lebt.

Ausgewachsene und gut genährte Bullen können ein Gewicht von mehr als 3.000 Kilogramm erreichen und sind damit nach dem Elefanten das schwerste Landtier der Erde. Das unförmig wirkende Tier, das mit den

Flußpferde

Pferden überhaupt nicht verwandt ist, mag die Gesellschaft von Artgenossen und hält sich deshalb meist in kleineren und größeren Familiengruppen an den Seen und Flüssen des tropischen Afrikas auf.

Bei Gefahr flieht es ins trübe Wasser und taucht unter. Bis zu sechs Minuten kann es, ohne Atem zu holen, unten bleiben. Dann muß es kurz Luft schöpfen, um gleich wieder abzutauchen.

Erst vor kurzem hat man entdeckt, daß Flußpferde überhaupt nicht schwimmen können! Sie lassen sich auf den Grund des Stromes oder Sees sinken und spazieren dann, vom Wasser getragen, über den Boden. Kühe, auch das ist einmalig für Landsäugetiere, bringen ihre Jungen im Wasser zur Welt und säugen sie unter der Wasseroberfläche. Die Kälber sind bei der Geburt ungefähr 50 Kilogramm schwer und werden von der Mutter energisch gegen andere Flußpferde und vor allem gegen den Angriff von großen Krokodilen verteidigt.

LANG- UND KURZHALSIGE GIRAFFEN

Aus nahezu sechs Meter Höhe schaut die Giraffe auf uns kleine Menschen herab! Sie hat wohl den besten Überblick aller Savannentiere; manche Antilopen-Arten und Zebras, aber auch Paviane, halten sich deshalb gern in der Umgebung von Giraffen auf. Keines dieser Tiere erspäht einen Feind eher als die langhalsigen Giraffen. Das Erstaunliche an diesem endlos langen Hals, den kein anderes Tier aufweist, ist die Tatsache, daß er wie bei allen Säugetieren, auch dem Mensch, lediglich aus sieben Wirbeln besteht. Die einzelnen Wirbel können allerdings eine Länge von mehr als 35 Zentimeter erreichen.

Giraffen leben nur in den offenen Savannen- und Steppenlandschaften Afrikas. Als die Sahara noch grün und fruchtbar war – vor 10.000 und mehr Jahren –, da gab es auch dort Giraffen. Unsere Vorfahren haben Bilder von ihnen in zahlreiche Höhlen geritzt und mit Farben bemalt. Heute ist die Verbreitung der Giraffen auf die Grasgebiete West-, Ost- und Südwestafrikas beschränkt. Jagd, Wilderei und die Zerstörung der ursprünglichen Lebensräume haben dazu geführt, daß mehrere Rassen ausgerottet wurden oder stark gefährdet sind, wie z. B. die schön gezeichnete Rothschilds Giraffe aus Nordkenia.

Giraffen leben in zehn- bis zwanzig-, selten sogar dreißigköpfigen Rudeln. Sie ernähren sich ausschließlich von Blättern, Knospen und Trieben der Bäume und Sträucher ihres Lebensraumes. Besonders gern mögen sie die kleinen Blüten der Akazien, die auch für andere Tiere begehrte Delikatessen sind. Giraffen mit ihren langen Hälsen können die Bäume oft bis in die Kronen abweiden und haben kaum Nahrungskonkurrenten.

Giraffe

Es war eine Sensation ersten Ranges, als zu Beginn unseres Jahrhunderts im Kongourwald eine bisher der Wissenschaft unbekannte Großtierart entdeckt wurde. Es handelte sich bei diesem 1901 erstmals beschriebenen Tier um das Okapi, das von den Fachleuten als Kurzhals- oder Waldgiraffe bezeichnet und mit den bereits beschriebenen Giraffen in die gleiche Familie eingeteilt wurde.

Okapis leben im undurchdringlichen, feuchten und heißen Urwald Zentralafrikas. Ihr wunderschönes, rotbraunes Fell und die schwarzweiße Zeichnung an den Beinen und auf den Hinterschenkeln fallen in Tiergärten sofort auf. Im Urwald aber bieten sie den Tieren eine perfekte Tarnung. Das ganze Okapi „löst" sich sozusagen im hell-dunklen Kontrast des Waldes auf. Okapis gehören zu den größten Kostbarkeiten zoologischer Gärten. In Freiheit wurden sie noch nie fotografiert, und nur wenige weiße Menschen haben sie jemals zu Gesicht bekommen oder gar länger studieren können.

VIELGESTALTIGES ANTILOPEN- UND GAZELLENVOLK

In Nordamerika, Afrika und Asien lebt eine große Gruppe von Pflanzenfressern, die man früher als Antilopen bezeichnet hat. Heute gilt diese Einteilung als überholt – Antilope ist kein wissenschaftlicher Begriff mehr, und man faßt alle Tiere, die Hörner (nicht ein Geweih!) auf dem Kopf haben, zu der Familie der Hornträger zusammen. Dazu gehören z. B. die

Rinder, die Böcke (etwa Steinbock, Gemse und Wildschafe) und die Gazellen. Die Antilopen selbst wurden in viele Unterfamilien eingeteilt: z. B. in Ducker, Kuh- und Waldantilopen, Ried- und Pferdeböcke. Weil die Bezeichnung „Antilopen" aber so viele schöne und interessante Arten umfaßt und das vorliegende Buch keinen Anspruch auf Wissenschaftlichkeit erhebt, kommen unter dem Namen die verschiedensten Arten in kunterbunter Reihe vor.

Da ist einmal das Dikdik, eines der kleinsten Huftiere der Welt. Es wiegt nur gerade zwei bis drei Kilogramm und hat eine Schulterhöhe von wenig mehr als dreißig Zentimeter. Damit hat es etwa das Gewicht eines Hasen! Dieser Winzling lebt allein oder paarweise im trockensten und heißesten Dornbuschgelände des östlichen, nordöstlichen und südwestlichen Afrikas. Wenn man seine bleistiftdünnen Beinchen sieht, glaubt man nicht, daß es auch nur einige Schritte tun kann, ohne seine Läufe zu brechen. Aber es kann sich blitzschnell und hakenschlagend aus dem Staub machen, wenn es sich gestört fühlt. Einmal im Jahr bringt die Mutter nach einer Tragzeit von etwa fünf Monaten ein einziges, voll entwickeltes Kitz zur Welt, das nicht viel größer ist als eine Männerfaust und nur gerade 500 Gramm wiegt. In der ersten Zeit legt es die Mutter an einem sicheren Ort in den Schatten und besucht es nur zum Säugen. Nach zwei bis drei Wochen folgt das Junge ihr auf Schritt und Tritt.

Das Gegenteil des beschriebenen Zwerges ist die Elenantilope, ein riesiges Tier, das meist in Herden und seltener allein in lichten Baumgebieten und Buschsavannen vorkommt. Obwohl Weibchen an der Schulter 160 Zentimeter messen können und Männchen 180 Zentimeter, bei einem Gewicht von 400 bis 900 Kilogramm, springen Elenantilopen auf der Flucht bis zu zwei Meter hoch in die Luft. Wieso sie das tun, ist allerdings nicht bekannt. Angesichts ihrer Größe ist es einleuchtend, daß sie – vom allgegenwärtigen Menschen abgesehen – kaum Feinde haben. Hin und wieder reißt ein Löwenrudel eine Elen, ab und zu ein Hyänenpack ein kleineres Kalb. Auch Leoparden wagen sich gelegentlich an ein noch nicht ausgewachsenes Tier.

Dikdik

Im südlichen Afrika hält man Elenantilopen in großen Farmen zur Fleischgewinnung. Sie verwerten das spärliche Futter trockener Grasgebiete sehr viel besser als z. B. Hausrinder, Ziegen und Schafe. Und sie zerstören die empfindliche Pflanzendecke weniger als unsere Haustiere. Bei manchen Antilopen tragen Männchen und Weibchen Hörner, etwa bei den erwähnten Elenantilopen, bei fast allen Gazellen und bei den Gnus, um einige wenige zu nennen. Bei anderen Arten sind nur die Männchen Hornträger, z. B. bei den Impalas, den Wasserböcken und den Kudus. In den seltensten Fällen werden die Hörner dazu benützt, einem Feind entgegenzutreten. Eine der wenigen Ausnahmen bilden die Oryxantilopen, die meterlange, nadelspitze Horndegen haben. Sie werden deshalb auch Spießböcke genannt. Ohne Zweifel zählen sie zu den eindrucksvollsten und schönsten Antilopen Afrikas.

Das einst über weite Teile Arabiens und Afrikas bis in die Kapprovinz reichende Verbreitungsgebiet der Spießböcke ist heute sehr zusammengeschrumpft.

Der Ost- und der Südafrikanische Spießbock sind zwar noch nicht unmittelbar gefährdet, leben aber vorwiegend in Schutzgebieten und in menschenleeren Regionen wie Nordkenia, Äthiopien, Somalia und dem südwestlichen Afrika, in der Namib und vor allem der Kalahari. Wenn sie von Raubtieren oder Jägern bedrängt oder verwendet werden, wissen sie ihre Hornwaffen ebenso gezielt wie entschlossen einzusetzen. Man hat schon öfter Löwen gefunden, die von den Hörnern eines Spießbockes durchbohrt und getötet wurden. Auch Jäger, die sich einer fälschlicherweise als tot betrachteten Oryx unvorsichtig näherten, wurden von der Antilope auf die Hörner genommen und schwer verletzt. Der Lebensraum der Oryx, Halbwüsten und Dornbuschsavannen, verlangt von den Antilopen eine große Anpassung an die Nahrungs- und Trinkmöglichkeiten. Futter ist während eines Großteils des Jahres nur spärlich in Form trockener, harter Gräser vorhanden, und offene Wasserstellen sind außerordentlich rar.

Oryxantilope

Oben: ***Grantgazelle,*** rechts: ***Impala***

In Notzeiten ernähren sich die Spießböcke des südwestlichen Afrikas auch von wilden Tsamma-Melonen und Oryx-Gurken, die beide einen bedeutenden Anteil von Wasser haben. So können sie, ohne Wasser trinken zu müssen, wochenlang in der Halbwüste überleben.

Ebenfalls keine Wasserstellen benötigt die Giraffengazelle, auch Gerenuk genannt. Giraffengazelle heißt das Tier, weil es einen langen Hals hat. Es lebt in heißen, trockenen Gebieten mit wenig Pflanzen und ist sehr genügsam.

Eine Besonderheit zeichnet das Gerenuk aus: Es kann sich bei der Futtersuche auf die Hinterbeine stellen und auf diese Art Blätter und Mimosenblüten, Knospen und Triebe abäsen, die für andere, gleich große Gazellen und Antilopen, außer Reichweite sind. Das ist eine erstaunliche Anpassung an die harten Lebensbedingungen der oft brütend heißen Dornbuschgebiete, in denen es sich aufhält. Gerenuks reicht im übrigen die Feuchtigkeit, die in ihrem Futter enthalten ist, damit sie am Leben bleiben können. Bei 40 bis 45 Grad im Schatten ist das eine unglaubliche Leistung.

Etwa gleich groß wie die Giraffen- ist die Grantgazelle; sie mißt von der Nasenspitze bis zur Schwanzwurzel 100 bis 150 Zentimeter – für die Böcke treffen die höheren Werte zu – und an der Schulter 80 bis 95 Zentimeter. Geißen wiegen im Durchschnitt 35 bis 45 Kilogramm, Böcke 50 bis 80 Kilogramm. Letzere haben spitze, geschwungene Hörner, die bis zu 80 Zentimeter lang werden können. Die der Weibchen sind nur etwa halb so lang und bedeutend dünner. Neben der Thomson- gehört die Grantgazelle – die nach dem englischen Afrikaforscher und Abenteurer James Grant benannt wurde – zu den häufigsten Hornträgern des östlichen Afrikas. In den Gras- und Buschsavannen, aber auch im trockenen Dornbusch des Nordens, fühlt sie sich wohl. Sie bildet kleinere Gruppen, die aus Weibchen mit ihren Jungen mehrerer Jahrgänge bestehen. Zur Brunftzeit legen sich die starken Böcke einen Harem zu, versammeln zehn bis 15 Weibchen um sich und wachen eifersüchtig über sie. Die Jungen erblicken nach einer Tragzeit von sechs Monaten das Licht der Welt. Jedes Weibchen bringt lediglich ein Kitz zur Welt, das es in den ersten Tagen nach der Geburt an einem geschützten Ort ablegt.

In vielen Teilen Ost- und Südostafrikas ist die Impala oder Schwarzfersenantilope das häufigste Huftier. Im südafrikanischen Krüger-Nationalpark, der mit einer Größe von rund 20.000 Quadratkilometern nur wenig kleiner ist als das deutsche Bundesland Mecklenburg-Vorpommern (23.000 Quadratkilometer), leben 200.000 Impalas – also zehn Tiere pro Quadratkilometer! Ein- bis zweimal im Jahr müssen die Wildhüter deshalb eine Anzahl Tiere abschießen, damit es nicht zu einer Überbevölkerung kommt, unter der die Vegetation sehr leiden würde.

Impalas werden, ähnlich wie die oben erwähnten Elenantilopen, in vielen Teilen Süd-, Südwest- und Ostafrikas in großen Farmen gehalten und gezüchtet. In Amerika und Europa gehört das wohlschmeckende Fleisch für Genießer zu den gesuchten Spezialitäten.

Impalas leben in kleineren und größeren Rudeln zusammen – oft 200 und mehr Tiere. Starke Böcke halten in ihrem Territorium ein zehn- bis dreißigköpfiges Weibchenrudel, das sie oft auf ganz engem Raum zusammentreiben, damit ihnen kein Rivale zu nahe kommt. Am Ende der Fortpflanzungszeit, oft aber schon mitten drin, ist der Revierinhaber so erschöpft, daß er im Kampf von einem anderen, noch frischen Bock besiegt und vertrieben wird!

HIRSCHEN WÄCHST JEDES JAHR EIN NEUES GEWEIH

Es gibt sehr viele Leute, die den Unterschied zwischen einem Geweih und Hörnern nicht kennen. Dabei ist er so klar. Ein Geweih, das nur die männlichen Tiere tragen (eine Ausnahme bilden die Karibus, die wilden Rentiere), wird jedes Jahr abgestoßen und kurz darauf wieder neu aufgebaut. Hörner hingegen sitzen auf einem Knochenzapfen und wachsen während des ganzen Lebens ihrer Träger.

Das neu sprießende Geweih ist von einer samtartigen Haut, dem Bast, überzogen, der stark durchblutet wird. Hat das Geweih seine endgültige Größe erreicht, trocknet der Bast ab und wird vom Hirsch „gefegt“, d. h. er löst den Bast vom Geweih, indem er dieses an Bäumen und Sträuchern scheuert. Das fertige Geweih ist dann totes Material und kann z. B. abgesägt werden, ohne daß der Hirsch dabei Schmerzen verspürt – sowenig wie wir beim Haare- oder Fingernägel-Schneiden.

Elch

Die große Familie der Hirsche ist über die ganze Welt verteilt. Lediglich in Australien hat es sie nie gegeben; englische Siedler haben aber Hirsche in Australien und Neuseeland ausgesetzt, um auch fern der Heimat ein großes Wild jagen zu können.

In Afrika gibt es nur gerade im Atlas eine Unterart des europäischen Rothirschs, der Berber- oder Atlashirsch. Sehr zahlreich kommen sie hingegen in Asien vor, und auch in Nord- und Südamerika gibt es rund ein Dutzend verschiedene Arten. Die Fachleute haben insgesamt 37 Hirscharten aufgelistet.

Eine der bekanntesten – und nebenbei gesagt die größte überhaupt – ist der Elch. Der berühmte Alaska-Elch kann ein Schaufelgeweih entwickeln, das 20 Kilogramm und mehr wiegt. Die Rekord-Trophäe wiegt gar nahezu 40 Kilogramm! Das Geweih des Europäischen Elchs bringt nur etwa halb soviel auf die Waage. Der Alaska-Elch schlägt auch in Bezug auf Gewicht und Schulterhöhe alle Rekorde: 700 bis 800 Kilogramm Körpergewicht, mehr als eine „durchschnittliche" Milchkuh, sind bei einem Bullen keine Seltenheit – und das bei einer Schulterhöhe von bis zu 230 Zentimeter. Die Kühe sind bedeutend kleiner und leichter: an der Schulter 160 bis 180 Zentimeter hoch und selten schwerer als 400 Kilogramm. Sie bringen nach achtmonatiger Tragzeit ein oder zwei Kälber zur Welt, die bei der Geburt 12 bis 15 Kilogramm wiegen. Sie beginnen schon nach einigen Tagen festes Futter – Wasserpflanzen, Kräuter, Blätter – zu sich zu nehmen. Nach rund fünf Monaten versiegt die mütterliche Milchquelle, und die Kälber müssen sich eine dicke Speckschicht zugelegt haben, denn die Winter in Alaska und im nördlichen Eurasien sind lang, kalt und entbehrungsreich.

Der einzige Hirsch, den Menschen domestizieren (zum Haustier machen) konnten, ist das Rentier oder Karibu. Das teilnomadische Volk der Lappen – sie selbst nennen sich Samen –, das im Norden Finnlands, Schwedens und Norwegens lebt, hat den seltsamen Hirsch schon vor Jahrtausenden gezähmt, ihn vor Frachtschlitten gespannt, sein Fleisch gegessen und aus seinem Fell wettergemäße Kleidung geschneidert. Rund eine halbe Million Rener streifen heute – mehr oder weniger halbwild – durch das 300.000 Quadratkilometer große Lappland.

Das nordamerikanische Karibu lebt in Alaska und im nördlichen Kanada sowie, in kleinen Beständen, im östlichen Grönland. Es unternimmt im Frühling und Herbst ausgedehnte Wanderungen und durchquert dabei selbst tiefe Meeresarme, um von einem Weidegrund in einen anderen zu gelangen. Da sie sich überwiegend in Tundren und sumpfigen Gebieten aufhalten, haben sie sehr breite Hufe, die sich zudem weit spreizen lassen. So sinken sie nicht tief im Boden ein. Meist im Mai bringt die Karibukuh etwa 7 1/2 Monate nach der Hochzeit mit dem Bullen ein Kalb zur Welt. Untersuchungen haben ergeben, daß Rentiere die nährstoff- und fettreichste Milch aller Landsäugetiere haben. Sie hilft dem Jungen in einer sehr harten, kalten, windigen und oft stürmischen Welt buchstäblich schnell auf die Beine. Schon nach ein, zwei Tagen läuft es so schnell und ausdauernd, daß es selbst einem jagenden Wolfsrudel entkommen kann. Die Nahrung sowohl der europäischen Rener wie der amerikanischen Karibus besteht, je nach Jahreszeit, aus Kräutern, Gräsern, Blättern, Beeren, Pilzen und vor allem den berühmten Rentierflechten.

DIE FAMILIE DER PFERDE: ZEBRAS, WILDPFERD, WILDESEL UND HALBESEL

Esel und Pferd gehören zu den bekanntesten und weltweit verbreitetsten Haustieren. Man trifft sie auf allen Kontinenten an, und sie haben zur Ausbreitung der Menschen Entscheidendes mitgetragen. Ohne Maultiere und Pferde hätten die Spanier Südamerika nicht erobern und besiedeln können, und viele Völker Asiens waren nur deshalb so beweglich, weil sie schnelle und ausdauernde Pferde hatten.

Der Esel ist in den tropischen Ländern ein unentbehrliches Last- und Reittier. Selbst im südlichen Italien und in Griechenland läßt er sich aus der Landwirtschaft nicht wegdenken: Er ist genügsam und stark – und oft genug auch störrisch!

Beide Pferdearten, sowohl das Hauspferd wie der Hausesel, stammen von Wildformen ab, die in Europa, Asien und Afrika leben oder gelebt haben. Ahn des Pferdes war das Przewalski-Pferd. In freier Wildbahn kam es bis Anfang unseres Jahrhunderts noch in der Mongolei vor. Wahrscheinlich ist es dem berühmten Tierhändler und Tiergarten-Gründer Carl Hagenbeck zu verdanken, daß Przewalski-Pferde überlebt haben. Er importierte Ende des 19. und Anfang des 20. Jahrhunderts rund 50 Wildfänge, die zu den Stammeltern aller

Przewalski-Pferd

heute noch lebenden Wildpferde wurden. In vielen gut geführten, modernen Tiergärten gibt es kleinere und größere Zuchtgruppen, und vor einigen Jahren konnte man sogar daran gehen, eine Anzahl Tiere in ihrem ursprünglichen Verbreitungsgebiet auszuwildern.

Ebenfalls in Asien, aber auch in den europäischen Steppen und Wäldern, lebten zwei Rassen von Tarpanen. Diese wurden, im Gegensatz zum Przewalski-Pferd, vollständig ausgerottet. Man nimmt an, daß alle drei Wildpferd-Unterarten zu den Stammvätern des Hauspferdes gehören.

Die Pferdestute trägt rund elf Monate und bringt im Mai oder Juni ein Fohlen zur Welt, das bei der Geburt etwa 40 Kilogramm wiegt und mit zweieinhalb bis drei Jahren geschlechtsreif ist. Das Fohlen vermag seiner Mutter schon ein bis zwei Stunden nach der Geburt mit großer Geschwindigkeit und Ausdauer zu folgen.

Der Afrikanische Wildesel lebte in Nordafrika und in Somalia. Die nordafrikanische Art wurde schon vor langer Zeit von Menschen ausgerottet. Vom Somali-Wildesel gibt es noch winzige, freilebende Bestände. Zur Sicherung der Art hat man einige Exemplare eingefangen, in Tiergärten gebracht und sie dort mit Erfolg gezüchtet. Wildesel sind die genügsamsten und am besten an ihren Lebensraum angepaßten Pferdeartigen. Sie können, im Gegensatz zu Pferden, tagelang ohne Wasser sein und sich lange Zeit nur von stacheligen Zweigen, von Blättern und harten Gräsern ernähren.

Kreuzt man einen Hauseselhengst mit einer Pferdestute, ist der Nachkomme ein Maultier. Aus der Paarung eines Pferdehengstes mit einer Hauseselstute entsteht hingegen ein Maulesel. Maultier und Maulesel unterscheiden sich hauptsächlich in der Größe; ersteres ist bedeutend kräftiger und läßt sich leicht für Arbeiten im Gebirge – es ist äußerst trittsicher –, in trockensten Gebieten, ja selbst in feuchtheißen Wäldern, gebrauchen. Maultiere und Maulesel sind unfruchtbar.

In Asien leben die letzten Bestände der Halbesel oder Pferde-Esel. Es gibt fünf Rassen, und alle tragen wunderschöne Namen: Onager, Kiang, Khur, Dschiggetai und Kulan. Halbesel zeigen im Verhalten und in ihrem Äußeren Merkmale sowohl von Pferden wie von Eseln.

Alle Rassen sind stark bedroht. Sie werden von nomadischen Viehhirten, Bauern, Jägern und Wilderern verfolgt und immer mehr dezimiert. Die Unwirtlichkeit ihrer Lebensräume – vor allem flache und gebirgige Halbwüsten und Trockenlandschaften – schützt sie nicht vor der Ausrottung. Halbeselherden bewohnen Gebiete, die 300 bis 400 Quadratkilometer groß sind.

Zebra

Die Stute bringt einmal im Jahr ein Fohlen zur Welt, das schon nach wenigen Stunden der Mutter und der Herde folgen kann. Außer dem Wolf, der ebenfalls sehr selten geworden ist, ist der Mensch der einzige Feind der Halbesel.

Von allen Pferden sind die Zebras die bekanntesten Vertreter. Sie leben in drei Arten nur in Afrika südlich der Sahara. Wegen ihrer charakteristischen Fellzeichnung nennt man sie manchmal auch Tigerpferde. Jedes einzelne Tier hat ein charakteristisches und einmaliges Fellmuster, das so unverwechselbar ist wie bei uns die Fingerabdrücke. Fohlen erkennen denn ihre Mütter auch an den Streifen – und umgekehrt auch (und wahrscheinlich auch an der Stimme und am Geruch).

Zebras leben, je nach Art, in mehr oder weniger großen Herden vom östlichen bis ins südliche und südwestliche Afrika. In größeren Wäldern fehlen sie ganz. Am Mount Kenia hat man Steppenzebras schon in Höhen von 4.000 Metern beobachtet!

Am besten an die Trockenheit und das einfache Futter der Halbwüsten Nordkenias und Äthiopiens hat sich die größte und schönste Art, das Grévyzebra, angepaßt. Einmal pro Tag muß es aber Trinkwasser haben, und es unternimmt weite Wanderungen, um an ein Wasserloch oder einen Tümpel zu gelangen.

Zebras gehören zu den Hauptbeutetieren von Löwen und Hyänen. Geparde, Leoparden und Wildhunde stellen den Fohlen nach, und jahrzehntelang wollte jeder weiße Jäger eines der dekorativen Zebrafelle an der Wand im Wohnzimmer haben. Das ist zum Glück weitgehend vorbei, denn in den meisten afrikanischen Ländern dürfen die großen Tiere nicht mehr gejagt werden.

Somali -Wildesel

Oben: *Vikunja*, rechts: *Guanako*

AUCH IN SÜDAMERIKA LEBEN WILDE KAMELE

Das zweihöckrige Kamel oder Trampeltier stammt aus Asien und das einhöckrige oder Dromedar wahrscheinlich aus Afrika oder Arabien. Die beiden Arten haben zwei kleinere Verwandte, die weder einen oder zwei Höcker tragen noch in der Alten Welt (= Europa und Asien) leben. Sie sind im südlichen Amerika zu Hause und hier überwiegend in den Anden sowie in den Pampasgebieten (flaches Grasland) Patagoniens. Man kennt sie unter dem Begriff Neuweltkamele. Die eine Art ist das Vikunja, die andere das Guanako. Letzteres ist Stammvater und -mutter des Lamas und des Alpakas, zwei Haustieren, die den Indios Häute, Felle, Fleisch und Wolle liefern. Das Lama wird zudem als gebirgstüchtiges Lasttier benützt, das klaglos bis zu 50 Kilogramm Gepäck transportiert; das ist etwa die Hälfte seines eigenen Körpergewichts.

Die berühmten Inka-Indianer Perus haben freilebende Vikunjas jedes Jahr ein Mal zusammengetrieben und geschoren. Die Wolle des kleinsten Kamels ist feiner als jedes andere Tierhaar. Daraus haben die Inkas äußerst wertvolle Decken und Ponchos (ein Kleidungsstück in der Art einer Pellerine) gewoben. Nur Könige und andere sehr hochgestellte Personen durften Sachen aus Vikunjawolle tragen, und wenn ein Mann aus dem einfachen Volk ein Vikunja tötete, mußte er selbst mit der Todesstrafe rechnen!

Vikunjas wurden vor einigen Jahrzehnten in ihrer Heimat so stark verfolgt, daß man sie unter Schutz stellen mußte. Heute gibt es wieder mehr als 100.000 freilebende Tiere.

Das Guanako wird vor allem von den chilenischen und argentinischen Viehzüchtern verfolgt, denn sie sehen in dem Grasfresser eine große Konkurrenz für ihre Rinder und vor allem für ihre Schafe.

DAS GROSSE HEER DER NAGETIERE

Vier von zehn Säugetieren, die auf unserer Erde leben, sind Nagetiere. Diese Tierordnung ist äußerst vielseitig und -gestaltig. Mit Ausnahme der Antarktis haben sie alle Kontinente besiedelt und vor keinem Lebensraum haltgemacht. Man findet sie unter und über der Erde, in den Kronen der höchsten Urwaldbäume und im Wasser, sie wohnen in der Wüste, den eisigen Höhen der Himalaja- und der Andenkette und fühlen sich in den feuchtheißen Urwäldern Südamerikas und Südostasiens ebenso wohl wie nördlich des Polarkreises, wo der Winter mindestens acht Monate dauert

Südamerikanische Nutria

und die Sonne für nahezu ein halbes Jahr unter dem Horizont bleibt. Das kleinste Nagetier, die Amerikanische Zwergmaus, mißt ganze fünf Zentimeter, und das Schwänzchen ist noch einmal so lang. Der größte Nager lebt in Südamerika an Flüssen und Seen und heißt Wasserschwein oder Capybara. Es wird an die 130 Zentimeter lang und kann 50 Kilogramm wiegen!

Die bekanntesten Nagetiergruppen sind sicher die Mäuse und Ratten, kleine bis mittelgroße Tiere, die sich bei den Menschen nicht gerade eines guten Rufes erfreuen. Sie werden meist als Schädlinge betrachtet und tauchen immer dort auf, wo Unrat und Abfälle herumliegen. Manche Arten übertragen gefährliche Krankheiten wie die Pest, und andere richten in den armen Ländern der Dritten Welt an den Getreidevorräten riesige Schäden an. Andererseits gibt es in Indien Rattentempel, in denen diese Nager verehrt und gefüttert werden.

Zu den bekanntesten Nagetieren zählt auch das Stachelschwein, das weder mit einem Schwein etwas zu tun hat noch mit einem Igel, der ja auch Stacheln trägt. Stachelschweine leben im südlichsten Europa, wo sie wahrscheinlich vor 2.000 Jahren von den Römern eingeführt wurden, in Afrika und in weiten Teilen des subtropischen und tropischen Asiens.

Sie sind überwiegend nachtaktiv und verschlafen den Tag in einem kühlen, dunklen Bau. Die Jungen, meist zwei oder drei, seltener ein oder vier, kommen mit gummiweichen Stacheln zur Welt, die an der Luft in kurzer Zeit erhärten. Bei erwachsenen Tieren können sie bis zu 30 Zentimeter lang werden. Sie schützen die Stachelschweine gegen Angriffe von Raubtieren und Greifvögeln.

In den nordamerikanischen Grasgebieten, im Land der Bisons und der Indianer, leben die Präriehunde. Sie legen Baue an, die miteinander durch lange Röhren verbunden sind – ähnlich wie das Alpenmurmeltier (das übrigens auch zu den Nagern gerechnet wird), aber in noch viel größerem Ausmaß. Kopfstarke Kolonien setzen sich aus vielen Großfamilien zusammen und können sich über mehrere hundert Quadratkilometer erstrecken.

Die Präriehunde sind einen guten Teil ihres Lebens damit beschäftigt, ihre Baue zu erweitern und instand zu halten. Die Röhren sind an der Oberfläche alle mit einem manchmal recht hohen Erdwall umgeben, auf dem die Tiere sitzen und sich sonnen. Er wird grasfrei gehalten und hat manchmal einen Durchmesser von mehr als einem Meter. Nach schweren Regenfällen verhindert er, daß die Höhlen der Präriehunde überschwemmt werden.

Chinchillas sind ebenfalls Nagetiere. Sie bewohnen die Anden und leben dort in felsigen Gebieten mit vielen Spalten und Höhlen, die ihnen Schutz vor der oft harten Witterung und vor Feinden, hauptsächlich Greifvögeln, bieten. Sie haben einen der feinsten Pelze im Tierreich, und ihr seidenweiches Fell ist ihnen beinahe zum Verhängnis geworden. Die Nachfrage der Modebranche war so groß, daß Chinchillas rücksichtslos gejagt wurden und ihre Bestände beinahe verschwanden. Da erst begann man, die Pelztiere in riesigen Farmen zu züchten. Heute kommen kaum noch Wildfänge in den Handel, sondern fast ausschließlich Zuchttiere.

Chinchilla

In Freiheit leben Chinchillas paarweise und in Einehe und erreichen ein Alter von sechs bis höchstens zehn Jahren.

Die Jungen, zwei bis vier, sind sogenannte Nestflüchter; sie kommen mit offenen Augen und voll entwickeltem Fell zur Welt und beginnen schon am dritten oder vierten Lebenstag damit, Grünfutter, trockene Halme und Kräuter zu futtern. Chinchillas benötigen kein Wasser, wenn sie frisches Gras, Obst oder Beeren essen können.

AUSTRALIENS SELTSAME BEUTELTIERE

Der australische Kontinent hat sich sehr früh von den anderen Erdteilen gelöst, die vor 200 Millionen Jahren eine einzige Masse bildeten. Das hatte zur Folge, daß sich auf der riesigen Insel Tierarten entwickeln konnten, die es sonst nirgends auf der Welt gibt. Fossilien, die zwischen 50 und 70 Millionen Jahre alt sind, haben gezeigt, daß es damals auch in Nordamerika und Europa Beuteltiere gab. Sie konnten sich jedoch gegen andere, anpassungsfähigere Arten nicht behaupten und starben bis auf wenige Ausnahmen – die Beutelratten (Opossum) in Amerika – aus.

In Australien gab es vor der Ankunft der ersten Menschen jedoch keine Raubtiere, und es entwickelte sich eine Fülle – etwa 240 verschiedene Arten – von Beuteltieren, die sich in fünf große Gruppen einteilen lassen. Uns interessiert nur jene, in der einerseits die Koalabären und andererseits die Känguruhs zusammengefaßt sind. Diese Gruppe – wissenschaftlich nennt man sie Ordnung – enthält fast 100 Arten, z. B. winzige Gleitbeutler, die zwar nicht fliegen können, aber dank Häuten zwischen Hinter- und Vorderbeinen von Baum zu Baum gleiten. Der Koalabär lebt im östlichen Australien und dort ausschließlich in Eukalyptuswäldern, in denen er seine

Koalabär

Rotes Riesenkänguruh

Nahrung – Eukalyptusblätter – in genügender Menge findet. Er wird 70 bis 80 Zentimeter lang und fünf bis zehn Kilogramm schwer und verschläft den Tag in einer Astgabel hoch über dem Boden. Wenn die Sonne untergeht, wird er langsam wach und beginnt mit der Futtersuche. Da er von den rund 600 Eukalyptusarten nur gerade acht oder zehn mag, dauert es manchmal eine Weile, bis er einen ihm genehmen Baum gefunden hat. Dort bleibt er dann oft mehrere Tage und macht nichts anderes als essen, sich putzen und schlafen, um dann gelegentlich den Baum zu wechseln, wobei er oft auf den Boden hinuntersteigen und eine gewisse Strecke gehen muß. Alle Beuteltiere haben eine erstaunlich kurze Tragzeit. Beim Koalabär beträgt sie 35 Tage. Dann wird ein winziges Junges geboren (ganz selten sind es Zwillinge), das ein halbes Jahr lang im Beutel der Mutter bleibt. Sobald es einige Wochen alt ist, verläßt es diesen zeitweise und klettert auf den Rücken der Mutter, wo es sich in ihrem Fell festklammert und durch die Gegend tragen läßt. Obwohl Koalas kaum natürliche Feinde haben, sind sie wegen der Zerstörung vieler Eukalyptuswälder aus manchen Gebieten Ostaustraliens verschwunden.

Die bekanntesten aller Beuteltiere sind die Känguruhs. Rund 50 verschiedene Arten gibt es. Die Zwergsteinkänguruhs sind nur gerade so groß wie ein Kaninchen, die Roten Riesenkängurus erreichen dagegen aufgerichtet fast die Größe eines Menschen.

In Australien nehmen die Känguruhs den Platz der Antilopen und Hirsche – also der Grasfresser – ein, weil diese bekanntlich fehlen. Die Schaf- und Rinderfarmer verfolgen deshalb fast alle Arten erbittert und rücksichtslos. Für viele zählt die Jagd auf Känguruhs zu den beliebtesten Freizeitbetätigungen! Manche der Beuteltiere sind deshalb recht selten geworden oder gar in ihren Beständen gefährdet.

Hübschgesicht-Känguruh

Die verschiedenen Arten leben in allen denkbaren Biotopen (Lebensräumen), von der Wüste im Herzen des Kontinents bis zu den immerfeuchten, tropfenden Wäldern des Ostens und den Primärwäldern Neuguineas. Dort haben sich Baumkänguruhs entwickelt, weil offene Grasflächen nahezu völlig fehlen.

Känguruhs bilden kleinere Trupps und Familienverbände, die aus einem erwachsenen Bock und mehreren Weibchen mit Jungen bestehen. Die Männchen einiger Arten ziehen ein einzelgängerisches Leben jenem in der Gruppe vor und besuchen diese nur für kurze Zeit, wenn ein Weibchen paarungsbereit ist. Das Junge – nie mehrere – kommt je nach Art 21 bis etwa 33 Tage nach der Hochzeit auf die Welt. Es wiegt nur gerade ein Gramm – und das selbst beim Roten Riesenkänguruh, das über 30 Kilogramm schwer werden kann (die Männchen bis 80 Kilogramm). Bei der Geburt legt sich die Mutter auf den Rücken und das blinde, nackte und nur fingernagelgroße Junge muß den Weg in den Beutel aus eigener Kraft schaffen! Wird das Weibchen gestört und hüpft weg, ist das Junge verloren, denn es fällt aus dem mütterlichen Fell auf den Boden und stirbt. Hat es aber den Beutel erreicht und die Öffnung gefunden, gelangt es zu einer Zitze, nimmt sie in den Mund – und ist für eine ganze Zeit „gefangen". Die Zitze schwillt nämlich im Mund des Jungen an und verhindert so, daß dieses bei weiten Sprüngen der Mutter aus dem Beutel geschleudert wird. Sieben bis 30 Wochen lang – die Dauer ist von Art zu Art verschieden – ist die Beuteltragzeit. Dann ist der Sprößling so gewachsen, daß er nicht mehr in die Bauchtasche der Mutter paßt und endgültig auf eigenen Beinen und dem Stützschwanz, der wie ein drittes Bein wirkt, stehen muß.

DIE ÜBERWÄLTIGENDE VIELFALT DER VOGELWELT

Fast 9.000 verschiedene Vogelarten sind bis heute entdeckt und beschrieben worden. Jedes Jahr wird im Durchschnitt eine weitere Art oder Unterart neu gefunden – vor allem in den großen Urwaldgebieten Südamerikas und Asiens.

Bei dieser großen Artenzahl wundert es nicht, daß die verschiedenen Vögel keineswegs einheitliche Gestalten, Farben, Verhaltens- und Lebensweisen haben. Sie sind im Gegenteil so unterschiedlich wie das nur denkbar ist. Der Kleinste, ein Kolibri, wiegt nur wenig mehr als zwei Gramm, der Größte, Afrikas mächtiger Strauß, hat eine Scheitelhöhe von 250 Zentimeter und ein Gewicht von bis zu 150 Kilogramm; er ist demnach fast 70.000 Mal schwerer als der Kolibri! Manche Vogelarten leben in riesigen Kolonien und Schwärmen zusammen, andere sind den größten Teil ihres Lebens allein. Dritte wiederum treffen sich zu gemischten Gesellschaften, wie das an vielen afrikanischen Seen der Fall ist: Da lassen sich auf kleinem Raum Weißbrustkormorane, Marabustörche, Pelikane und Zwergflamingos beobachten. Sie alle finden z. B. in den futterreichen, flachen Seen des Ostafrikanischen Grabenbruchs ein riesiges Nahrungsangebot an Fischen, winzigen Krebsen und verschiedenen Algen.

Die Fülle großer und kleiner Arten, die von der Arktis bis in die Antarktis vorkommen und von Meereshöhe bis über 6.000 Meter hinaus, macht es verständlicherweise unmöglich, auch nur die wichtigsten, interessantesten und schönsten Gestalten vorzustellen. Wir beschränken uns deshalb auf einige Gruppen, die einen guten Querschnitt durch die staunenswerte Welt der Vögel zeigen.

VIEL ZU SCHWER ZUM FLIEGEN

Vögel, die doppelt so schwer sind wie ein Mann, müßten riesige Flügel haben, um sich in die Luft erheben zu können. Die Natur hat eine andere, viel einfachere Lösung gefunden: Sie hat diese Vögel mit sehr kräftigen Beinen versehen, dank derer sie vor jedem Feind weglaufen können. Diese Vögel leben in Afrika, in den weiten Savannenlandschaften, und heißen Strauße. Früher, vor vielen Millionen Jahren, gab es auf der Insel Madagaskar, die vor Südafrika liegt, sogar Riesenstrauße. Sie waren über drei Meter hoch und mehrere hundert Kilogramm schwer. Der afrikanische Strauß lebt in Paaren oder kleinen Gruppen zusammen. Zur Brutzeit scharrt der Hahn eine Mulde in den Boden, und oft legen mehrere Hennen ihre Eier ins gleiche Nest! Man hat schon 40 Eier gezählt. Diese können bis eineinhalb

Strauß

Kilogramm schwer werden (zum Vergleich: Ein Hühnerei wiegt 55 bis 65 Gramm), und es dauert rund sechs Wochen, bis das Küken schlüpft.

In Südafrika werden Strauße auf großen Farmen gezüchtet. Ihre Federn, die Haut und das Fleisch finden überall in der Welt Abnehmer.

Andere Vertreter der Laufvögel kommen in der südamerikanischen Pampa vor. Es sind die Nandus, die auf den ersten Blick wie die kleinere Ausgabe des Strauß aussehen, mit dem sie aber nicht näher verwandt sind. Mit etwa 170 Zentimeter Scheitelhöhe und einem Gewicht von 20 bis 25 Kilogramm sind sie bedeutend kleiner und leichter als Strauße. Sie können außerordentlich schnell, über 60 Kilometer pro Stunde, laufen und zudem Haken schlagen. In Argentinien wurden sie mit Pferden gehetzt und mit Bolas – das sind lange Lederriemen mit einer Kugel, die den Nandus nachgeworfen wurden und sich ihnen um die Beine wickelten! – gefangen. Auch in Australien gibt es Laufvögel: die Emus und die Kasuare. Erstere sind Bewohner der trockenen Grasländer Zentral-, Nord- und Westaustraliens, letztere der Regenwälder Nordaustraliens und vor allem Neuguineas.

FREUND ADEBAR HAT VIELE VERWANDTE

Adebar wurde früher bei uns der Weißstorch genannt. Er gehört einer Familie an, die zahlreiche Verwandte in der ganzen Welt hat. Wenn er im Herbst nach Afrika fliegt, trifft er dort in den Savannen und Sümpfen mehrere Vettern an –

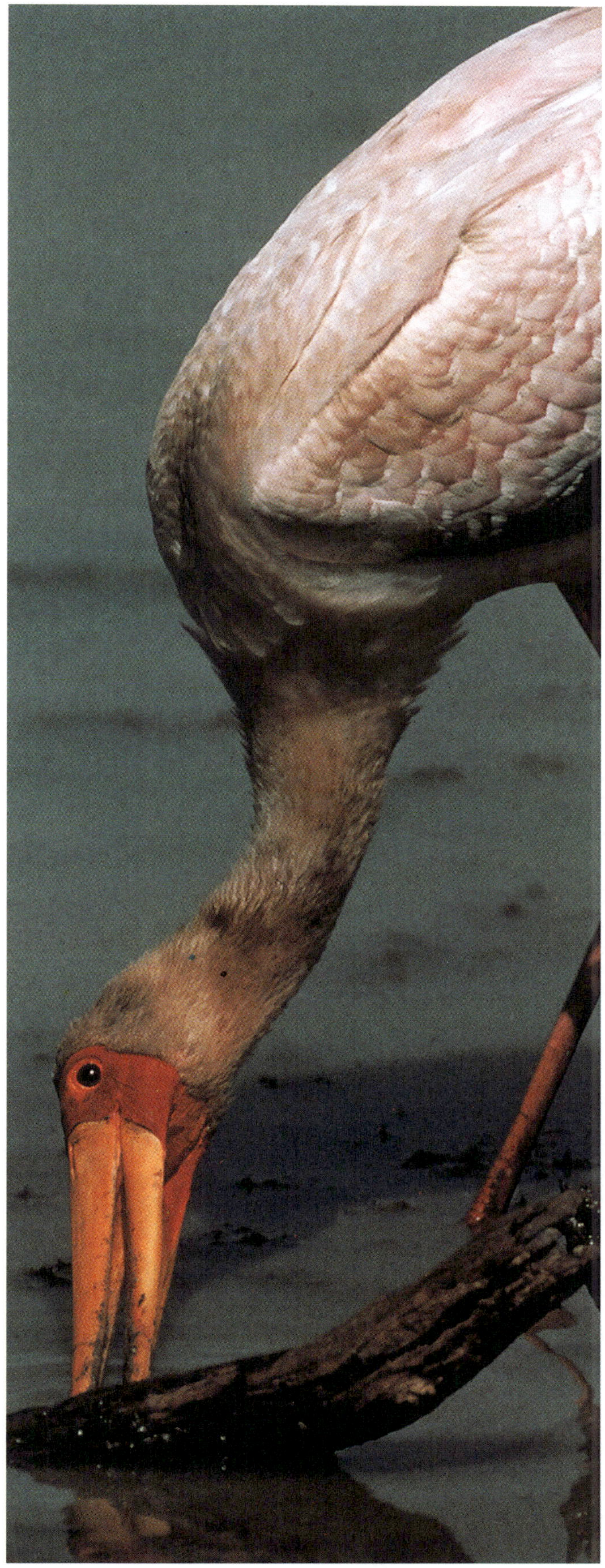

Nimmersatt

etwa den Schwarzstorch, der ebenfalls in Deutschland brütet, den Abdim- und den Wollhalsstorch und den buntesten aller Störche, den Nimmersatt. Er sucht sein Futter mit Vorliebe im nicht zu tiefen Wasser. Mit seinem langen Schnabel stochert er unter Steinen und Wurzeln herum, und wenn er z. B. einen Frosch ertastet hat, packt er ihn, zieht ihn aus seinem Versteck, wirft ihn kurz in die Luft und schluckt ihn unzerkleinert hinunter.

Neben Meister Adebar ist wahrscheinlich der Marabu der bekannteste aller Störche. In Asien und Afrika, seiner Heimat, macht er sich u. a. durch die Vertilgung von Abfall, Unrat und Aas nützlich. Oft wird er deshalb auch als „Gesundheitspolizist" bezeichnet, der – zusammen mit Schakalen, Hyänen und Geiern – ein totes Tier in kurzer Zeit beseitigt.

Störche sind hervorragende Flieger oder, genauer gesagt, Segler. Mit wenigen Flügelschlägen steigen sie in die Luft hoch, suchen kräftige Aufwinde und kreisen dann oft stundenlang ohne die geringste Anstrengung in großer Höhe am Himmel. Das ist bei der oft gewaltigen Flügelspannweite mancher Arten nicht verwunderlich; Marabus etwa haben eine Spannweite von bis zu 300 Zentimeter und Großstörche bis zu 280 Zentimeter. Da nehmen sich die 210 bis 220 Zentimeter unseres Storches schon beinahe bescheiden aus.

Manche Storcharten, vor allem die kleineren Arten, brüten gemeinsam in Kolonien. Beim nordamerikanischen Waldstorch hat man schon bis zu 5.000 Nester gezählt.

Rechnet man im Durchschnitt drei Junge pro Nest, also 15.000 Küken, kann man sich leicht vorstellen, welche Futtermengen die Altvögel Tag für Tag, nahezu zwei Monate lang, heranschleppen müssen.

WIE DER MENSCH AUFS HUHN KAM

Es ist einige Tausend Jahre her, als Menschen in Südostasien im Dschungel die wilden Bankivahühner fingen und zähmten. Diese lieferten ihnen einerseits ein wohlschmeckendes, zartes Fleisch und andererseits regelmäßig Eier. Und mit den wunderschönen Federn des Hahns konnte man sich schmücken. Vor etwa 4.000 Jahren kamen die Nachfahren der Bankivahühner nach Indien, aber erst vor rund 600 Jahren nach China und noch einiges später zu uns. Heute gibt es Dutzende, wenn nicht

Unten: *Korea-Ringfasan*, oben: *Graubauchtragopan*

Hunderte von verschiedenen Haushuhnrassen, von den winzigen Zwerghühnern, die von Liebhabern gehalten werden, bis zu den fünf Kilogramm schweren Fleischrassen, die unseren Speisezettel bereichern.

Auch in den armen Ländern der Dritten Welt spielt das Huhn eine große Rolle für die Ernährung der Bevölkerung. Zahlreiche Menschen können sich weder eine Kuh noch Ziegen oder Schafe leisten; zu einigen Hühnern, die selbst im ärmsten Stadtviertel ihr Auskommen finden, reicht es aber immer noch.

Die Familie der Hühnervögel ist überaus artenreich. Bisher wurden fast 300 verschiedene Spezies gezählt. Zwergwachteln, die kleinsten Hühnervögel überhaupt, messen nur gerade 13 bis 14 Zentimeter und wiegen um die 50 Gramm. Das wilde Truthuhn aus Nordamerika erreicht dagegen eine Länge von mehr als 120 Zentimeter und ein Gewicht bis acht Kilogramm oder knapp darüber. Es gehört damit zu den schwersten noch flugfähigen Vögeln.

Eine mit etwa 40 Arten recht große und geschlossene Gruppe innerhalb der Hühnervögel bilden die Frankoline der Alten Welt. Jeder der in Afrika an einer Tiersafari teilnimmt, hört in den frühen Morgenstunden, noch vor Sonnenaufgang, die lauten, durchdringenden Rufe der Frankoline. Und während einer Fahrt durch den Busch oder die Savanne bekommt man die Störenfriede auch zu sehen. Das Gelbkehlfrankolin, eine mittelgroße Art, fliegt z. B. oft auf die Spitze eines Termitenhügels und schreit seine Gebietsansprüche in den Morgen hinaus. Die Henne scharrt zur Brutzeit eine flache Mulde in den trockenen Boden und legt bis zu acht hartschalige, hell gesprenkelte Eier hinein, die sie drei Wochen lang ausbrütet. Die Küken sind sogenannte Nestflüchter, d. h. sie kommen voll befiedert und mit offenen Augen aus dem Ei und sind schon nach wenigen Stunden in der Lage, der Mutter und dem Vater – der sich am Brutgeschäft wie bei den Hühnervögeln üblich nicht beteiligt – zu folgen. Es dauert allerdings einige Wochen, bis sie flugfähig sind, und in dieser Zeit werden sie von sehr zahlreichen Feinden bedroht: Schlangen, Echsen, kleine Schleichkatzen, Schakale, Störche und Greifvögel stellen ihnen nach. Von zehn Küken überlebt oft nur eines oder zwei.

ES GIBT NICHT NUR HAUSTAUBEN

Unsere Städte werden von Haustauben bevölkert und leider auch verschmutzt. Wer schon einmal in Venedig oder einer anderen italienischen Großstadt war, hat Tausende der gefleckten oder grauweißen Tauben gesehen und vielleicht auch gefüttert. Sie alle stammen von einer einzigen wilden Art, der Felsentaube, ab.

Genauso wie all die schönen Zuchtrassen und die Brieftauben, die über Entfernungen von vielen Hundert Kilometern in den heimatlichen Schlag zurückfinden.

Die Felsentaube lebt im südlichen Europa, in Asien bis nach China und Thailand sowie in Arabien und im nördlichen Afrika. Sie ist nicht die einzige Vertreterin ihrer Familie, sondern hat rund 300 weitere Verwandte, die überwiegend in den tropischen und subtropischen Landstrichen unserer Erde vorkommen, während sie im nördlichen Nordamerika, auf Grönland und im nördlichen Eurasien fehlen.

Es gibt winzige Tauben wie das Inkatäubchen aus den Tropen der Neuen Welt. Sie messen mit Schwanz kaum 20 Zentimeter und sind mit 45 bis 50 Gramm Gewicht nur halb so schwer wie eine Tafel Schokolade. Andere, wie die Krontauben aus Neuguinea, werden 85 Zentimeter lang und 1,5 Kilogramm schwer. Die meisten Arten liegen in Größe und Gewicht bei 25 bis 30 Zentimeter und 250 bis 300 Gramm.

Zu den schönsten Vögeln überhaupt zählen sicher manche Arten der Fruchttauben. Obwohl sie außerordentlich bunt gefärbt sind, entdeckt man sie im Blättergewirr ihres Lebensraumes nur sehr schwer. Das hängt mit der grünlichen Grundfarbe ihres Gefieders zusammen, aber auch damit, daß sie bei Gefahr „erstarren", d. h. sich absolut ruhig verhalten und erst im letzten Moment mit lautem Flügelklatschen wegfliegen.

Tauben bauen wenig kunstvolle, flache Nester; manche brüten auch in natürlichen Höhlen. Das Weibchen legt zwei reinweiße Eier, die von beiden Eltern betreut und gewärmt werden. Je nach Art schlüpfen die Küken nach zwei bis höchstens vier Wochen. Vater und Mutter füttern ihren Nachwuchs mit einem Nahrungsbrei, der „Kropfmilch", den sie in ihrem Kropf vorverdaut haben.

Rotkappen-Fruchttaube

TRAPPEN: FRÜHER ODER SPÄTER GEHEN SIE NICHT MEHR IN DIE LUFT

Ein typisches Merkmal der Vögel ist ihr Flugvermögen. Einige Arten aber halten sich auf dem Boden oder am Wasser auf, etwa die Strauße und die Pinguine; beide können nicht mehr fliegen. Andere sind wohl noch flugfähig, aber sie nehmen nur im Notfall ihre Flügel zu Hilfe, dann, wenn sie zu Fuß nicht mehr schnell genug fliehen können. Zu diesen Vögeln gehören die Trappen. Der schwerste Vogel, der fliegen kann, ist die Riesen- oder Koritrappe aus dem östlichen Afrika. Alte Hähne können bis zu 20 Kilogramm schwer werden! Mit diesem Gewicht haben sie Schwierigkeiten, vom Boden hochzukommen.

Sie müssen eine kurze Strecke weit gegen den Wind über die Savanne rennen und streichen dann mit auffallend schwerem Flügelschlag ab. Wissenschaftler gehen davon aus, daß die schwersten Trappenvögel sich zu Lauftieren entwickeln und ihre Flugfähigkeit in nicht allzuferner Zukunft verlieren werden. Selbst die kleineren und leichteren Arten wie die Zwerg-, die Rotschopf- und die Senegaltrappe ziehen es vor, schnell und lautlos im dichten Dornbusch zu verschwinden. Da sie überwiegend ein unauffällig gefärbtes, stark gemustertes Federkleid tragen, sind sie im Schatten von Sträuchern und im hohen Gras hervorragend getarnt.

Riesentrappe

In den Steppen Osteuropas bis nach Sibirien und Vorderasien lebt die Großtrappe. Ostdeutschland war früher ebenfalls Heimat dieses heute außerordentlich stark gefährdeten Vogels. Nach dem Zweiten Weltkrieg gab es dort noch einen Trappenbestand von um die 4.000 Tiere. Zwanzig Jahre später war er auf 1.300 Vögel gesunken, und 1980 waren es weniger als 600.

Die intensive Nutzung der weiten Graslandschaften und die Vernetzung der Steppengebiete mit zahllosen Straßen, Sträßchen und Wegen nehmen der Großtrappe die Möglichkeit, ihre Jungen ungestört aufzuziehen.

FLIEGENDE EDELSTEINE: RACKEN UND BIENENFRESSER

Dort wo der Mensch noch nicht grundlegend in die Lebensräume der Tiere eingegriffen hat, wo nicht jeder Bach begradigt, jedes Sumpfgebiet trockengelegt und jede Kiesgrube zugeschüttet wurde, stößt man auf Vögel, die in ihrem Gefieder sämtliche nur denkbaren Farben zeigen. Zum einen sind es Racken, zum anderen Bienenfresser; beide sind nah miteinander verwandt. Erstere können dank lang ausgezogener Schwanzfedern bis zu 45 Zentimeter lang werden. Letzere messen lediglich 20 bis 30 Zentimeter. Im südlichen Europa, also in Griechenland, Italien, Frankreich und Spanien, lassen sich sowohl Bienenfresser als auch Racken beobachten. In den tropischen Ländern ist ihre Artenzahl jedoch

Scharlachspint

sehr viel größer: Dort gibt es mindestens zehn Racken- und 20 Bienenfresser-Spezies. Ein ganz besonders schöner Bienenfresser ist der Scharlachspint, der wie alle Verwandten dieser Familie in großen Kolonien brütet.

In die Steilwände von trockenen oder wasserführenden Flußbetten und in Böschungen graben sie meterlange Röhren mit einer Bruthöhle am Ende, in die sie ihre drei bis vier reinweißen Eier legen, aus denen in etwa drei Wochen die blinden, nackten und hilflosen Jungen schlüpfen.

Strichel- und Gabelracken haben ein wundervoll blau und grün gefärbtes Gefieder, das zudem an manchen Stellen metallisch schillert. Bei den Hochzeitsflügen steigen die männlichen Racken steil in die Luft hoch und zeigen einen vollendeten Überschlag, den sie mehrmals wiederholen. Haben sie damit ein Weibchen beeindrucken können, baut das Paar zusammen ein Nest in einer Baumhöhle oder in der entsprechenden Öffnung eines Termitenhügels. Männchen und Weibchen sitzen abwechselnd auf den drei bis fünf Eiern und füttern ihre Kinder rund vier Wochen lang, bis sie das Nest verlassen und flügge sind.

Bienenfresser ernähren sich fast vollständig von verschiedenen Fluginsekten, darunter Bienen und Wespen. Racken fangen außer diesen auch kleine Echsen, Schlangen und Amphibien (Frösche und Salamander).

DER VERRÜCKTESTE VOGELSCHNABEL, DEN MAN SICH DENKEN KANN

Der Schnabel ist sozusagen die „Hand des Vogels“. Manche Arten benützen zwar die Füße, um damit Nahrung festzuhalten oder in der Erde zu scharren. Der Schnabel aber ist das Universalwerkzeug und deshalb der Lebensweise seines Besitzers angepaßt. Nahezu jede Vogelart hat einen für sie charakteristischen Schnabel, der dem Kenner meist anzeigt, von was sich dieser Vogel ernährt. Kleine, feine und spitze Schnäbel zeichnen Insektenfresser aus, kräftige, kantige gehören eher Vögeln, die Kerne und Samen verzehren, und die stark gebogenen, mit scharfen Kanten versehenen Schnäbel der Greife dienen dazu, die Beute zu „zerschneiden“ und aufzureißen.

Neben den südamerikanischen Tukanen haben die Nashornvögel Afrikas und Asiens wohl die seltsamsten, auffallendsten und größten Schnäbel. Manche dieser Gebilde sind so gewaltig,

Doppelhornvogel

Hornrabe

daß man sich allen Ernstes fragt, ob der Vogel damit noch fliegen kann. Der Schnabel des Doppelhornvogels, der in den Urwäldern Südwestindiens und Südostasiens lebt, kann nahezu 30 Zentimeter lang werden. Diese Schnäbel sehen zwar schwer und „unhandlich" aus, aber der Schein trügt. Sie sind sozusagen hohl. In ihrem Inneren stützt ein leichtes Knochengerüst das Horn des Schnabels. An den verschiedenen Schnabelfarben und -formen lassen sich die einzelnen Arten durchweg leicht erkennen. Hornvögel leben in feuchten und trockenen Wäldern und halten sich überwiegend in den Bäumen oder Baumkronen auf.

Die einzige Ausnahme ist der afrikanische Hornrabe, der sich einen Großteil seines Lebens auf dem Boden, meist in Gras- und Buschsavannen, aufhält und auf Wirbeltiere wie Mäuse, Frösche, Echsen, Schlangen, aber auch auf Insekten und Spinnen Jagd macht. Andere Hornvögel sind Allesfresser und dritte wiederum ernähren sich mit Vorliebe von tierischer Nahrung.

Schon fast Charaktervögel des afrikanischen Trockenbusches sind die Tokos, die über große Teile des Kontinents verbreitet sind. In vielen Rasthäusern der Nationalparks und auf Picknickplätzen haben sie sich so sehr an die Menschen und das von ihnen verteilte Futter gewöhnt, daß sie sofort auftauchen, sobald sie einen Besucher sehen, der vielleicht etwas Nahrhaftes zu verteilen hat.

STARE SIND MEISTER DER ANPASSUNG

Unter den Vögeln gibt es, wie bei anderen Tiergruppen auch, viele Arten, die sich in ihrem Verhalten, im Nahrungserwerb und in der Wahl ihres Lebensraumes sehr stark beschränkt haben und deshalb meist nur ein recht kleines Verbreitungsgebiet bewohnen.

Bei zahlreichen Staren ist das Gegenteil der Fall. Sie fühlen sich in nahezu jedem Biotop wohl und ihre Futteransprüche sind bescheiden oder so vielfältig, daß sie nicht die geringste Mühe haben, etwas Freßbares zu finden: Käfer, Falter, Würmer, Schnecken, aber auch Früchte, Beeren und Blüten stehen auf ihrem Speisezettel, und ihr Tisch ist das ganze Jahr über gedeckt. Hinzu kommt, daß sie sich in feuchten Buschgebieten und Auwäldern ebenso wohl fühlen wie in der Dornbusch-Savanne und in der Umgebung von Höfen, Siedlungen und Dörfern. Dort gibt es immer etwas zu essen und oft auch Brutgelegenheiten. Zu diesen höchst anpassungsfähigen Vögeln gehört der indische Mainastar, der heute nicht nur in Indien lebt, sondern auch in Ost- und Südafrika und in Arabien, wo er eingebürgert wurde und sich sofort gegen andere Vögel behaupten und durchsetzen konnte. Ebenfalls weit verbreitet, wenn auch nicht außerhalb Afrikas, sind die schönen Dreifarben-Glanzstare und mehrere schwer voneinander unterscheidbare, einfarbig blau-violett-grünlich schillernde Glanzstare, die z. B. im Wankie-Nationalpark in Simbabwe und im Krüger-Nationalpark in Südafrika zu Dutzenden, ja Hunderten in den Camps umherlaufen und auf dem staubtrockenen Boden Nahrung suchen. Vor allem morgens tauchen sie bei den Hütten der Besucher auf, denn dort hat nachts Licht gebrannt, das Heerscharen von Insekten anlockte. Die toten Mücken, Falter und Käfer liegen nun am Boden und können von den Glanzstaren ohne jede Anstrengung aufgepickt werden.

MANCHMAL TRETEN WEBERVÖGEL IN MILLIONENSCHAREN AUF

Ähnlich anpassungsfähig wie die Stare sind die Webervögel, eine artenreiche Familie mit etwa 160 verschiedenen Arten. Unsere Haus- und Feldsperlinge gehören dazu. Ihre große Verwandtschaft lebt aber überwiegend in südlichen Gefilden, in tropischen und subtropischen Gegenden. So hat z. B. jeder Afrikareisende Akazienbäume gesehen, die voller Beutelnester hingen, die von Webervögeln erbaut wurden.

Balzende Männchen, die ein leuchtend gelbes Gefieder haben, während die Weibchen unscheinbar graubraungelb gesprenkelt sind, hängen kopfunter an den oft noch nicht fertigen Nestern, schlagen wie wild mit ihren Flügeln, zwitschern laut und durchdringend und

Blauer Glanzstar

versuchen so, die Aufmerksamkeit eines Weibchens zu erregen. Bemüht sich eines in die Nähe des Nestes, nimmt die Aufregung des Besitzers noch zu. Wenn er Glück hat, schlüpft das Weibchen in das Nest, begutachtet es aus der Nähe und entscheidet sich vielleicht, sein Inneres auszupolstern und Eier zu legen. Andere Webervögel machen sich die Sache viel einfacher: Sie plazieren ihre Eier in die Nester von Wirtsvögeln und überlassen ihnen, wie der Kuckuck bei uns, die ganze Arbeit des Brütens und der Jungenaufzucht. Die kleinen Siedelweber aus Südwestafrika wiederumbauen riesige Gemeinschaftsnester in Bäume hinein.

Webervogel

Jedes Paar hat eine eigene Brutkammer – meist nur wenige Zentimeter vom Nachbarn entfernt (Bild Seite 52 unten).

Ebenfalls in enormen Kolonien, aber sozusagen nicht „an einem Stück“ bauen die Blutschnabelweber, unscheinbare, finkengroße Vögel mit einer schwarzen Gesichtsmaske und rotem Schnabel. Mit Ausnahme des zentralafrikanischen Urwaldes sind sie über den ganzen Kontinent südlich der Sahara verbreitet. In der Brutzeit bauen die gesellig lebenden Vögel ein Nest neben dem anderen: Man hat in einer einzigen Kolonie schon weit über sieben Millionen Nester gezählt!

Wenn die Jungen flügge sind und die Nahrung knapper wird, schließen sich viele Blutschnabelweber zu großen Flügen zusammen. 50 bis 100 Millionen Vögel sind dann keine Seltenheit! Sie ziehen im Land umher fallen in die Hirse- und Getreidefelder der Menschen ein und richten so große Schäden an, daß manchmal Hungersnöte in der Region die Folge sind. Die Blutschnabelweber werden deshalb vielerorts erbittert bekämpft und vernichtet, z. B. indem man Buschfeuer entfacht, die Kolonien aus Flugzeugen mit Gift besprüht oder den Vogelheeren mit Flammenwerfern zu Leibe rückt!

SCHLANGEN UND ECHSEN SIND WEDER GLITSCHIG NOCH KALT

Kriechtiere, z. B. Schlangen, Echsen und Schildkröten, sind mindestens 270 Millionen Jahre alt. Fossilien alter Reptilienformen wurden in den Gesteinsschichten der oberen Steinkohlezeit (die vor rund 330 Millionen

Jahren begann und 50 – 60 Millionen Jahre dauerte!) gefunden. Doch ist aufgrund des bereits damals stark verästelten Stammbaums anzunehmen, daß sie (genau gesagt ihre Urformen) noch bedeutend älter sind. Typisch für die Reptilien, wie die Kriechtiere auch genannt werden, ist, daß sie wechselwarm sind, d. h. ihre Körpertemperatur der Außentemperatur anpassen. Sinkt diese unter einen bestimmten Wert, verfallen sie in eine Kältestarre, wobei sich Atmung, Puls und Kreislauf stark verlangsamen. Die Mehrzahl aller Kriechtiere lebt deshalb in tropischen und subtropischen Ländern, während die eurasischen und nordamerikanischen Arten nicht zahlreich sind. Als Anpassung an die kalte Jahreszeit halten sie tief in der Erde eine oft monatelange Winterruhe.

Entgegen einer weit verbreiteten Meinung, sind Schlangen und Echsen keineswegs glitschig (also feucht) und kalt. Ihr Schuppenkleid glänzt oft fast metallisch und erweckt, vor allem wenn man nicht genau hinschaut, den Eindruck, das betreffende Tier sei naß. Nimmt man es jedoch in die Hand, dann merkt man, daß es eine seidenweiche, geschmeidige und absolut trockene Haut hat. Seine Körpertemperatur richtet sich, wie bereits erwähnt, nach der Umgebung. Wenn es draußen kühl ist, fühlt sich die Haut deshalb auch kühl an. Herrschen jedoch hohe Temperaturen, ist die Haut angenehm warm.

Echsen, Schlangen und Schildkröten, die man ebenfalls zu den Reptilien zählt, legen Eier mit Schalen, die den Inhalt vor dem Austrocknen schützen. Das macht es möglich, daß sich die Eier – anders als bei den Fröschen und Kröten, die auch Eier legen – unabhängig vom Wasser entwickeln können. Viele Arten deponieren ihre Eier in Erdverstecken, wo sie geschützt heranreifen können. Andere – vor allem solche in gemäßigten Breiten – bringen lebende Junge zur Welt, da diese das Ei bereits im Mutterleib verlassen. Eine Reifung im Mutterleib hat den großen Vorteil, daß das Alttier sich die je nach Witterung wärmste Stelle aussuchen kann, um stundenlang an der Sonne zu liegen.

Oben: ***Schlange***, unten: ***Riesengecko***

Bei aller Lebenstüchtigkeit der Reptilien soll jedoch nicht vergessen werden, daß sehr viele Arten und Gattungen in ihren Beständen äußerst bedroht sind.

Schuld daran ist ausschließlich der Mensch. Er zerstört ihre Lebensräume durch Zerstörung der Biotope, also der natürlichen Lebensräume, durch Überweidung des Viehs und – indirekt –

durch verwilderte Haustiere wie Ziegen, Schweine, Hunde und Katzen und ganz besonders auch durch Verfolgung gewinnbringender Arten. Dazu gehören all jene, die ein begehrtes Leder oder eine schöne Haut liefern, seien es die Krokodile, die großen Echsen oder die Riesenschlangen.

In vielen Ländern und Kulturen werden Reptilien auch gegessen oder zu medizinischen Zwecken, zur Herstellung heilkräftiger Salben, Tinkturen und Pillen, verwendet. So ist es nicht verwunderlich, daß viele Echsen und Schlangen, Krokodile und Schildkröten vom Austerben bedroht sind und weit besser geschützt werden sollten, als das heute vielerorts der Fall ist.

Etwa 5.700 der insgesamt rund 6.000 Reptilienarten der Welt zählen entweder zu den Schlangen oder zu den Echsen. Beide Gruppen haben im Laufe ihrer Jahrmillionen währenden Entwicklung mit Ausnahme der beiden Polgebiete die ganze Erde erobert, jeden Lebensraum besetzt und zahllose Unterarten herausgebildet.

Lediglich die Echsen sind nicht mehr ins Meer zurückgegangen, mit einer Ausnahme: die Galapagos-Meerechse. Sie ist die einzige von nahezu 3.000 Arten, die ihre Nahrung, Tang und Algen, nur im Meer findet und sich im Wasser ganz hervorragend und schnell fortbewegt.

Wie eingangs erwähnt, sind die wechselwarmen Echsen und Schlangen überwiegend, doch nicht ausschließlich in subtropischen und tropischen Gebieten zu Hause. In den Wüsten Amerikas, Asiens und Afrikas ertragen sie in den erstaunlich kalten Winternächten aber Temperaturen, die auf minus 10 Grad absinken können, ohne Schaden zu nehmen. Sie werden wenige Zentimeter (Zwerg-Eidechse 5,5 Zentimeter, Zwerggecko 7-8 Zentimeter) bis über 800 Zentimeter (Riesenschlangen) lang und wiegen zwischen 5 Gramm und an die 150 Kilogramm! Die einen leben von tierischer Nahrung, die anderen von pflanzlicher, manche fressen täglich, was ihnen vor die Nase kommt, und andere, vor allem Wüstenformen, können tage- und wochenlang fasten. Fettreserven im Schwanz, z. B. beim Leopardgecko, helfen ihnen dann, die mageren Zeiten zu überstehen.

DIE FARBE WECHSELN WIE EIN CHAMÄLEON

Chamäleons gehören zu den bekanntesten aller Echsen. Ihre legendäre Fähigkeit, die Körperfarben zu wechseln, ist sicher jedem Kind ein Begriff. Sie können sich unglaublich gut an ihre Umgebung anpassen und werden im Blättergewirr der Bäume und Sträucher, womöglich mit starken Schatten- und Sonnenkontrasten fast immer übersehen. Chamäleons wechseln ihre Farbe übrigens nicht nur in Anpassung an ihren Lebensraum, sondern weit häufiger auch nach ihrer Stimmung. Vor allem wenn sie erregt sind oder erschreckt werden, können sie innerhalb weniger Sekunden

Lappenchamäleon

eine „Schreckfärbung" annehmen und z. B. grelle gelbe oder grüne Farbflecken entwickeln, wie das abgebildete Riesenchamäleon aus Ostafrika schön zeigt. Nahezu alle Chamäleonarten leben auf Bäumen und Büschen und gehen nur ungern auf den Boden, z. B. dann, wenn sie eine Straße überqueren müssen.

Eine Besonderheit der Tiere ist, daß sie ihre Augen unabhängig voneinander zu bewegen vermögen! Sie können mit dem einen nach hinten, mit dem anderen nach vorne, nach unten oder nach oben blicken. Eine weitere Fähigkeit, die in der ganzen Reptilienklasse einzigartig ist: Sie fangen ihre Beute, vor allem Insekten, Spinnen, aber auch kleine Vögel und Nagetiere, indem sie ihre Zunge, deren Spitze mit einer klebrigen Substanz überzogen ist, blitzschnell auf ihr Ziel spicken und ebenso schnell wieder einrollen. Manche Arten besitzen eine Zunge, die ihre eigene Körperlänge übertrifft!

Die Heimat der Chamäleons liegt ausschließlich in der Alten Welt, hauptsächlich in Afrika und auf Madagaskar, sowie in den Randgebieten Arabiens, in Indien und auf Sri Lanka. Sie leben demnach in tropischen und subtropischen Gebieten, in denen die Quecksilbersäule selten unter 10 Grad fällt.

Riesenchamäleon

Chamäleons sind überwiegend Einzelgänger, die gegenüber Artgenossen sehr aggressiv sein können. Sie halten sich meist das ganze Leben lang in einem recht eng begrenzten Territorium auf, das sie mit vielerlei Drohgebärden gegen Eindringlinge verteidigen: Sie blasen sich auf, reißen den Mund auf und zeigen oft eine grellfarbene Mundhöhle, oder sie spreizen Hautlappen vom Körper ab, die ihnen ein imponierendes Aussehen verleihen. Sie sind jedoch völlig harmlos.

MIT DEM HAUS AUF DEM BUCKEL DURCHS GANZE LEBEN

Obwohl die Schildkröten in die gleiche große Gruppe gehören wie die Schlangen und die Echsen also zu den Kriechtieren oder Reptilien –, unterscheiden sie sich in ihrem Äußeren ganz gewaltig von der Verwandtschaft. Im Gegensatz zu dieser haben sie nämlich ihr Haus immer mit sich, tragen es von der Geburt bis zum Tod auf dem Rücken und konnten sich damit, obwohl sie auf den ersten Blick eher schwerfällig wirken, seit mehr als 200 Millionen Jahren beinahe unverändert gegen widrige klimatische Bedingungen und gegen Freßfeinde behaupten. Erst als der Mensch begann, sich mit ihnen zu beschäftigen, ging es mit vielen Arten sehr schnell bergab. Sie wurden (und werden) vor allem wegen ihres wohlschmeckenden Fleisches gejagt und in vielen Gegenden ausgerottet. Walfänger bunkerten z. B. in vergangenen Jahrhunderten auf den Galapagos-Inseln vor Südamerika im Laufe der Zeit Tausende und Zehntausende der dort lebenden Riesenschildkröten in ihren Schiffen und nahmen sie als lebenden Proviant, der sich auch ohne Futter wochen- und monatelang frischhielt, mit auf ihre langen Fahrten. Auf der Inselgruppe aber verschwanden die Riesenschildkröten fast vollständig; einige Unterarten wurden ausgerottet, einige wenige in letzter Sekunde gerettet.

Neben dem Fleisch waren die Panzer immer sehr begeht. Manche Seeschildkröten, wie die Karett-Schildkröte, liefern Schildpatt, ein sehr dauerhaftes und schönes Material, das sich u. a. zu teuren Kämmen und Broschen verarbeiten ließ. Andere, wie die Suppenschildkröte, mußten wegen ihres Fleisches und der daraus gekochten Brühe ihr Leben lassen. Bei dritten wiederum wurden die Eier eingesammelt und als Delikatesse verzehrt. Am meisten aber schadet allen Schildkröten – und nicht nur ihnen – die Zerstörung der Lebensräume und

Schildkröten

damit der Grundlagen ihres Daseins. Sie finden nicht mehr genug Futter und die benötigten Verstecke. Ihre Jungen werden von Katzen und Hunden gefressen und sie selbst in Gebiete abgedrängt, in denen sie zum Überleben keine Chancen haben.

Von Natur aus sind Schildkröten sehr anpassungsfähige und flexible Tiere. Sie leben in Wüsten und Wäldern, in Grasländern und vor allem auch in Gewässern. Für diese Anpassung haben sie jedoch viel Zeit, meist Jahrmillionen, benötigt und sind nicht in der Lage, sich innerhalb weniger Jahrzehnte oder gar Jahre umzugewöhnen. Die Nahrung der Schildkröten ist ebenso verschieden wie die Formen, die Lebensräume und das Verhalten dieser Reptilienordnung. Die einen sind reine Pflanzenfresser, die anderen reine Fleischfresser. Und dazwischen gibt es alle denkbaren Übergänge. Die Vorlieben für eine bestimmte Nahrung können sich sowohl im Laufe eines Jahres wie im Laufe des Lebens, aber auch von Einzeltier zu Einzeltier ändern – darin unterscheiden sich Schildkröten weder von anderen Reptilien noch von Vögeln und Säugetieren.

Alle Schildkröten der Welt, über 200 Arten, legen weichschalige, fast runde und überwiegend weiße Eier, die sie, je nach Lebensraum, in den trockenen oder feuchten Boden vergraben. Dann gehen die Schildkröten wieder ihrer Wege und überlassen das Gelege dem Schicksal und der Sonne. Diese wärmt die Erde auf, und nach wenigen Wochen bis mehreren Monaten – die Entwicklungszeit der Eier hängt von der Intensität der Sonne ab, die ja kein festes Maß darstellt, sondern je nach Witterung einmal mehr, einmal weniger wärmt – schlüpfen die Jungen. Schnellstmöglich krabbeln sie dann, meist in der Nacht, an die Erdoberfläche und machen sich dann sofort auf, um ein sicheres Versteck zu suchen. Ihr Panzer ist noch weich, und sie selbst sind zum Teil nur gerade so groß wie ein Tischtennisball.

Südamerikanischer Rosenkäfer

Zahlreiche Feinde, vom Waran (eine große Echse) über Schlangen, Möwen, Greifvögel bis zu Raubtieren aller Art, warten auf sie. Fachleute schätzen, daß von 100 Jungtieren nur gerade ein bis zwei das Erwachsenenalter erreichen. Deshalb legen manche Schildkröten zweihundert und mehr Eier.

DAS ÜBERWÄLTIGENDE MILLIONENHEER DER INSEKTEN

Mehr als 95 Prozent aller lebenden Tierarten gehören in die riesige Klasse der Insekten! Es gibt keinen Platz auf unserem Planeten, wo keine Insekten vorkommen. Selbst in den Eiswüsten der Hochgebirge oder in den Polargebieten des Nordens und Südens trifft man noch auf sie. Ohne Insekten wäre die Welt wahrscheinlich eine öde Wüste, unbelebt und leer. Insekten haben im natürlichen Kreislauf der Pflanzen und Tiere sehr viel größere

Tropischer Schmetterling

Bedeutung als der Mensch. Sie sind z. B. dafür verantwortlich, daß alle organischen Abfälle (von Pflanzen, Tieren) beseitigt werden. Ohne Insekten würde es uns nicht geben!

Vor vielen Jahrmillionen bildeten sie nämlich die Nahrung von kleinen, hörnchenartigen Tieren, aus denen sich – viel später – die Vorläufer der Primaten oder Herrentiere (Affen und Halbaffen) entwickelten. Und bekanntlich haben die Affen und besonders die Menschenaffen mit den Menschen die gleichen Urahnen (auch wenn das so gegen acht bis zehn Millionen Jahre zurückliegt).

Insektengruppen, die jedes Kind kennt, bilden etwa die Schmetterlinge, von denen bisher an die 150.000 Arten entdeckt wurden, und die Fliegen, Wespen, Bienen, Hummeln, Hornissen und Mücken, um nur einige der häufigsten zu nennen. Von ihnen gibt es ebenfalls weit über 150.000 verschiedene Formen. Noch weit formen- und artenreicher sind die Käfer. Wie wir in der Einleitung kurz erwähnten, gibt es viele Millionen Käferarten, die meisten davon in den großen Primärwäldern (Urwäldern) Südamerikas und Asiens. Die kleinsten Käfer messen nur gerade einen Viertelmillimeter, die größten dagegen bis zu 20 Zentimeter! Und nicht vergessen wollen wir die Gruppe der Heuschrecken, die über 20.000 Arten in sich vereint, darunter die berühmt-berüchtigten

Wanderheuschrecken, eine der altbiblischen Plagen, die Moses über Ägypten kommen ließ. Noch immer richten Wanderheuschrecken vor allem in Afrika, aber auch in Asien, Millionenschäden an, wenn sie in riesigen Schwärmen auftreten und Gras-, Getreide- und Gemüsekulturen, Zitrusplantagen und Baumwollfelder in kürzester Zeit kahlfressen.

Gottesanbeterin

Aus der ungeheuren Fülle der Insekten, die uns täglich und ein Leben lang umgeben und begleiten, sollen einige wenige kurz erwähnt werden – allen voran natürlich die Schmetterlinge. Das Leben des Schmetterlings beginnt mit der Ablage des Eis durch die Mutter. Es ist ein wunderbares Gebilde: winzig klein, und doch schützt es das sich entwickelnde Geschöpf vor Erschütterungen, Hitze, Kälte und Nässe. Bald verläßt eine kleine Raupe das Ei und hat nur zwei Aufgaben: fressen und wachsen. Manche dieser Raupen beginnen gleich bei der nahrhaften Eihülle, andere mit dem Kraut, auf oder unter dem sie geboren wurden. Je nach Schmetterlingsart, aber auch den herrschenden Wetterbedingungen, durchläuft die Raupe nun fünf bis zehn Entwicklungsschritte, die mehrere Monate oder gar Jahre dauern. Jeder dieser Schritte endet damit, daß die zu klein gewordene Haut platzt und abgestreift wird. Hat die Raupe die letzte Häutung hinter sich gebracht – bei uns im Spätsommer oder Herbst –, dann verpuppt sie sich und macht eine sogenannte Metamorphose, eine Umwandlung, durch. Sie löst sich sozusagen ganz auf und verwandelt sich anschließend, im Laufe von Wochen und Monaten, in einen oft wunderschönen, schillernden Falter, der mehr oder weniger lange durch den Wald, über die Wiesen und Felder gaukelt, um am Ende seines Lebens Eier abzulegen und dann zu sterben, wonach der eben beschriebene Kreislauf wieder von vorne beginnt.

Gottesanbeterinnen oder Fangschrecken sind nicht ganz so artenreich wie die Schmetterlinge und auch nicht so weit verbreitet. In nahezu 2.000 Arten bewohnen sie überwiegend die warmen und trockenen Gebiete Afrikas, Asiens, Südamerikas und Australiens. Eine Art lebt sogar an wenigen warmen Plätzen in Deutschland, z. B. am Kaiserstuhl bei Singen. Ihren Namen haben diese faszinierenden Insekten wegen ihres vorderen Beinpaares bekommen, das mit einiger Phantasie an „betende Hände“ erinnert. Es dient allerdings einem wenig frommen Zweck, ist es doch nichts anderes als eine überaus wirkungsvolle Fangeinrichtung. Hat die Gottesanbeterin eine Beute erspäht – überwiegend Insekten – und hat sich diese in Reichweite niedergelassen, schnellt das Beinpaar des Jägers innerhalb eines Sekundenbruchteils vor, fängt die Beute, führt sie zum Mund und verspeist sie.

Das Weibchen legt mehrmals im Jahr bis zu 200 Eier, die es mit einem Körpersekret (Drüsenabsonderung) umgibt, das an der Luft erhärtet und die junge Brut schützt. Bis sie schlüpft, dauert es zwei bis sechs Wochen. In unseren Breiten überwintern die Eier in ihrem Kokon, und die Larven schlüpfen erst im nächsten Frühling.

Oben: ***Dornenspinne***, unten: ***Wüstenskorpion***

SPINNENFURCHT IST (MEIST) UNBEGRÜNDET

In der ganzen Welt gibt es Spinnentiere – insgesamt weit über 60.000 Arten! Die kleinste, eine Milbe, mißt nur gerade 1/10 Millimeter; sie ist so winzig, daß man sie mit bloßem Auge kaum sieht. Die größte hingegen, ein westafrikanischer Skorpion, bringt es auf nahezu 20 Zentimeter. Die meisten Spinnentiere fressen tierische Nahrung, vom kleinsten Insekt bis zu Wirbeltieren von der Größe einer Maus. Die Milben – rund 30.000 verschiedene Formen – haben sich dagegen weitgehend auf pflanzliches Futter beschränkt. Lediglich die Zecken ernähren sich von Blut und können auf Menschen und Säugetiere schwere Krankheiten übertragen (Zeckfieber, Hirnhautentzündung). Manche der Milben saugen Pflanzensäfte und können dort, wo sie in Massen auftreten, große Schäden anrichten.

Sehr viele Menschen haben eine ausgeprägte Abneigung, ja oft Furcht, gegen Spinnentiere. Die meisten von diesen sind zwar giftig, aber ihre Kieferklauen, durch die sie das Gift spritzen können, sind fast durchweg viel zu schwach, um unsere Haut zu durchdringen. Zudem gehören wir nicht zu ihren Beutetieren, und sie haben meist keine Veranlassung, uns zu beißen. Einige Arten und Gruppen verfügen jedoch über genügend Gift, um damit einen Menschen töten zu können – auch wenn das die große Ausnahme bleibt. Dazu zählt die berüchtigte Schwarze Witwe, eine lediglich 10 Millimeter große Kugelspinne, die in den warmen, trockenen Gebieten aller Erdteile wohnt und manchmal dann zubeißt, wenn man sie unbemerkt berührt oder beim Gehen durch Büsche abstreift.

Giftig sind bekanntlich auch die Skorpione, rund 700 verschiedene Arten, die in den tropischen und subtropischen Landstrichen aller Erdteile vorkommen. Einige wenige Skorpione – und nicht etwa die größten – haben ein außerordentlich wirksames Gift. Etwa zwei von hundert gestochenen Menschen, meist Kinder oder ältere, geschwächte Menschen, sterben am Stich einer der gefährlicheren Arten. Die in Ausnahmefällen gut handtellergroßen Vogelspinnen aus dem tropischen Mittel- und Südamerika und Afrika sind hingegen, trotz ihres furchterregenden Aussehens, viel besser als ihr Ruf. Bei vielen Arten sitzen die Beißwerkzeuge so weit im Kopf drin, daß sie damit Menschen kaum verletzen können. Sie ernähren sich überwiegend von Insekten, seltener von Wirbeltieren wie Kleinnagern und -vögeln, und sind überwiegend nachts aktiv.

REGISTER

BILDNACHWEIS

Angermayer/Lange: S. 141 (o.)
Angermayer/Pfletschinger: S. 44 (o.), 57 (o.), 62, 64 (r.), 70, 98, 100
Angermayer/Pölking: S. 126
Angermayer/Ziesler: S. 114/115, 125, 128, 212 (o.)
Raimund Cramm: S. 47 (u.), 49 (u.)
Manfred Danegger: S. 12 (2 x), 15 (o.), 23, 30, 31 (o.), 40 (u.), 42 (u.), 45, 53 (o.), 79 (o.), 88 (oben), 93, 108
Gertrud und Helmut Denzau: S. 37 (u.), 39
Ursula E. Dolder: S. 150, 154, 155
Willi Dolder: 10, 11, 18, 22, 33 (l.), 34, 35, 36 (u.), 37 (o.), 40 (o.), 42 (o.), 53 (u.), 57 (u.), 58, 63 (r.), 66, 67, 68, 73 (2 x), 74, 75 (2 x), 76, 79 (u.), 80, 81, 83, 84 (2 x), 85, 86, 87 (2 x), 88 (u.), 90, 91, 92, 94, 97 (u.), 99, 103, 104 (2 x), 106 (2 x), 122, 123, 127, 129 (l.), 149 (kl. Foto), 151 (2 x), 152 (l.), 156, 157, 158, 159, 161 (2 x), 165, 166 (2 x), 167 (3 x), 170 (2 x), 171 (2 x), 175, 176 (2 x), 177 (2 x), 178, 179, 180, 181, 184, 185 (2 x), 186, 187, 188 (2 x), 189, 191, 193 (2 x), 194 (2 x), 196, 197 (2 x), 198, 199, 201 (2 x), 203, 204, 205, 206 (2 x), 208, 209, 210, 211, 212 (u.), 213, 214, 215, 216, 217, 218, 219, 220, 221, 222, 223, 224, 225 (2 x), 226 (3 x), 228 (2 x), 229, 230, 231 (2 x), 233, 234, 240
Hans Dossenbach: S. 60 (o. und u. l.), 113, 116, 120, 163, 174 (r.)
Hans und Monika Dossenbach: S. 232, 235 (2 x)
Hans Fuhrer: S. 189
Eugen Hüttenmoser: S. 102, 119
Jacana: S. 107 (Cordier)
Felix Labhardt: S. 17, 44 (u.), 61, 63 (l.), 174 (l.)
Frank Lukassek: S. 96
Armin Maywald: S. 71, 129 (r.), 133, 134, 135, 140
Eckart Pott: S. 38 (u.), 152 (r.), 169 (2 x)
Hans Reinhard: S. 4, 14 (u.), 16, 19, 20, 24, 26, 27 (2 x), 28 (2 x), 29 (o.), 31 (u.), 43, 46, 47 (o.), 48 (2 x), 50 (2 x), 56 (u.), 59 (2 x), 65, 69 (2 x), 72, 95, 110, 118, 130 (2 x), 131 (2 x), 132, 137, 138 (kl. Foto), 139, 143, 144, 145, 146, 147 (2 x), 148, 149 (gr. Foto), 162, 168, 173 (kl. Foto), 183 (r.), 190, 192
Manfred Rogl: S. 14 (u.), 21, 29 (u.), 38 (o. r.), 51, 52 (r.), 54 (2 x), 55, 60 (u. r.), 66
Silvestris: S. 33 (r.; Moosrainer), 121 (l.) (Dalton), 138 (gr. Foto; A. N. T.), 142 (A. N. T.), 153 (Wisniewski), 164 (Fleetham), 172 (2 x: l., Fleetham; r., Aitken), 182 (Lacz), 183 (l.; Wothe)
Eric A. Soder: S. 13, 25, 36 (o.), 41, 56 (o.), 82
Sutter/Gohier: S. 136
Uwe Walz: S. 14 (o.), 32, 38 (o. l.), 49 (o.), 52 (l.), 64 (l.), 111
Konrad Wothe: S. 121 (r.), 124, 141 (u.)

Titelmotiv: ZEFA / Randy Wells
Gesamtherstellung: NEUER HONOS VERLAG, Köln